教育部高等学校计算机类专业教学指导委员会-华为ICT产学合作项目
数据科学与大数据技术专业系列规划教材

华为信息与网络
技术学院指定教材

R语言
基础与数据科学应用

沈刚 ◎ 主编

人 民 邮 电 出 版 社
北 京

图书在版编目（CIP）数据

R语言基础与数据科学应用 / 沈刚主编. -- 北京 :
人民邮电出版社, 2018.7（2024.7重印）
数据科学与大数据技术专业系列规划教材
ISBN 978-7-115-48302-7

Ⅰ. ①R… Ⅱ. ①沈… Ⅲ. ①程序语言－程序设计－
教材 Ⅳ. ①TP312

中国版本图书馆CIP数据核字(2018)第091991号

内 容 提 要

本书是为初学者学习 R 语言基础及其在数据科学中的应用而编写的。全书内容包括三个部分，分别介绍了 R 语言的编程基础知识，数据处理、可视化和统计分析的实用技术，以及在机器学习、神经网络和深度学习中的具体应用。读者可以通过本书了解和体验 R 语言的风格特点和强大功能。本书中所有程序均在 R 3.4.3 环境下调试通过。

本书既可以作为高等院校相关专业的教材，也可作为数据科学开发人员的参考书。

◆ 主　　编　沈　刚
　责任编辑　邹文波
　责任印制　沈　蓉　彭志环

◆ 人民邮电出版社出版发行　　北京市丰台区成寿寺路 11 号
　邮编　100164　　电子邮件　315@ptpress.com.cn
　网址　http://www.ptpress.com.cn
　固安县铭成印刷有限公司印刷

◆ 开本：787×1092　1/16
　印张：19　　　　　　　　2018 年 7 月第 1 版
　字数：461 千字　　　　　2024 年 7 月河北第 8 次印刷

定价：49.80 元

读者服务热线：(010)81055256　印装质量热线：(010)81055316

反盗版热线：(010)81055315

广告经营许可证：京东市监广登字20170147号

教育部高等学校计算机类专业教学指导委员会-华为 ICT 产学合作项目
数据科学与大数据技术专业系列规划教材

编　委　会

丛书序一 PREFACE

毫无疑问，我们正处在一个新时代。新一轮科技革命和产业变革正在加速推进，技术创新日益成为重塑经济发展模式和促进经济增长的重要驱动力量，而“大数据”无疑是第一核心推动力。

当前，发展大数据已经成为国家战略，大数据在引领经济社会发展中的新引擎作用更加突显。大数据重塑了传统产业的结构和形态，催生了众多的新产业、新业态、新模式，推动了共享经济的蓬勃发展，也给我们的衣食住行带来根本改变。同时，大数据是带动国家竞争力整体跃升和跨越式发展的巨大推动力，已成为全球科技和产业竞争的重要制高点。可以大胆预测，未来，大数据将会进一步激起全球科技和产业发展浪潮，进一步渗透到我们国计民生的各个领域，其发展扩张势不可挡。可以说，我们处在一个“大数据”时代。

大数据不仅仅是单一的技术发展领域和战略新兴产业，它还涉及科技、社会、伦理等诸多方面。发展大数据是一个复杂的系统工程，需要科技界、教育界和产业界等社会各界的广泛参与和通力合作，需要我们以更加开放的心态，以进步发展的理念，积极主动适应大数据时代所带来的深刻变革。总体而言，从全面协调可持续健康发展的角度，推动大数据发展需要注重以下五个方面的辩证统一和统筹兼顾。

一是要注重“长与短结合”。所谓“长”就是要目标长远，要注重制定大数据发展的顶层设计和中长期发展规划，明确发展方向和总体目标；所谓“短”就是要着眼当前，注重短期收益，从实处着手，快速起效，并形成效益反哺的良性循环。

二是要注重“快与慢结合”。所谓“快”就是要注重发挥新一代信息技术产业爆炸性增长的特点，发展大数据要时不我待，以实际应用需求为牵引加快推进，力争快速占领大数据技术和产业制高点；所谓“慢”就是防止急功近利，欲速而不达，要注重夯实大数据发展的基础，着重积累发展大数据基础理论与核心共性关键技术，培养行业领域发展中的大数据思维，潜心培育大数据专业人才。

三是要注重“高与低结合”。所谓“高”就是要打造大数据创新发展高地，要结合国家重大战略需求和国民经济主战场核心需求，部署高端大数据公共服务平台，组织开展国家级大数据重大示范工程，提升国民经济重点领域和标志性行业的大数据技术水平和应用能力；所谓“低”就是要坚持“润物细无声”，推进大数据在各行各业和民生领域的广泛应用，推进大数据发展的广度和深度。

四是要注重“内与外结合”。所谓“内”就是要向内深度挖掘和深入研究大数据作为一门学科领域的深刻技术内涵，构建和完善大数据发展的完整理论体系和技术支撑体系；所谓“外”就是要加强开放创新，由于大数据涉及众多学科领域和产业行业门类，也涉及国家、社会、个人等诸多问题，因此，需要推动国际国内科技界、产业界的深入合作和各级政府广泛参与，共同研究制定标准规范，推动大数据与人工智能、云计算、物联网、网络安全等信息技术领域的协同发展，促进数据科学与计算机科学、基础科学和各种应用科学的深度融合。

五是要注重“开与闭结合”。所谓“开”就是要坚持开放共享，要鼓励打破现有体制机制障碍，推动政府建立完善开放共享的大数据平台，加强科研机构、企业间技术交流和合作，推动大数据资源高效利用，打破数据壁垒，普惠数据服务，缩小数据鸿沟，破除数据孤岛；所谓“闭”就是要形成价值链生态闭环，充分发挥大数据发展中技术驱动与需求牵引的双引擎作用，积极运用市场机制，形成技术创新链、产业发展链和资金服务链协同发展的态势，构建大数据产业良性发展的闭环生态圈。

总之，推动大数据的创新发展，已经成为新时代的新诉求。刚刚闭幕的党的十九大更是明确提出要推动大数据、人工智能等信息技术产业与实体经济深度融合，培育新增长点，为建设网络强国、数字中国、智慧社会形成新动能。这一指导思想为我们未来发展大数据技术和产业指明了前进方向，提供了根本遵循。

习近平总书记多次强调“人才是创新的根基”“创新驱动实质上是人才驱动”。绘制大数据发展的宏伟蓝图迫切需要创新人才培养体制机制的支撑。因此，需要把高端人才队伍建设作为大数据技术和产业发展的重中之重，需要进一步完善大数据教育体系，加强人才储备和梯队建设，将以大数据为代表的新兴产业发展对人才的创新性、实践性需求渗透融入人才培养各个环节，加快形成我国大数据人才高地。

国家有关部门“与时俱进，因时施策”。近期，国务院办公厅正式印发《关于深化产教融合的若干意见》，推进人才和人力资源供给侧结构性改革，以适应创新驱动发展战略的新形势、新任务、新要求。教育部高等学校计算机类专业教学指导委员会、华为公司和人民邮电出版社组织编写的《教育部高等学校计算机类专业教学指导委员会-华为 ICT 产学合作项目——数据科学与大数据技术专业系列规划教材》的出版发行，就是落实国务院文件精神，深化教育供给侧结构性改革的积极探索和实践。它是国内第一套成专业课程体系规划的数据科学与大数据技术专业系列教材，作者均来自国内一流高校，且具有丰富的大数据教学、科研、实践经验。它的出版发行，对完善大数据人才培养体系，加强人才储备和梯队建设，推进贯通大数据理论、方法、技术、产品与应用等的复合型人才培养，完善大数据领域学科布局，推动大数据领域学科建设具有重要意义。同时，本次产教融合的成功经验，对其他学科领域的人才培养也具有重要的参考价值。

我们有理由相信，在国家战略指引下，在社会各界的广泛参与和推动下，我国的大数据技术和产业发展一定会有光明的未来。

是为序。

中国科学院院士　郑志明

2018 年 4 月 16 日

丛书序二 PREFACE

在 500 年前的大航海时代，哥伦布发现了新大陆，麦哲伦实现了环球航行，全球各大洲从此连接了起来，人类文明的进程得以推进。今天，在云计算、大数据、物联网、人工智能等新技术推动下，人类开启了智能时代。

面对这个以“万物感知、万物互联、万物智能”为特征的智能时代，“数字化转型”已是企业寻求突破和创新的必由之路，数字化带来的海量数据成为企业乃至整个社会最重要的核心资产。大数据已上升为国家战略，成为推动经济社会发展的新引擎，如何获取、存储、分析、应用这些大数据将是这个时代最热门的话题。

国家大数据战略和企业数字化转型成功的关键是培养多层次的大数据人才，然而，根据计世资讯的研究，2018 年中国大数据领域的人才缺口将超过 150 万人，人才短缺已成为制约产业发展的突出问题。

2018 年初，华为公司提出新的愿景与使命，即“把数字世界带入每个人、每个家庭、每个组织，构建万物互联的智能世界”，它承载了华为公司的历史使命和社会责任。华为企业 BG 将长期坚持“平台+生态”战略，协同生态伙伴，共同为行业客户打造云计算、大数据、物联网和传统 ICT 技术高度融合的数字化转型平台。

人才生态建设是支撑“平台+生态”战略的核心基石，是保持产业链活力和持续增长的根本，华为以 ICT 产业长期积累的技术、知识、经验和成功实践为基础，持续投入，构建 ICT 人才生态良性发展的使能平台，打造全球有影响力的 ICT 人才认证标准。面对未来人才的挑战，华为坚持与全球广大院校、伙伴加强合作，打造引领未来的 ICT 人才生态，助力行业数字化转型。

一套好的教材是人才培养的基础，也是教学质量的重要保障。本套教材的出版，是华为在大数据人才培养领域的重要举措，是华为集合产业与教育界的高端智力，全力奉献的结晶和成果。在此，让我对本套教材的各位作者表示由衷的感谢！此外，我们还要特别感谢教育部高等学校计算机类专业教学指导委员会副主任——北京大学陈钟教授以及秘书长——北京航空航天大学马殿富教授，没有你们的努力和推动，本套教材无法成型！

同学们、朋友们，翻过这篇序言，开启学习旅程，祝愿在大数据的海洋里，尽情展示你们的才华，实现你们的梦想！

华为公司董事、企业 BG 总裁　阎力大

2018 年 5 月

前言 FOREWORD

随着大数据技术的快速发展，数据科学已成为支撑其他科学研究领域，以及交通、旅游、金融和其他商业服务业中的大量热门应用的重要力量。目前的就业市场对具有数据科学专业背景和相关技能人员的需求一直居高不下。针对上述情况，截至 2018 年 4 月，我国已有 280 多所高等院校陆续开设了数据科学与大数据技术专业。

R 是在 GNU 协议框架下的一种自由、免费的开源软件，它既是一个功能强大的统计计算与可视化环境，也是一门解释型的、面向对象的程序设计语言。自 20 世纪 90 年代诞生以来，经过 20 多年的持续演化后，R 语言已经成为当前数据科学研究与应用中最受欢迎的程序设计语言之一。掌握 R 语言对成为一名成功的数据科学工作者无疑有着重要的意义。

R 语言具有简洁优雅、功能扩展性好、代码可读性强等特点，很适合作为零基础的初学者学习编程的入门语言。同时，R 可以在几乎所有的主流操作系统平台上运行。在 R 社区里，为数众多的开发者不断为 R 免费提供各种先进的开发包，正是他们的努力与贡献使得 R 日益完善。

本书是为初学者学习 R 语言基础以及在数据科学中的应用而编写的。全书内容分为如下三部分。

第 1 部分介绍 R 的基础知识，由第 1 章、第 2 章、第 3 章、第 4 章组成，内容包括引言、R 的数据与运算、R 程序设计基础、R 语言面向对象编程等知识。

第 2 部分介绍 R 编程的一些实用技术，由第 5 章、第 6 章、第 7 章组成，内容包括 R 支持的数据结构与数据处理、绘图与数据可视化编程、统计与回归分析等知识。

第 3 部分是关于 R 在数据科学的具体应用，由第 8 章、第 9 章组成，内容包括统计机器学习、神经网络与深度学习。第 9 章还特别介绍了与深度学习有关的几个 R 语言包。

本书配有大量的程序示例和使用 R 绘制的图形，所有代码均在 R 3.4.3 环境下调试通过。本书还提供教学 PPT 课件和源程序文件等，若读者需要，可以登录人民邮电出版社教育社区（http://www.ryjiaoyu.com.cn）免费下载。

本书在内容的选择及深度的把握上同时考虑了初学者的需要和 R 的最新进展，在内容安排上力求循序渐进，通过可以重现的示例引导初学者动手实践。本书不仅适合于教学，也可供相关专业领域各类人员自学使用。

最后，特别感谢杨潇、杨明祺和郭义同学在本书编写过程中给予的支持和协助，特别是在审阅初稿时提出了宝贵的意见和建议。由于编者的知识和水平有限，书中难免存在不足之处，敬请广大读者批评指正。

编　者

2018 年 4 月

目录

第1章　引言

Data scientists are involved with gathering data, massaging it into a tractable form, making it tell its story, and presenting that story to others.

——Mike Loukides

R 既是一个广泛应用于统计计算、数据分析和其他科学研究的软件环境，也是一种支持复杂数据处理、数据可视化及机器学习的编程语言。换句话说，R 是数据科学家的得力助手。为了避免对 R 软件环境和 R 编程语言的混淆，本书会把前者称为 R 系统，而把后者称作 R 语言，以示区分。

本章是关于 R 的一些入门知识。首先，我们简单回顾 R 的起源与发展，然后介绍如何下载、安装、运行 R 系统。当读者在自己的计算机上搭建好 R 系统后，就可以开始学习使用 R 语言来实现简单的编程。在本章的最后，还会介绍一些提高 R 语言编程效率的方法，例如，用集成开发环境（Intergrated Development Environment，IDE）编写并调试程序，以及通过帮助信息提高编程效率等。

本章所介绍的内容是关于 R 的基础知识。已经具有其他编程语言开发经验或者具有其他数据分析处理软件知识的读者，可以有选择地阅读本章的内容。

本章的主要内容包括：

（1）R 系统的安装与启动；

（2）包的使用与管理；

（3）工作空间管理。

1.1 R 的起源与发展

近几年来，无论是在哪一种公认的最受欢迎编程语言的排行榜上都不难找到 R 的名字。与其他流行的编程语言相比，不少初学者可能会觉得 R 比较陌生，把它当作一门略显小众的编程语言。有统计分析与数据挖掘经验的人都知道，R 除了拥有强大的统计与绘图功能之外，还能提供友好的用户交互方式和良好的语法表达能力，已经被大量的统计学家、数据分析师、市场营销人员和科研工作者用于数据的检索、清洗、分析、可视化和呈现。下面对 R 的产生和特点做一些初步的介绍。

1.1.1 R 的产生与演化

R 语言是一种开源的脚本语言，一直以来在数据分析与预测，以及数据可视化等方面享有良好的声誉。早在 1993 年，R 的最初版本就发布给统计学家以及其他具备编程能力的研究人员使用，去解决他们面对的复杂数据统计分析任务，并用多样化的图形来展示结果。据说，R 的名字来源于它当时的两名开发者，新西兰奥克兰大学的 Ross Ihaka 和 Robert Gentleman，两人名字的首字母都是 R。

传统上，在统计分析与计算领域存在着三大主流软件：SAS、SPSS 和 S。SAS（Statistical Analysis System，统计分析系统）是最早由北卡罗来纳州立大学开发，现在由 SAS 研究所维护与销售的一种统计分析软件；SPSS（Statistical Product and Service Solutions，统计产品与服务解决方案软件）起初是由斯坦福大学的几名学生开发的，现在由 SPSS 公司经营；S 语言是 John Chambers 和他的同事们于 1976 年在 AT&T 贝尔实验室开发的一种专用于统计分析的解释型语言。

R 可以看作是对 S 语言的继承与发展。尽管 S 和 R 有一些显著的区别，但用 S 语言编写的大部分代码在 R 上依然可以运行。简单地说，R 是一个有着强大统计分析功能及绘图功能的软件环境，也是由 S 语言发展出来的编程语言。因此，R 既是一套软件系统，也包括了一种程序设计语言。现在，S 语言的商业版是由 TIBCO 软件公司运营的 S-PLUS 软件，而 R 系统是开源、免费的。R 在 GNU（General Public Licence）协议下开源并免费发行，R 语言社区中的大量开发者不断为其发展做出自己的贡献。目前 R 的开发及维护由 R 开发核心小组（R Development Core Team）具体负责。

从数据分析软件的角度来看，数据科学家、统计学家、分析师、金融工程师使用 R 作为一种数据处理的工具，对采集到的数据进行统计分析，完成可视化、建模和预测等任务。从程序设计语言的角度来看，人们可以使用 R 语言编写函数和脚本，来完成所需的数据分析工作。R 提供了完整的交互式的面向对象开发方法。在早期，R 是一种统计学家为统计学家专门设计的程序语言，现在的 R 语言支持对象、运算符和函数，已将数据的探索、建模与可视化等工作有机地融为一体。

正是由于 R 本身兼顾了软件环境与程序设计语言的特性，R 的使用者往往只要输入几行代码，就可以实现复杂的数据分析功能。例如，在数据分析中经常会遇到的线性回归、非线性回归、聚类、分类等工作，以及画出相应结果的图形，这些都可以用几个 R 语言自带的函数或是 R 语言包中的函数以十分简洁的方式实现。通常，这些工作只需要简单的数据预处理和参数设置，就可以直接调用 R 函数。

由于其自身的吸引力，R 语言逐渐超越了学术界的小圈子，进入大众的视野，开始被一些企业选用来完成各自的商业目标。随着越来越多的数据分析师开始接触 R 并且向同行推荐 R，用户群的扩大增加了 R 的影响力，从而引发了更多研究者对 R 的兴趣。因此，除了一些标准的统计分析功能之外，很多数据科学领域最新的成果也被率先转化为 R 语言中的工具。伴随着学术界与相关产业对数据科学重视程度的日益增加，R 语言正在不断拓展自己的边界。例如，深度学习近年来取得了很多突破性的成果，原来在 Python 中率先实现的技术也迅速地在 R 中实现。

正是因为 R 开源、免费（SPSS 和 SAS 都是商业运营的软件），支持所有的主流操作系统平台，拥有活跃而数量庞大的用户社区（他们贡献的包是 R 语言非常重要的组成部分），才使其成为集统计、数据分析、可视化和机器学习等功能于一身的一种适用于数据科学领域的强有力的工具。

1.1.2 R 的特点

R 语言起源于基于函数式编程范式而设计的 S 语言，采用的是面向数学函数的抽象，因此，用户在 R 控制台中的交互过程实质上类似于使用计算器，是一个用户提交需要计算的函数，由 R 环境完成对函数赋值的循环。同时，R 语言也在越来越多地支持面向对象的设计思想，无论是变量，还是函数，在 R 中都被视为对象。在这里，我们不去研究 R 语言本身的特点，仅从用户的角度来谈谈 R 对数据科学的研究与应用起到支撑作用的几个特色。

1. **适用于统计计算和机器学习**

前面提到过，R 是用于统计计算和图形显示的开源软件环境和编程语言。与其他由计算机专家或工程师创造的主流编程语言不同，R 最初是由少数统计学家为其他统计学家开发的。因此，R 能有效地处理和存储数据，并且为统计分析提供了大量的功能。R 语言涉及统计分析和数据挖掘的众多应用领域，包括新闻传媒、市场分析和科学研究等。一些重要的科技公司已经在用户行为分析、新产品设计的决策支持、事件影响预判等工作中大量使用 R，另一些企业则把掌握 R 语言作为招聘数据科学家和量化分析师的重要依据。由于数据科学与大数据技术等领域的快速发展，近年来，R 的知名度得到了很大的提升。由于 R 具有非常活跃而且规模庞大的用户社区，很多开发者把最新的数据科学研究成果转化成 R 语言的包来扩展 R 的功能，供其他用户使用，这就使 R 能不断适应用户的需要。

2. **简单易学，具有高度的灵活性**

一些非专业人员刚开始接触 R 时可能会觉得 R 内容太多，包罗万象，似乎不易掌握。

其实，R 语言中的多数语法与自然语言的语法颇为相像，很多非计算机领域的研究者在做统计计算工作时都把 R 语言当作他们所学习的第一门编程语言，用 R 编写程序来满足数据分析的需要。从根源上讲，R 语言毕竟是建立在 S 语言基础之上的，而 S 最初就是作为程序设计语言而开发的，所以 R 具备一门程序设计语言应该拥有的全部功能。另外，学过其他程序设计语言（如 C、Java 和 Python）的程序员也可能会被 R 语言的一些特性所困扰，因为 R 在一些句法上与上述语言有较为明显的差异。究其原因，是因为 R 所针对的主要是与数据分析有关的应用，因此编写 R 语言程序时，不需要像用其他编程语言那样去使用大量的条件分支和循环——这些事情被 R 语言中特有的面向向量、列表、矩阵、数据框等大规模数据的简易操作直接取代了。此外，R 系统还具有一个非常显著的特点，这就是它提供了针对统计应用的灵活性。例如，其他的数据分析软件在完成运算之后可能会把分析结果直接显示出来，而在 R 中所得到的结果却被保存在一个被称为“object”的对象内，在分析执行结束后并不直截了当地显示任何结果。这一特点有很高的实用价值，因为用户可以选择性地从结果中抽取他们感兴趣的那一小部分来显示。比如，用户要运行若干个不同的线性回归，但是只希望比较它们的部分结果（如回归系数或残差），就可以只列出保存在对象中的有关数据。这种做法可能仅仅需要控制台上的一行空间就显示出来完整的信息，不必像有些软件那样一下子打开很多个窗口而显得杂乱无章。在后续章节中，我们还会看到更多的能展示出 R 系统相比传统软件更为灵活而优雅的例子。

3. 强大的可视化功能

R 语言本身内置了许多实用的绘图函数，此外，R 社区开发者贡献了为数众多的绘图功能包，这些包也提供了功能丰富的绘图函数。这些绘图函数在一个独立的窗口中显示所生成的图形，并允许用户把在计算机屏幕上展示的图形保存为不同格式的文件（如 JPG、PNG、BMP、TIFF、PS、PDF、Metafile、SVG 和 EPS 等，具体格式取决于计算机所安装的操作系统）。

4. 代码形式简洁

R 以只需少量代码就能完成复杂工作而出名。在统计计算中 R 可以灵活简便地得出人们所关心的结果。以常见的需要为例，根据样本数据实现线性回归的问题，人们想从数据中发现一定的规律性。在 R 中实现这个功能十分便捷，下面是一个一元线性回归的例子：

```
> x <- 1:20                          #把一个从 1～20 的整型数向量赋给 x
#在 x 上添加均值为 0、标准差为 2 的正态分布噪声，然后赋给 y
> y <- x + rnorm (20, 0, 2)
> fit <- lm (y ~ x)                  #完成 y~x 的线性回归，结果保存到变量 fit
> summary (fit)                      #概要显示线性回归的结果
```

特别说明一下，在 R 语言里，符号“<-”代表赋值，尽管大多数情况下它可以与很多程序员熟悉的“=”号互换，但是在某些特殊的场合却分别表示不同的含义。本书会一直遵循

“<–”这种更为正式的写法。

下面对程序详细说明：

这个例子的前两行分别准备了两列数据——自变量 x 与因变量 y；

第三行的函数 lm 即线性模型，根据提供的样本数据进行线性回归计算；

得到的模型结果可以用第四行 summary ()显示出来。

符号“#”后面的文字是对代码的说明，这些注释信息不会被 R 系统执行。

变量 x 被赋值成一个长度为 20 的向量，在控制台的提示符“>”后输入 x 并回车，就会显示向量 x 的值。

```
> x                                     #还可以使用 print(x)得到同样的显示内容
 [1]  1  2  3  4  5  6  7  8  9 10 11 12 13 14 15 16 17 18 19 20
```

这里调用函数 rnorm ()生成的是一组长度为 20，均值为 0，标准差为 2 的随机正态分布向量，把该向量作为噪声加到了 x 上赋给 y。类似地，可以在控制台中查看 y 的值：

```
> y
 [1]  0.8144522  2.2837721  4.4954729  4.9548880  2.2561941  5.8832410  8.3230485
6.9702417
 [9]  7.7002227 10.0019953 11.0504821  9.2388719  9.0716965 13.3943052 10.3419648
18.7860168
 [17] 13.7534689 16.4901863 19.0204191 20.4135078
```

显示结果中，[1]、[9]和[17]分别表示该行中向量元素的起始索引。

函数 lm ()除了可以实现示例中简单的一元线性回归，还可以用来完成多元线性回归，并返回所得到的各种参数和统计结果。刚才在上面将回归的结果赋给了 fit，下面显示的就是函数 summary (fit)对线性回归结果 fit 的统计概述：

```
Call:
lm(formula = y ~ x)


Residuals:
    Min      1Q  Median      3Q     Max
-3.5644 -0.9866  0.3073  1.2416  3.9587


Coefficients:
            Estimate Std. Error t value Pr(>|t|)
(Intercept)  0.09248    0.89043   0.104    0.918
x            0.92093    0.07433  12.389 3.01e-10 ***
---
Signif. codes:  0 '***' 0.001 '**' 0.01 '*' 0.05 '.' 0.1 ' ' 1
```

```
Residual standard error: 1.917 on 18 degrees of freedom
Multiple R-squared:  0.895, Adjusted R-squared:  0.8892
F-statistic: 153.5 on 1 and 18 DF,  p-value: 3.013e-10
```

这里仅仅用简单的 4 行代码就实现了线性回归的功能，这是其他语言难以企及的。

执行统计分析任务时通常需要借助一些图形帮助用户直观地观察原始数据以及计算结果。R 的另一个重要特点就是其强大的图形功能，例如，用户只需要在控制台中输入三行代码就可以画出随机正态分布的钟形曲线的轮廓。

```
> n <- floor(rnorm(2500, 100, 10))          #产生 2500 个正态分布随机数并取整
> t <- table (n)                            #统计 n 中所有整数出现的次数
> barplot (t)                               #画出柱状图
```

上面的例子中，函数 floor ()表示向下取整，因为 rnorm ()产生的是以 100 为均值，10 为标准差的浮点数，而为了统计正态分布随机数值的个数，可以简单地去掉这些数的小数部分。这个例子用到了函数的嵌套调用，就是把 rnorm ()函数以输入参数的形式传给了另一个函数 floor ()；作为函数式程序设计语言，R 对这种方式有很好的支持。table ()函数对每一个整数出现的次数做了计数，barplot ()在一个独立窗口中画出了相应计数结果的柱状图（见图 1-1）。

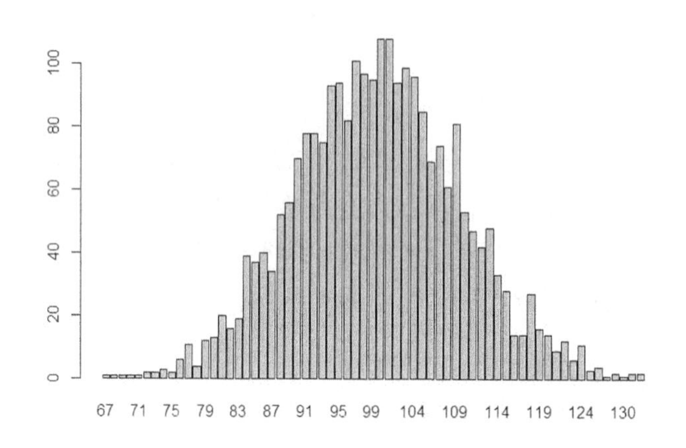

图 1-1　一组正态分布数据的柱状图

事实上，如果采用多重函数嵌套调用的形式，仅需要一行代码就可以得出上述结果。这也是 R 强大的数据处理和图形显示功能的直接体现。

```
> barplot (table (floor (rnorm (5000, 500, 50))))          #画柱状图
```

更多与作图有关的内容会在后续章节进一步介绍。

1.2　安装与运行 R 系统

R 提供了简单易学的软件环境和开发语言。学习 R 语言之前，用户需要配备能够支持 R

编程的工作环境。本节将介绍如何下载、安装和运行 R。注明一下，本书中所有示例用到的软件版本都是 R3.4.3，其他版本的使用方法大同小异。

1.2.1 R 的获取与安装

到目前为止，本书所展示的示例代码都是在 R 控制台内运行的。如果要重现这些代码的执行情况，就需要先安装好 R 环境。R 可以在 R 官方网站免费下载，Windows、MacOS 和 Linux 都有相应的已经编译好的二进制版本，下载完成后可以直接运行安装程序，接下来根据所选择平台的安装说明进行安装就可以了。有兴趣的读者还可以下载 R 的源代码，了解 R 软件背后的细节。

下面以在 Windows 系统下安装 R 的过程为例具体介绍 R 的安装步骤。

1. 进入 R 官方下载网址。

2. 选择相应的操作系统，如果使用 Windows 系统，可以单击“Download R for Windows”。

3. 安装程序目前提供了 4 种安装风格以供选择：Base（基本安装）、Contrib（含有第三方软件包的安装）、Old Contrib（含支持已过期版本第三方包的安装）、Rtools（提供可构造用户自己 R 套件工具的安装）。对本书读者来讲，建议选择基本安装。

4. 单击“Download”下载安装程序。

5. 下载好后双击 exe 文件进行安装，安装好后在“开始”菜单里可以找到 R 程序，单击即可运行。

如果在 R 的官网下载安装包，有时候会遇到网速较慢的情况，这时可以选择国内的镜像网站进行下载。R 镜像是为了方便世界各地的使用者下载 R 软件及相关软件包而在各地设置的镜像服务器。各地的镜像都是 R 网站的备份文件，与官网完全一样。所以，选择离自己最近的镜像，下载 R 软件或 R 包的速度就相对较快。

至此，本书前述的内容只针对 R 的控制台和 RGui 版本。如果需要使用集成开发环境，还可以选择下载 RStudio（参见 1.6 节）。

1.2.2 运行 R

安装好系统后，可以用两种不同的方式来启动 R：用命令行执行 R.exe 程序或者打开 RGui（一种 R 自带的简单图形用户界面）。我们以 Windows 10 操作系统下 R 的运行为例来分别介绍。

1. 命令行方式

首先，需要打开命令提示符窗口。可以用多种方法进入到命令提示符窗口，最简单的方式就是同时按下键盘上的⊞键和 R 键，这时就会在桌面左下方出现一个“运行”输入框，在框中输 cmd 即可。无论以哪种方式打开命令提示符窗口，都可以直接在 Windows 命令终端的提示符后上敲入 R 并且回车（也有可能因为环境变量设置的问题而无法识别 R 命令，这就需要输入可执行文件 R.exe 的完整路径），显示器屏幕会显示下面的内容。

```
R version 3.4.3 (2017-11-30) -- "Kite-Eating Tree"
Copyright (C) 2017 The R Foundation for Statistical Computing
Platform: x86_64-w64-mingw32/x64 (64-bit)

R

'license()''licence()'

R.
'contributors()'
'citation()'RR

'demo()''help()'
'help.start()'HTML
'q()'R.
```

R 系统提供的是一种交互式的解释型运行环境，打开 R 的控制台后，即进入了 R 的交互模式。用户就可以一直通过控制台与 R 进行交互，直到退出 R 系统。这个交互过程就是一个会话。

启动后，显示的是 R 的一些基本信息，以及 R 的提示符，也就是“>”符号。出现命令行提示符“>”后，就可以直接输入命令进行操作了。

很多编程语言都以在屏幕上打印输出“Hello, World”作为编写程序的第一个例子。在 R 的提示符后输入 print ("Hello, World")，然后按下回车键即可看到类似的结果。

```
> print ("Hello, World")                    #输入命令后需要按下回车键
[1] "Hello, World"
```

例如，可以逐行输入下列指令：

```
> x <- c(1,1,2,3,5,8,13,21,34,55)           #函数 c()用于创建向量
> mean (x)
[1] 14.3
```

上面用函数 c ()创建了一个包含 Fibonacci 数列前几个值的向量 x，并且用函数 mean () 计算出 x 的均值。

在交互式的会话中，用户输入要执行的指令，用换行方式将指令提交给 R 系统。R 系统首先会解析接受到的指令，如果指令符合语法，R 系统就会执行指令，并将计算结果直接显示在函数调用之后。

2. RGui

另一种运行 R 的方式则是直接使用 RGui。在 Windows 的“程序”选项中找到相应的 R

程序，如“Rx643.4.3”，单击之后，屏幕上就会显示出 RGui 的窗口（见图 1-2）。

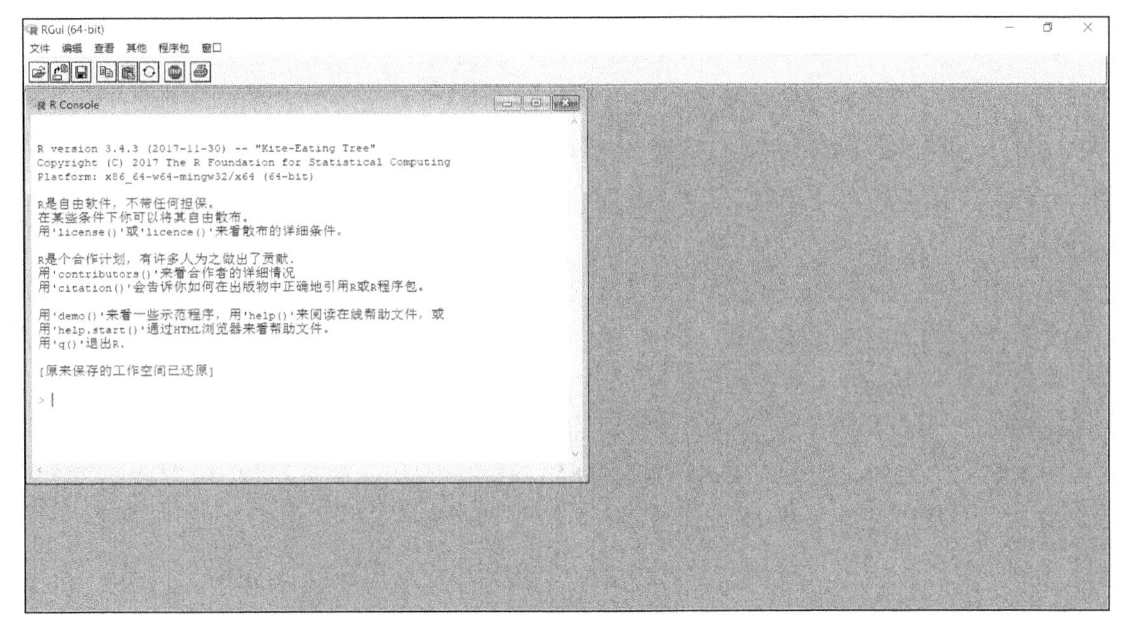

图 1-2　RGui 启动窗口

图 1-2 中标题为“R Console”的窗口就是 R 控制台。在控制台中的提示符“>”后可以直接输入命令。初学者可以使用函数 demo ()来查看一些示例程序，或用 help ()来阅读在线帮助文件，其他可能用到的基本命令还包括：

- 用函数 help.start ()通过 HTML 浏览器来看帮助文件；
- 用 q ()退出 R。

举一个简单的例子，生成 10 个随机变量并保存在 x 中：

```
> x <- rnorm (10)
```

rnorm (10)的意思是生成 10 个服从标准正态分布的随机变量，然后利用<-将生成的变量值赋给向量 x。在提示符后面输入 x（或者 print (x)），然后按回车键，控制台就会显示 x 的值。

```
> x
[1] 1.07651969 0.54689127 -0.09042456 -1.35031201 0.23738504 0.28467076
[7] 0.79377139  2.13656681 -0.18739095 0.12788383
```

这里，x 包含 10 个值，标签[7]表示第二行是从这组数的第 7 个值开始的。

再看如下几个示例。

```
> mean(x)                                  #求均值
[1] 0.3575561
> sd(x)                                    #求标准差
```

```
[1] 0.9064515
> summary(x)                                        #概要显示
Min. 1st Qu. Median Mean 3rd Qu. Max.
-1.35031 -0.03585 0.26103 0.35756 0.73205 2.13657
```

mean (x)和 sd (x)分别表示求 x 的平均值和标准差。summary ()函数可以获取描述性统计量，最后一行从左到右分别表示最小值、四分之一位数、中位数、平均数、四分之三位数和最大值。

除了这里讲的直接在 R 控制台与 R 系统交互外，还可以使用脚本文件的方式。单击 RGui 的“文件”菜单，选择“新建程序脚本”，就会在桌面上弹出一个标题为“R 编辑器”的编辑窗口，供用户编辑脚本使用。可以简单地把脚本理解为包含一组指令的程序文本。因为 R 提供了一种解释型交互环境，程序不需要编译就可以执行，因此 R 既支持人工逐条输入命令的交互方式，也支持脚本的自动执行。例如，可以在 R 编辑器中输入刚才执行的几条指令（不要加上提示符>），然后选择“文件”中的菜单项“保存”，输入文件名并保存文件。

```
x <- rnorm (10)
print (x)
```

假设这里设置的文件名是 myScript，可以用不同方式来运行这个脚本。第一种方式是，再次单击 RGui 的文件，选择菜单中的“运行 R 脚本文件”，然后选中 myScript.R 即可；第二种方式是在 R 编辑器中选中要执行的语句，然后同时按下 Ctrl+R 组合键，这样 R 控制台就会执行所选代码；第三种方式是在 R 控制台中输入下面的命令执行脚本：

```
> source ("~/myScript.R")                     #~指当前目录，R 脚本的扩展名是.R
```

1.3 安装与使用包

与其他编程语言中的库一样，包是对核心语言的扩展。在 R 语言中可以方便地下载、安装、加载、卸载各种包。截止到本书成稿，CRAN（Comprehensive R Archive Network）上的包已超过 11000 个。这些数量庞大的包使 R 具备强大的数据分析、可视化与机器学习功能，也使 R 程序设计变得更加容易。

1.3.1 什么是包

包是 R 函数、数据、预编译代码以一种定义完善的格式组成的集合。R 中的包存储在计算机上一个名为 library 的目录下，使用函数 libPaths ()可以查看该文件夹在计算机中的具体路径，函数 library ()和 search ()则可分别显示已安装和加载的包列表。R 已经预装了一组标准的包，其他包则可以通过下载安装后再使用。

目前 CRAN 上提供了上万个可使用的包。这些包又提供了覆盖各种领域、数量惊人的功能，这正是 R 的一大优势。有兴趣的话，可以在 CRAN 网站（网址请参考本书提供的网络资源，会根据技术发展进行更新）查看这些包的作者、功能、依赖关系、下载地址等信息。根据下载量统计，最受欢迎的 5 个包分别是：dplyr（一种数据操作的语法）、devtools（一组用于包开发的工具）、foreign（读取用其他软件如 Minitab、S、SAS、SPSS 和 Stata 等存储的数据）、cluster（聚类分析方法）和 ggplot2（R 语言图形工具）。表 1-1 列出了在集成开发环境 RStudio（将在 1.5 节介绍）已经包含的部分包。

表 1-1 常用的包

功 能	名 称	说 明
数据加载	RMySQL RPostgresSQL RSQLite	加载数据：从不同数据库中读入数据
	XLConnect xlsx	在 R 中读写 Microsoft Excel 文件
	foreign	提供了从 SAS、SPSS 等其他程序中把数据载入 R 的函数
操作	dplyr	提供快速操作数据的工具
	tidyr	提供改变数据集布局的工具
	stringr	提供简单易学的正则表达式与字符串工具
	lubridate	使针对日期与时间的工作更简单
数据可视化	ggplot2	制作美观图形的一个著名的 R 语言包，允许使用图形语法来绘制分层的定制化图形
	ggvis	使用图形语法绘制交互式的基于 Web 的图形
	rgl	在 R 中实现交互式三维可视化
	htmlwidgets	在 R 中实现基于 JavaScript 的快速可视化方法
	googleVis	允许使用 Google 图表工具在 R 中实现数据可视化
数据建模	car	提供深受用户喜爱的制作第二类和第三类 Anova 表的函数
	mgcv	广义加性模型
	Ime4/nime	线性和非线性混合效果模型
	randomForest	机器学习中的随机森林方法
	multcomp	多重比较测试工具
	vcd	面向分类数据的可视化工具、数据集、概述与推论方法
	glmnet	带交叉验证的 Lasso 和弹性网回归方法
	survival	生存分析工具
	caret	训练回归与分类模型的工具
报表	shiny	用 R 简便地实现交互式的 Web 应用
	R Markdown	实现带有可重现结果的报表的一个完美的工作流。如果在 HTML、PDF、Word 等文件格式的报告中加入了 R 代码，R Markdown 就会用 R 的运行结果来取代原来的代码
	xtable	输入 R 对象，返回 Latex 或 HTML 代码，可以将美观的对象版本粘贴到文档里

续表

功　能	名　称	说　明
空间数据	maps	提供可用于绘制图形的、易用的地图多边形
	ggmap	提供了一组在一些在线资源的静态地图（如谷歌街景图）基础之上实现空间数据和模型可视化的函数
	sp、maptools	加载和使用包括形状文件的空间数据
时间序列和金融数据	xts	可灵活操作时间序列数据集的工具
	quantmod	用于下载金融数据，画常用的图表，完成技术分析的工具
	zoo	为在 R 里保存时间序列对象提供最常用的格式
高性能代码	data.table	提供组织数据集的方法以适应针对大数据的快速运算
	parallel	在 R 中使用并行处理来加速代码运行
	Rcpp	编写可以调用 C++代码的 R 函数来获得极高的运行速度
Web 应用	Jsonlite	在 R 里读写 JSON 数据表
	httr	提供了一组与 http 连接有关的函数
	XML	在 R 里读写 XML 文件
创建 R 包	testthat	提供为用户的代码项目编写单元测试的简易方法
	roxygen	提供为用户开发的包编写文档的快速方法
	devtools	提供把自己开发的代码转换成 R 语言包的基础工具套件

1.3.2　安装包

调用函数 install.packages ()可以安装新的包(注意：需要在联网时才能下载及安装包)。如果调用 install.packages ()函数时不添加参数，窗口将显示一个 CRAN 的镜像站点列表，然后可以根据提示选择要安装的包。镜像列表以国家（地区）名为前缀，一般选择自己所在国家（地区）的镜像站点下载，速度会比较快。知道要安装的包名后，可直接将包名作为参数传递给函数 install.packages ()进行下载安装，如：

```
> install.packages("stringr")                    #安装一个用于字符串处理的包
```

1.3.3　载入、使用、卸载包

包安装后还需要载入内存才能使用。执行 library ("stringr")可将对应的包载入备用。当然，在载入一个包之前必须已经安装了这个包。使用 search ()函数可以查看当前已经载入的包列表。

另外，使用如下语句可以打开包的帮助页面：

```
> help (package = "stringr")                    #访问包的帮助页面，安装了该包才能打开页面
```

在帮助页面可以看到该包内的所有函数的简要描述信息。单击需要的函数名可以进入该函数的详细描述页面，包括用法、参数说明、返回值、代码示例等。例如，图 1-3 就是对如

何使用 str_length ()函数的描述。下面是 str_length ()函数的用法及其执行结果。

```
> str_length ("Hello R!")                    #计算给定字符串的长度
[1] 8                                        #空格也算作长度
```

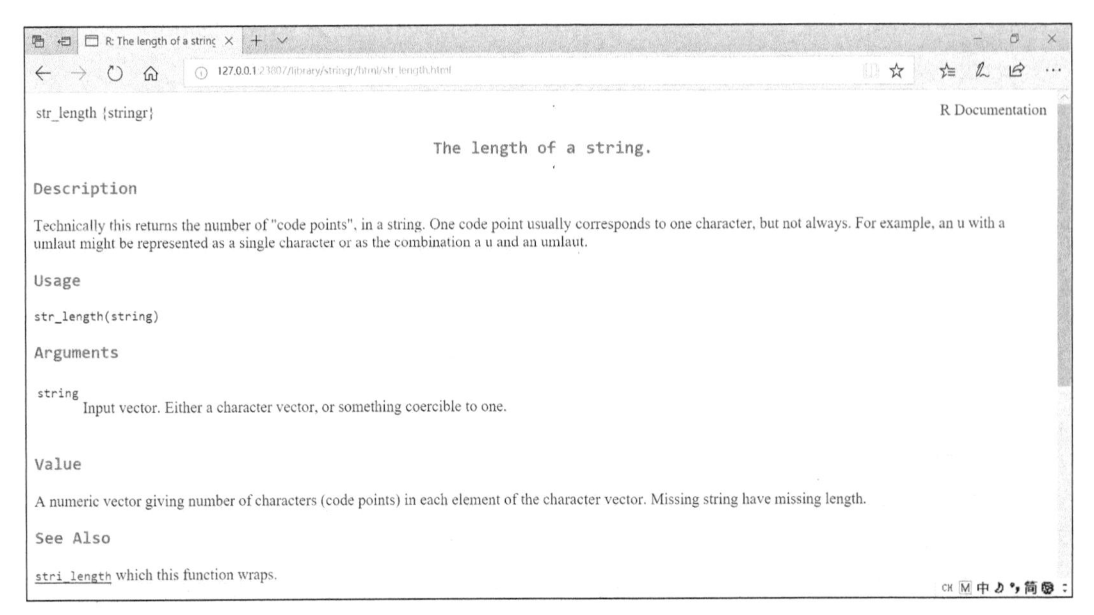

图 1-3 从 RGui 启动的帮助页面

同时载入过多的包会占用大量的内存从而导致计算机运行变慢。如果需要，可以使用如下语句来卸载一个不再使用的包。卸载之后，就不能再使用包提供的功能。根据需要，包可以被反复加载和卸载。

```
> detach ("package:stringr")                 #卸载 stringr 包
```

1.3.4 包的命名空间

R 允许用户自定义函数。在定义函数时，用户可能无法逐一了解哪些函数名已被占用，这就会造成函数命名冲突的现象。下面考察这样一个例子：

```
> library ("stringr")                        #载入字符串处理包 stringr
> #下面自定义函数 str_length ()，返回一个字符串
> str_length <- function(x) return ("Give me a second. Let me count how lon
g this sentence is!")                        #自定义函数 str_length 与包中函数同名
> str_length ("Hello R!")                    #思考一下这行语句会输出什么?
[1] "Give me a second. Let me count how long this sentence is!"
```

现在遇到的问题是：stringr 包中本身就包含一个求字符串长度的 str_length ()函数，而刚才在当前工作环境中又自定义了一个同名的 str_length ()函数，这种行为就导致了命名冲

突。为了解决矛盾，首先必须明确用户希望使用哪一个 str_length()函数。如果要调用自定义的 str_length ()函数实现自定义的返回一个特定字符串的功能，那么上述做法没有问题。假如上述代码的第 3 句要利用 str_length ("Hello R!")统计其中字符串（"Hello R!"）中的字符个数，则会遇到麻烦：执行代码后输出的结果不会是统计的字符个数，而是我们上面看到的结果。为了清楚地解释这个过程，先从内存中卸载 stringr 包，然后重新加载，看一看系统是否会检测到命名冲突。输入如下语句：

```
> detach ("package:stringr")            #卸载 stringr 包
> library ("stringr")                   #重新载入包

载入程序包：'stringr'

The following object is masked _by_ '.GlobalEnv':

    str_length
```

由系统给出的提示信息可见，stringr 包中的 str_length 对象（也即函数对象）被全局环境（R 语言的对象，包括函数，都处在不同层次的环境空间中，.GlobalEnv 是当前的全局环境）屏蔽了，因此无法直接使用。在解决函数命名冲突的时候，前面的例子里优先调用的是用户自定义的同名函数。可以想象，由于贡献 R 扩展包的开发者为数众多，让他们全部使用不重复的对象名和函数名是几乎不可能办到的事情。所以，在 R 中使用了命名空间这一机制来解决这个问题，具体而言，就是用包名加函数名的方式来获得命名的唯一性。因此，要使用 stringr 包中被屏蔽的对象 str_length 函数时可使用如下方法：

```
> stringr::str_length ("Hello R!")      #现在使用的是得到字符串长度的函数
 [1] 8
```

1.4 工作空间管理

在启动 R 环境之后，可以以交互的方式运行一些语句，直到退出 R。在这样一个 R 会话中，用户创建的所有对象都被临时保存在全局环境（.GlobalEnv，也可称为工作空间）中。当使用 q ()函数或直接关闭 RGui 窗口退出 R 环境时，就结束了当前会话。这时，系统会提示是否保存工作空间。如果选择“是”，当前环境中的所有对象都会被写入一个叫作“.RData”的文件中，使用过的命令行历史则会保存在名为“.Rhistory”的文件中，这些文件会被默认地保存在当前 R 会话的工作目录中。这样可以将当前的工作空间保存在文件系统中，实现持久保存。下次从此目录启动 R 会话时，软件会自动将对象、命令历史载入工作空间。

当前的工作目录是 R 用来读取文件和保存结果的默认目录。可以使用函数 getwd ()来查看当前的工作目录，也可以使用 setwd ()设定当前的工作目录。常见的一些用于工作空间管理的函数如表 1-2 所示。

表 1-2 常见工作空间管理函数

函数	说明
getwd ()	显示当前工作目录
setwd ()	修改当前工作目录
ls ()	显示当前工作空间中的所有对象
str ()	显示对象的结构
ls.str ()	显示对象中每一个变量的结构
exists ()	查看当前工作空间内是否存在某个对象
rm ()	删除一个或多个对象
q ()	退出 R。在这之前会询问是否保存工作空间
install.packages ()	安装包
library ()	载入包

下面通过简单的示例演示如何使用这些函数。

```
> getwd ()                              #查看当前工作目录
[1] "C:/Users/Temp"
> ls ()                                 #查看工作空间所有对象
 [1] "all_data"     "classifier"    "count"         "error"
 [5] "i"            "index"         "iris.Test"     "iris.Training"
 [9] "lm_fit"       "positions"     "predictions"   "testing"
[13] "training"     "us.cities"     "x"             "x1"
[17] "x2"           "x3"            "y"
> rm(i,x1,x2,x3)                        #删除 i,x1,x2,x3 等对象
> ls ()                                 #再次查看工作空间的对象
 [1] "all_data"     "classifier"    "count"         "error"
 [5] "index"        "iris.Test"     "iris.Training" "lm_fit"
 [9] "positions"    "predictions"   "testing"       "training"
[13] "us.cities"    "x"             "y"
> exists("x")                           #是否存在 x?
[1] TRUE
> exists("i")                           #是否存在 i?
[1] FALSE
```

如果要清除当前工作空间中的全部对象，可以执行 rm (list = ls ())。

1.5 R 语言的集成开发环境 RStudio

下面将介绍在 R 语言开发中非常受欢迎的一种集成开发环境（Integrated Development Environment，IDE）——RStudio。虽然 R 控制台和 RGui 启动迅速，但是使用 RStudio 有助于提高开发效率。

1.5.1 什么是集成开发环境

集成开发环境是一个集代码编辑器、调试器、图形用户界面等一系列工具为一体的应用程序，旨在为开发人员提供一个功能完整的开发环境。早期的程序设计各阶段都要用不同的软件来处理，如编写源程序、编译程序以及调试等步骤，开发者需要在不同的地方进行相应的工作。随着技术的发展和软件系统的逐渐成熟，现在许多优秀的 IDE 都将这些功能集成在一个桌面环境中，大大提高了生产效率。

概括起来，使用 IDE 的优点如下。

1. 节省时间和精力。这是 IDE 的主要目标之一，IDE 通过各种功能和特性来辅助开发者的工作，减少失误。

2. 统一代码标准。这对团队开发十分有利。使用 IDE 预设的模板或是团队自定的代码标准，能让团队的工作更统一、标准。

3. 完善的调试环境。复杂的程序几乎都不能一次编写正确，特别是一些隐晦的逻辑错误很难避免。在 IDE 完善的调试环境下可以让用户更快地发现并解决这些错误。

1.5.2 RStudio 的使用方法

下载安装 R 后，默认情况下只会提供一个简单的图形用户界面（Graphic User Interface，GUI）——RGui，其功能十分有限。这时可能需要一个优秀的 IDE 来协助开发者高效地进行工作。RStudio 就是一个可供选择的通用工具：它具有语法高亮、命令补全、对象浏览、语法错误检查以及断点调试等许多可以大大提高开发效率的特性，而且，这些功能都是免费的。RStudio 可以在其官网获取，用户打开其官网后选择对应的系统平台进行下载安装即可。图 1-4 是 RStudio 启动后的主界面，默认情况下窗口被分成如下四个功能区域：

① 代码编辑、数据预览窗口；

② 工作空间、命令历史窗口；

③ 控制台窗口；

④ 文件、绘图、包管理窗口。

当然这个布局也可以在菜单栏 Tools→Global Options→Pane Layout 进行定制。下面分别对这四个窗口的使用进行简单的介绍。具体的菜单功能这里不做详细解释，读者可以查看“Help”。

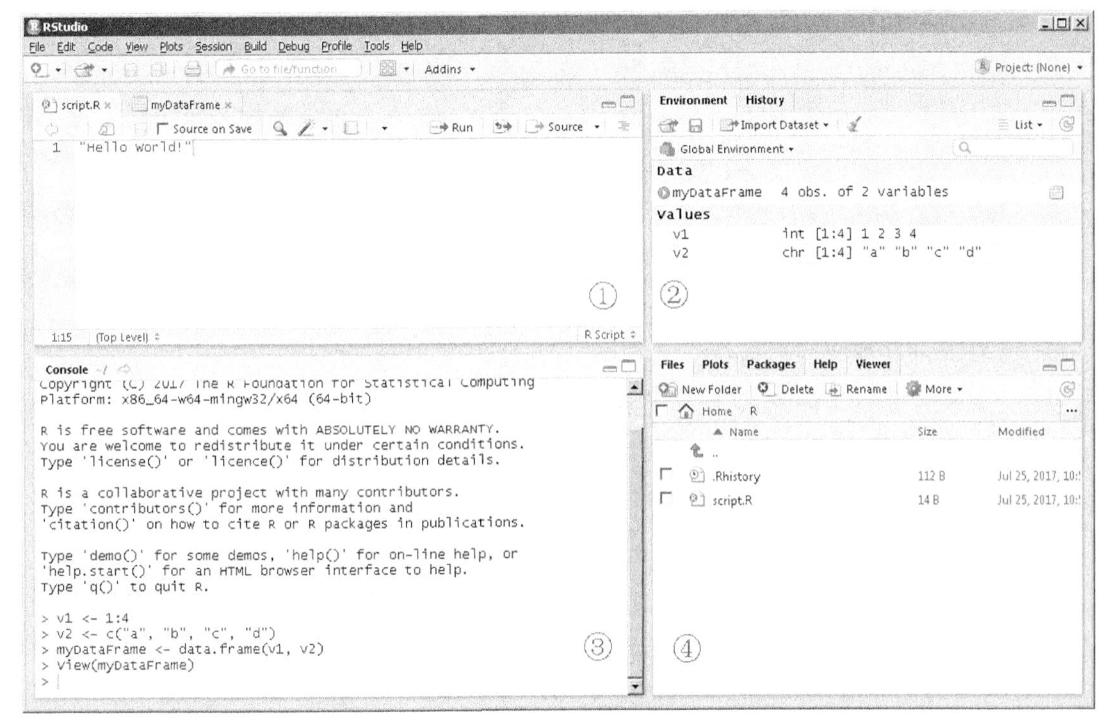

图 1-4 RStudio 界面

1. 代码编辑、数据预览窗口（又称为 Source 窗口）

第一次打开 RStudio 时是看不到此窗口的。单击菜单栏 File→New File→R Script 即可打开 Source 窗口并在其中新建一个 R 脚本文件。RStudio 的 Source 窗口中包括了各种提高开发效率的功能，包括语法高亮、代码补全、数据预览等。在仅仅需要执行少数几行代码时，可以选择在控制台窗口（图 1-4 中的区域③）直接输入。但是如果需要编辑或重用多行代码，甚至将代码组织成一个函数，每次都在控制台中一行一行地输入代码显然费时费力，所以编写一个 R 脚本成了一个不错的选择。RStudio 的文本编辑器可以用来编写 R 语言的代码。根据当前窗口内容的不同，上方的工具栏也会显示出不同的按钮。下面介绍其中的一些使用技巧。

- 注释和缩进。代码往往是需要给他人阅读的，良好的编程风格、统一的注释和缩进格式能让他人更容易读懂代码。选中若干行代码，使用 Ctrl+Shift+C 组合键可以快速注释或取消注释；使用 Ctrl+Shift+A 组合键可以使用 RStudio 默认格式化调整代码，让代码更规范。这些快捷键都可以在菜单栏 Code 中找到。
- 执行代码。若想执行部分代码，选中要运行的代码所在的行，然后使用 Ctrl+Enter 组合键将这些代码发送到控制台并执行（或使用代码上方工具栏的 Run 按钮）。若想执行整个文件，按下 Ctrl+Shift+Enter 组合键即可（或使用工具栏的 Source 按钮）。
- 代码折叠。RStudio 可以自动设置折叠区域，如函数、if-else 语句或是任意一对大括号包围的区域。对应行号右边的小三角形可用来折叠或展开代码块。将大段程序分成若干段可以方便阅读和修改。单击 Code→Insert Section（或快捷键 Ctrl+Shift+R），在弹出的窗口为该段命名，回车即可创建一个代码段。也可手动创建代码段，任何以四个或四个以上的“-”或“=”或“#”结尾的注释都会被视为一个分段符。单击工具栏 Source 按钮右边的显示/隐藏文档大纲按钮可以清晰地浏览该脚本的结构，单击即可跳转到对应文档的位置。

- 实时错误提示。RStudio 能对正在编写的代码进行分析，并基于一些错误提示，帮助开发者避免一些不必要的 Bug。在 Tools→Global Options→Code→Diagnostics 页面，可以具体地设置错误提示类型。

2. **工作空间和命令历史窗口**

Environment 选项卡内默认会显示当前工作空间内的数据对象和函数对象。History 选项卡内记录了控制台运行过的命令，按住 Shift 键可选择多行，按下 Enter 键可将其发送到控制台，或按下 Shift+Enter 组合键发送到代码编辑窗口。

3. **控制台窗口**

命令解释器是 R 的核心，所有的 R 代码都会被输入到控制台中并由命令解释器执行并返回结果。用户很大一部分与 R 的交互工作都是在控制台中完成的。控制台窗口是四个窗口中唯一一个没有菜单栏的窗口，其使用技巧也并不太多，下面简单介绍几个。

- 代码补全。输入某个命令的前几个字母后，RStudio 会自动列出以此为前缀的候选命令（候选命令过多时不会自动显示列表，按下 Tab 键即可），然后使用键盘或鼠标选择需要的命令。
- 获取之前的历史命令。用户或许知道使用键盘的上方向键（↑）可以完成这个操作，但若觉得逐行读取太慢，也可以使用 Ctrl+上方向键（↑）来显示最近命令的列表。若还是觉得太慢，试试输入命令的前一部分后再使用 Ctrl+上方向键（↑）。
- 如果认为控制台内容太多太乱，可输入 Ctrl+L 组合键，清空控制台内容，就会得到一个干净的控制台。

4. **文件、绘图、包管理窗口**

各个选项卡中均有相关的功能按钮，直观易懂，这里不再详述。更多具体的使用技巧就不在此一一赘述，留待读者去自行探索。此外，RStudio 的官方网站提供了十分详细的帮助文档，可以单击菜单中的 Help→RStudio Docs 访问。

1.6 使用帮助系统

R 语言的函数众多，使用纷繁复杂，但是 R 系统的开发者提供了一套完善的帮助系统来辅助开发人员进行开发工作。R 的内置帮助系统提供了当前已安装包中所有的函数细节和使用示例（图 1-3 就是一个对函数 str_length ()的描述）。使用 help.start ()打开帮助页面的首页，这里有关于 R 语言的一整套学习和帮助材料。这些内容可能过于宽泛，若要查询某个函数的细节，使用如下语句：

```
> help("c")                        #查看 c()函数的帮助文档，引号可以省略
> ?c                               #help()函数的简写，作用同上
> ?"+"                             #对于一些特殊字符必须用引号括起来
```

或者要查看某函数或运算符的使用示例，可使用 example ()函数：

```
> example(c)                       #查看 c()函数的使用示例
> example("+")                     #查看"+"运算符的使用示例，其中双引号不可少
```

如果不清楚具体要查询什么，可使用 help.search ()函数在本地的 R 文档中以关键字的形式进行搜索，比如要查找绘制直方图的函数，可使用如下语句：

```
> help.search("histogram")         #查找 histogram 相关的帮助信息
> ??"histogram"                    #同上，??为 help.search()的简写形式
```

然后在列出来的函数中选择合适的函数即可，单击函数名还可以打开其详细的使用帮助页面。还有一些其他常见的帮助函数，如表 1-3 所示。

表 1-3　常见的帮助函数列表

函　数	说　明
help.start ()	打开帮助文档首页
help ()，?	查看
help.search ()，??	以关键字搜索的形式搜索本地帮助文档
RSiteSearch ()	以关键字搜索的形式搜索在线帮助文档
apropos ()	列出名称中含有某字符串的所有可用函数
example ()	查看某个函数的使用示例

1.7　R 语言与数据科学

众所周知，数据科学是一门具有广阔前景的新兴学科，虽然迄今已取得了一些初步进展，但仍存在许多未知领域有待人们去深入探索。数据科学的基础毫无疑问包括统计学、计算机科学、数学、工程学以及其他学科。但是，数据科学既不能被视同于传统的统计学，也不能被看作是计算机科学的自然延伸。作为对上述学科的综合，数据科学借助计算机软硬件平台进行数据分析，使用算法和模型直接从数据中抽取出知识。数据科学就是使用数据研究科学问题，以及使用科学方法研究数据。可以说，经过近二十年的发展和不断完善，在这两个方向上 R 都能发挥其独特的作用。

1.7.1　R 与大数据平台

作为一种软件环境，R 得到了很多性能各异的硬件平台的支持。为了方便读者学习，本书中所有的示例都可以在个人计算机上运行。但是，由于典型的大数据应用的数据集庞大

而且复杂，在单机上使用 R 进行分析和处理就会面临运算速度和存储容量等硬件资源的制约，因而无法满足实际的需求。为此，我们需要为使用 R 来解决大数据问题去寻找其他高性能的硬件方案，来替代普通的个人计算机甚至一般的服务器。

简单而言，可以用下面的四个以字母 V 开头的单词来描述大数据。

1. Volume（数量）

外界所生成的数据和需要存储并运算的数据规模巨大。数据规模越大，往往意味着数据所蕴藏的价值和所能获得的潜在洞察力越大。但是应该指出，在不同的场景中，大数据的数量级很可能存在相对的差异，例如，在有些应用中 TB（$1TB=2^{10}GB$）级别的数据就可以被称为大数据，而在其他某些应用中，数据量超过 1EB（$1EB=2^{20}TB$）才能被称为大数据。

2. Variety（种类）

大数据的类型和本质繁杂。异构和来源多样化的数据有助于进行更有效的分析。大数据不仅可以来源于文本、图像、音频、视频等，还可以来源于不同应用领域中各种类型的结构化或非结构化数据。

3. Velocity（速度）

大数据一般可以以在线方式实时采集，因此具有较高的时效性。同时，数据增长的速度以及为了满足需求和应对挑战所需要的处理速度都会非常高。

4. Veracity（真实性）

由于从不同来源获取的数据在质量上参差不齐，可能会在噪声和缺失值等方面差异巨大，因此会影响数据分析的准确性。

大数据的上述特点决定了传统的数据采集、存储、分析、共享等处理方法已经难以发挥主导作用，因此，并行化的处理工具就成为大数据应用的一个关键的基础。Apache Hadoop 就是在这种背景下出现的一种主流的大数据工具，它已经在业界得到了广泛的应用。Hadoop 由一组开源的软件应用组成，用于在普通的计算机集群（一组通过网络连接的独立的计算机）上解决海量数据的计算问题。具体来说，它既可以解决分布式的数据存储，也可以通过 MapReduce 编程模型来实现大数据的处理。Hadoop 的基本组成部分如下。

- Hadoop Common，包含了其他 Hadoop 模块所需的库和应用。
- Hadoop Distributed File System（HDFS），在普通计算机上实现的分布式文件存储系统。
- Hadoop YARN，管理集群中的计算资源，为用户的各种应用提供调度功能。
- Hadoop MapReduce，大规模数据处理的并行计算框架。

由于封装了必备的进程间通信、任务调度、负载均衡和容错处理等功能，Hadoop 允许用户运用简单的编程方式实现大数据应用的并行化，以取得所需的数据处理能力和性能。

作为建立在 Hadoop 基础上的一种增强版的开源分布式计算框架，Apache Spark 最初由加州大学伯克利分校的 AMPlab 开发，后来移交给 Apache 软件基金来维护。Spark 在大数据处理方面具有以下几个明显的优势。

- 处理性能强大。在 Hadoop 集群上运行应用时，如果在内存中运行 Spark，可以将速度提高百余倍；如果在磁盘上运行，通过减少读写操作的次数，Spark 则可以把速度提升十余倍。

- Spark 支持多种开发语言，提供 Java、Scala、R、SQL 或 Python 等编程语言的内置API。
- Spark 还提供了先进的分析工具，除支持 Map 和 Reduce 模式外，还支持 SQL 查询、流式数据、机器学习和图形算法。

SparkR 是一个允许在 R 中使用 Apache Spark 的一个 R 语言包，实现了分布式的数据框，支持大规模数据框的选择、过滤、聚合等操作。如果使用了 MLib 模块，SparkR 还可以支持分布式的机器学习。借助 SparkR 作为 Spark 的前端接口，当使用 R 进行统计分析和数据处理时，用户就可以在 R 中直接运行 Spark 任务和操作分布式数据来充分地利用 Spark 框架所提供的各种能力。表 1-4 所示为 SparkR 支持的机器学习算法。

表 1-4 SparkR 中的机器学习算法

类　型	算　法
分类	逻辑回归、多层感知器、朴素贝叶斯、线性支持向量机
回归	加速失效时间生存模型、广义线性模型、保序回归
树	回归与分类决策树、梯度提升树、回归与分类决策森林
聚类	二分 *K*-均值、高斯混合模型、*K*-均值、隐狄利克雷分配
协同滤波	交替最小二乘
频繁模式挖掘	FP-增长
统计学	Kolmogorov-Smirnov 测试

正是因为 R 在统计计算与数据分析领域的领先地位，一些企业纷纷考虑在自己的大数据产品中引入对 SparkR 的支持，例如，华为公司的 FusionInsight。

FusionInsight 是华为公司开发的一个企业级大数据存储、查询、分析的统一平台，目标是帮助企业用户快速地构建海量数据信息处理系统，以通过对巨量信息数据的分析与挖掘，发现新的价值点和商机。FusionInsight 解决方案由 5 个子产品——FusionInsight HD、FusionInsight Miner、FusionInsight Farmer、FusionInsight Manager（操作运维系统）FusionInsight LibrA 构成（见表 1-5）。

表 1-5 FusionInsight 结构

子 产 品	说　明
FusionInsight HD	企业级的大数据处理环境，是一个分布式数据处理系统，对外提供大容量的数据存储、分析查询和实时流式数据处理分析能力。FusionInsight HD 包括 Zookeeper、Hadoop、HBase、Loader、HBase、Hive、Hue、Oozie、Phoenix、Solr、Redis、Spark、Streaming、Kafka、Elk、Flink 等组件
FusionInsight Miner	企业级的数据分析平台，基于华为 FusionInsight HD 的分布式存储和并行计算技术，提供从海量数据中挖掘出有价值信息的平台
FusionInsight Farmer	企业级的大数据应用容器，为企业业务提供统一开发、运行和管理的平台
FusionInsight Manager	企业级大数据的操作运维框架，提供高可靠、安全、容错、易用的集群管理能力，支持大规模集群的安装部署、监控、告警、用户管理、权限管理、审计、服务管理、健康检查、问题定位、升级和补丁等功能

续表

子 产 品	说 明
FusionInsight LibrA	企业级的 MPP 关系型数据库，基于列存储和 MPP 架构，是为面向结构化数据分析而设计开发的，能够有效处理 PB 级别的数据量。FusionInsight LibrA 在核心技术上与传统数据库有巨大差别，可以解决很多行业用户的数据处理性能问题，可以为超大规模数据管理提供高性价比的通用计算平台，并可用于支撑各类数据仓库系统、BI（Business Intelligence）系统和决策支持系统，统一为上层应用的决策分析等提供服务

SparkR 的安装包已经包含在 FusionInsight 集群安装包中。在使用 SparkR 前，需要先手动安装和配置 R，以及 R 和 SparkR 底层所依赖的其他工具包。在完成了 FusionInsight 集群的安装后，在 FusionInsight 集群所在的每个节点上，再分别安装所依赖的包和对应版本的 R。目前 FusionInsight 所支持的 R 版本是 3.1.3。

1.7.2 R 在数据科学中的应用

一般来讲，一个具体的数据科学应用项目需要包括以下几个步骤（见图 1-5）。

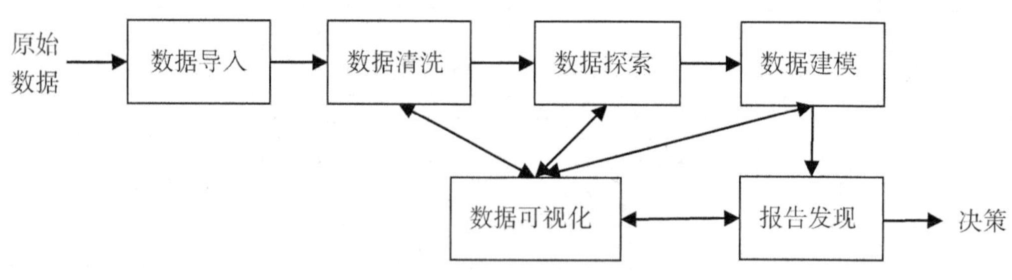

图 1-5 一个数据科学应用的过程

1. 数据导入

数据导入是把存储在文件、数据库或网络中的数据导入 R 环境，并转换成可以被 R 程序使用的格式。没有数据就没有数据科学，没有数据就无法让 R 为数据科学的任务服务。在 R 以及为 R 开发的包中，提供了很多导入不同格式数据的方法，而且导入数据也很容易被高效地处理成 R 所需要的数据结构，例如数据框。目前，R 支持几乎所有主流的数据文件格式。

2. 数据清洗

成功导入数据文件之后，需要评判数据质量是否适合下一步的工作。很多情况下，原始的数据来源受到很多因素的干扰，无法保证数据集中所有数据的质量。例如，理想情况下，人们希望数据框中的每一列都是一个变量，而每一行都是一个完整的有效观测样本。但是，不干净的数据集有可能包含重复的数据、无效或不一致的数据和带有缺失值的数据，这就需要使用 R 中的一些函数帮助用户查找这些问题数据，按照规则解决上述问题，得到完成了清洗目标的数据集。

3. 数据探索

探索性数据分析是数据建模前的一个关键步骤。用户所采集到的数据可能是带有噪声的高维数据，不仅难以发现规律，而且会给进一步的计算带来负担。因此，需要使用数据变换的方法，如特征筛选、特征提取、奇异值分解等，来实现去噪、降维和抽取特征。这些特征可能不是原始的变量，而是经过一些数学函数的加工从原数据中得到的。总之，人们希望得到适合发现规律、寻找模式，并易于计算的数据。

4. 可视化与建模

可视化与建模往往以反复迭代的形式进行。每一种模型都兼有自身的优点和不足，任何能够产生新知识的数据科学研究与应用项目要取得成功还必须同时依赖技术和艺术两者的结合。比如，可视化的结论就主要依赖人来解释和判断。这个阶段的可视化可以帮助用户确认假设，纠正错误的方向，了解存在的问题，从而改进模型。当明确了问题并验证了假设之后，就可以提出相应的模型，并用数据做出计算。R 语言既支持先进的机器学习模型和算法，又具有丰富的可视化手段，为研究者创造了很好的条件。

5. 报告发现

最后一个阶段，也是非常关键的阶段，就是报告结果。不管模型多么准确，也不管产生了多少漂亮的可视化图形，如果不能有效地把结果与他人分享，这些工作就失去了意义。对此类任务而言，R 仍然不失为一个有价值的环境，R 中的一些包可以帮助用户生成美观的报表，还能提供交互式的文档。

使用 R 顺利完成上述步骤的前提是用户必须熟练使用 R 语言编程。本书后续各章都是围绕这些步骤展开的。第 2 章将介绍 R 语言的数据类型和基本操作；第 3 章和第 4 章将分别介绍 R 语言的两个核心组成部分——函数与对象；第 5 章将介绍关于 R 语言的数据结构与数据预处理的内容；第 6 章将讨论 R 可视化技术；第 7 章将介绍 R 中与描述统计和回归分析相关的功能；第 8 章和第 9 章将介绍几种主要的建模技术在 R 中的实现，包括聚类、分类等统计机器学习方法，以及和神经网络与深度学习相关的几个 R 语言包。

一个优秀的数据科学家不一定是一个出色的程序员，但是掌握了 R 语言的编程方法一定会帮助一个数据科学家更有效地发掘与利用数据的价值。这也正是本书的写作动机。

习　题

1-1　安装好 R 环境，然后打开 RGui，在 R 控制台中的提示符后依次输入下列语句，理解 R 的交互过程。

```
2 + 3.45 * 6
x <- 3 + 4 * 5 %/% 6
(x <- 3 + 4 * 5 %/% 6)
x <- x + 1
x + 1
print (x + 1)
```

```
print (x <- x + 1)
```

1-2　打开 RGui，在 R 控制台中的提示符后依次输入下列语句：

```
1.23 + 4.56
#1.23 + 4.56
(#1.23 + 4.56)
```

上述语句的执行结果有什么不同？为什么？

1-3　打开 RGui，同时按下 Ctrl+N 组合键，打开 R 编辑器，将题 1-1 中的代码复制进去。将鼠标光标移动到其中一行，再同时按下 Ctrl+R 组合键；然后用鼠标选中其中几行，再同时按下 Ctrl+R 组合键。比较执行的内容有什么不同。

1-4　打开 R 编辑器，输入下列内容：

```
x <- runif (100, 0, 2)
hist (x)
mean (x)
range (x)
max (x)

min (x)
```

然后同时按下 Ctrl+S 组合键，在提示框中输入自己设定的文件名。如何使用 source () 函数执行刚才所写的脚本？修改代码，使执行结果可以在控制台中显示出来；根据执行结果，在脚本中加上注释。

1-5　如何打开帮助页面？分别输入下列语句执行：

```
?format
help ("sprintf")
help.start ()
```

1-6　执行下列语句来安装 R 程序包：

```
install.packages ("Hmisc")
```

观察安装过程。如何知道哪些包已经安装在系统中？

1-7　如何显示当前工作空间中的所有对象？如何删除对象？退出 RGui 程序，选择保持当前工作空间。重新打开 RGui，原来的对象是否仍然存在？找到保存的工作空间文件，在操作系统中删除该文件后，再次打开 RGui，原来的对象是否还存在？

1-8　下载并安装 RStudio，查看 RStudio 已经安装了哪些包。

2

第 2 章　数据与运算

All is number.

——Pythagoras

从某种意义上说，数据分析就是处理各种数据对象以获得深入知识的过程。这里的数据是一个非常宽泛的概念，既包括数值型等结构化的数据，也包括半结构化和非结构化的文本、语音、图像等数据，这些都是数据科学的研究对象。在计算机中，不同的数据类型要与它们具体的物理存储结构以及所支持的操作方式联系起来。

作为一门计算机编程语言，R 语言提供了可以支持数据分析中主要任务的基本数据类型、运算，以及在此基础上派生的更复杂的数据结构。

为了使后面的叙述更方便，我们在此对 R 的一些术语做一些必要的说明。虽然乍看上去，R 语言和 C 语言在语法形式上有些相似，但在语义上 R 却属于函数式程序设计语言，更接近于 Lisp 和 APL。在 R 语言里，哪怕是一个简单的整数相加也被处理为函数调用。同时，R 语言也采用了面向对象的思想，不仅变量是对象，函数是对象，就连 R 语言本身也用对象的形式来定义。具体而言，调用、表达式和名称标签三类对象构成了 R 语言，其对象类型分别为 call、expression 和 name。因为 R 语言中已经存在一类名为“表达式”的对象类型，为避免重复和歧义，我们有时会把语法正确的表达式叫作“语句”。

本章介绍 R 语言数据类型及与之相关的操作，其中会涉及 R 的一些抽象概念和特点，但除了必要的解释外，具体的内容（包括较复杂的数据结构）将放在书中的后续章节进一步展开。

本章所介绍的内容是 R 语言在数据科学中应用的起点。读者即使已具备一些其他语言编程知识，仍建议学习本章的有关部分。

本章的主要内容包括：

（1）数据类型、变量与常量；

（2）基本运算；

（3）数据类型转换。

2.1 基础知识

向量、对象和函数是 R 语言的核心组成部分和关键概念。我们在这一节简要地介绍向量、对象和函数等概念，以及 R 语言的标识符和保留字，其他相关知识会在后续章节中进一步展开。

2.1.1 向量

向量是 R 语言中用来组成数据的最小单位，是学习其他内容的基础，因此本小节将较为详细地介绍向量的创建方法，至于访问变量的方法，这里只简单介绍如何用索引访问变量，其他关于向量的更复杂的操作请阅读 5.1 节的内容。

R 中不存在 0 维数据或者说标量类型的数据，即使是单独的一个整数或字符，在 R 语言里也是一个长度为 1 的向量。因为向量是 R 语言中用来组成数据的最小单位，不可继续划分，因此也被称为原子向量。下面介绍几种创建向量的方法。

1. **用赋值的方式创建向量**

创建向量最简单的方法莫过于直接赋值，例如：a <- 1。这里对变量 a 赋值为 1，打印 a 的值，可以看到 1 前面加上了一个起始索引[1]，表明了 a 作为向量的实质。

```
> a <- 1                #给 a 赋值 1
> a                     #显示 a 的值
[1] 1
```

这里要说明的是，C、C++和 Java 等大多数编程语言中的数组索引是从 0 开始的，而在 R 语言中，其向量索引是从 1 开始并以整数形式依次往后编号的。索引是 R 语言中最常用的运算之一，使用正整数索引（浮点数将直接截取整数部分的值，作为索引）可将某一向量中特定位置的元素取出构成子向量。

```
> a[1]; a[2]   #用索引显示 a 的元素，注意 a 长度为 1，这里 R 会自动补齐并产生 NA
[1] 1          #注意，上一行代码中的“;”表示 a[1]，a[2]分别显示
[1] NA     #NA 即“not available”，表示缺失值，a[2]被当成向量处理，索引也是从[1]开始
```

2. **用 c ()函数创建向量**

一般地，长度大于 1 的多元素向量可用 c ()函数来创建。c ()可将参数中的多个元素组合成一个向量，c 取自英文单词 combine 的首字母。下面给出了用 c ()来创建向量的例子。

```
> int_vec <- c (1L, 2L, 3L)     #用 c () 创建向量，L 表示整数常数
> int_vec
[1] 1 2 3
```

```
> dbl_vec <- c (1, 2, 3)          #用 c ()创建向量，与前面不用 L 会有区别吗？请读者思考
> dbl_vec
[1] 1 2 3
```

3. 用符号“:”创建向量

对于连续的整数值所组成的向量，用“:”创建则会更加方便，例如：

```
> 2:5
[1] 2 3 4 5
> 5:2
[1] 5 4 3 2
```

再如第 1 章中介绍的给变量 x 赋值的方法：

```
> x <- 1:20                  #把 x 赋值为一个从 1 到 20 的整型数向量
> x                          #显示向量 x 的内容
 [1]  1  2  3  4  5  6  7  8  9 10 11 12 13 14 15 16 17 18 19 20
```

2.1.2 对象

面向对象是 R 语言的一个突出特点，掌握一些面向对象的基本概念对读者理解与运用 R 语言是非常有益的。类和对象是面向对象编程技术中最基本的概念。类是现实世界或思维世界中对一类具有共同特征的事物的抽象，对象则是具有某个类的实体。换言之，类是对象的概念性抽象，而对象是类的具体实例。在面向对象程序设计中，类是抽象的，不占用内存，而对象是具体的，占用存储空间。比如说，鸟类是一个类型，是一个抽象的概念，而那只落在窗外树枝上正在鸣唱的百灵鸟则是一个具体的对象。借用《Java 编程思想》中的一句话：“万事万物皆对象”，在 R 语言中依然如此。下面的例子中，分别使用不同的语句创建对象，包括向量、矩阵和函数。

```
> a <- 1                              #将 1 赋值给变量 a
> my_vector <- c (1, 3, 5)      #创建一个向量，并将其赋值给变量 my_vector
> my_matrix <- matrix(1:6, nrow = 2, ncol = 3)   #创建一个两行三列的矩阵
> #创建一个名为 my_func 的函数，这个函数接收两个参数，并返回两参数值之和
> my_func <- function (x, y) return (x + y)      #创建一个函数
```

使用 ls ()函数查看当前工作环境内所有的对象（ls 的全称为 List Objects），可以看到刚才创建的四个对象都被列了出来。

```
> ls ()
[1] "a"        "my_func"    "my_matrix" "my_vector"
```

使用 class ()函数可以查看对象的类，如 class (my_func)会返回 my_func 为“function”

类的对象。对面向对象编程思想较为了解的读者，可使用 getClass ("vector")函数来查看向量类的继承关系。

```
> getClass ("vector")
Virtual Class "vector" [package "methods"]

No Slots, prototype of class "logical"

Known Subclasses:
Class "logical", directly
Class "numeric", directly
Class "character", directly
Class "complex", directly
Class "integer", directly
Class "raw", directly
Class "expression", directly
Class "list", directly
…
Class "listOfMethods", by class "namedList", distance 3
>
```

由上可见，R 语言中的 vector 类为虚类（Virtual Class），但是拥有很多子类。虚类不能实例化，所以使用 class (my_vector)函数查看向量的类型时，得到的结果为 numeric，而不是 vector。

在控制台直接输入对象的名称并回车可以将对象的内容打印在屏幕上。例如，输入变量名回车后就会输出变量值，输入函数（不要在后面加括号）名称则会输出函数体。

用户可以改变一般对象的值。对于向量，还可以改变其中元素的值，如使用如下命令将 my_vector 中第三个数改成数值 7：

```
> # 注意：R 语言中数组索引以 1 开始，而其他多数编程语言以 0 开始
> my_vector[3] <- 7                              #将 my_vector 向量中第三个元素改为 7
```

在 R 中，函数也被存储为对象，同样可以修改已定义好的函数对象。以之前定义的 my_func 函数为例，在命令行中输入：

```
> my_func (1, 2)                                 #调用 my_func 函数计算参数之和
[1] 3
```

然后使用下面的语句来修改 my_func 函数的函数体：

```
> body (my_func) <- expression (return(x * y))   #改变 my_func 的函数体
```

如果想知道现在的 my_func ()函数实现的是什么功能，可以在控制台检验一下。

```
> my_func (5,6)
[1] 30
```

注意，刚才用到了表达式函数 expression ()，至于它具体代表了什么含义，可以继续执行以下代码来了解：

```
> my_expre <- expression (2 * 5)              #创建一个表达式对象
> eval (my_expre)                             #计算表达式的值
[1] 10
```

可以想象，表达式在 R 语言中也被存储为对象，使用 eval ()函数完成了对表达式的赋值。

不仅函数的函数体可以修改，函数的参数部分也可以修改。以刚才修改了的 my_func ()为例。

```
> formals (my_func) <- alist (x=, y=6)        #改变参数列表，增加默认值
> my_func (1,2)                               #不使用默认值
[1] 2
> my_func (1)                                 #使用默认值
[1] 6
```

更多关于函数的内容将在第 3 章中进行介绍。

如果学习过其他编程语言，如 C 语言，可能会对于 R 语言中将函数，甚至是表达式也处理为对象这一事实感到奇怪。这正是 R 语言与其他语言的一个较大的区别，熟悉之后就会慢慢适应。“Everything that exists is an object”，深刻理解这句话，能帮助我们更准确地理解 R 语言背后的原理。

2.1.3 函数

函数是由若干语句组合在一起以执行特定任务的代码块。一个函数往往完成一项具体的功能，使用函数可以避免程序员重复编写代码，从而让程序更为简洁、高效，同时也增加了代码的可读性。R 语言内置了大量的函数，此外，用户也可以创建自己的函数。回顾之前见过的代码可以发现，R 环境中所有的操作都类似于使用计算器，用户输入函数名和数据，R 系统完成函数赋值。事实上，我们执行的操作遵循图 2-1 所示的规则。如求平均值的语句 mean (2,3)，2 和 3 作为函数的参数传递给 mean ()函数，经过 mean ()函数内部相关代码的处理得到计算结果。

图 2-1 中的参数一般为一些对象，如数据、函数等。有些参数在定义函数时被预设成一个默认值，以便在用户未输入参数时指定该函数的默认工作方式。当然，用户在需要的情况下也可以手动把默认参数设定为一组具体的值，以控制函数得到合适的结果。比如，要计算一群人的平均身高，但是其中有人因为一些特殊的原因没有填写具体的身高数值，用 R 语

言实现这一功能时就要进行特殊的处理。

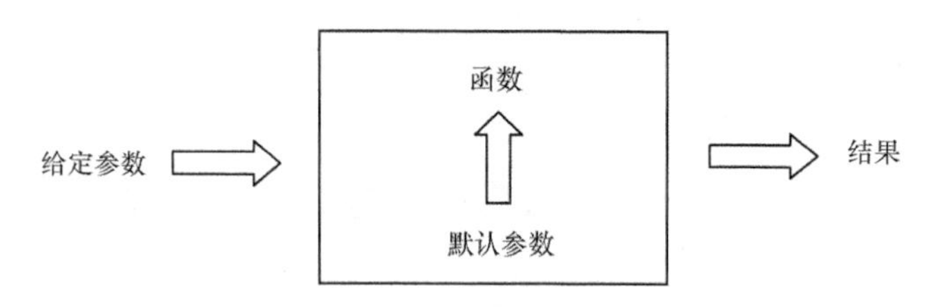

图 2-1 函数的执行

```
> v1 <- c (168, 173, NA, 180)                    #创建一个含有缺失值的向量
> #NA 即 "not available"，表示缺失值
> mean (v1)                                      #求 v1 的均值
[1] NA
> #可见默认情况下 mean 函数无法处理含有缺失值的数据
> #na.rm 是排除缺失值的选项，默认为 FALSE。这里指定为 TRUE，即排除 v1 中的 NA 值
> mean (v1, na.rm=TRUE)
 [1] 173.6667
```

在 R 中，即使是形如“1 + 1”这样的简单二元运算实际上也是一种函数调用形式。可以尝试输入下列代码来检验一下：

```
#把加法运算符+改写成函数名加参数列表形式，并显示赋值结果
> ('+'(1, 1))
[1] 2
> '{'(print("1"), print("R"))                    #执行括号内的表达式
[1] "1"
[1] "R"
```

对那些不熟悉函数式编程范式的用户，这种形式确实看起来比较奇怪，但在 R 语言中，中缀运算符“+”“-”，控制流操作符“for”“if”，甚至是大括号“{”的使用，都是一次函数调用。正如 John Chambers 所言：“Everything that happens is a function call”。

2.1.4 标识符与保留字

对象和函数通常用标识符唯一表示。在 R 中，标识符由一串字母数字字符、点号“.”和下画线“_”组成。一般地，字母数字字符中包括数字、字母表中的字母（含大小写形式），在一些欧洲国家，还允许使用带重音符号的字母。如果一个标识符以点号打头，ls ()函数在默认情况下不会将其显示出来。此外，像“...”“..1”和“..2”这些特殊标识符在 R 语言里都属于合法标识符。

表 2-1 列出了部分具有特殊含义的标识符，这些是 R 中的保留字，因此不能用作对象名。

表 2-1　R 语言的保留字

控制字	if、else、repeat、while、function、for、in、next、break
特殊值	TRUE、FALSE、NULL、Inf、NaN
缺失值	NA NA_integer_ NA_real_ NA_complex_ NA_character_
特殊参数	...、..1、..2

2.2　数据类型与数据表示

在这一节，我们将介绍 R 语言的数据类型、数据表示方法、命名规则，以及变量与常量各自的特点。在 R 语言中，变量既不需要申明，其类型也可以改变，在对变量赋值时系统会根据所使用数值的类型给变量设定类型。

2.2.1　基本数据类型

R 中共有 6 种基本数据类型（也叫原子数据类型，见表 2-2）：逻辑型（logical）、浮点型（double）、整数型（integer）、字符型（character）、复数型（complex）和原始型（raw）。其中较为常见的是前四种，浮点型又称双精度浮点数，和整型数合称为数值型。后两种类型一般情况下较为少见，在本书中不作深入讨论，有需要的读者请参考 CRAN 网站上的文档。

表 2-2　R 语言的基本数据类型

类型	说　明	判 断 函 数	R 语言形式
逻辑型	表示逻辑值的二值数据，只有 TRUE 或 FALSE 两个取值。在 R 中，逻辑表达式的赋值会得到逻辑型数据，例如，比较两个数的大小 2>1 等于 TRUE	is.logocal()	TRUE、2 <= 1
浮点型	用十进制表示的实数，如 1、1.1 等，是用于计算的基本数据形式	is.double ()	3.14
整数型	用于描述整数，如 1、2、3。需要注意的是，在 R 语言中，在整数后加上字符 L 才代表整型数，否则会被视为浮点数	is.integer ()	3L
字符型	用于表示一个字符串	is.character ()	"Hello"、"3.14"
复数型	用于表示复数，其中虚部用 i 表示，例如 2+3i	is.complex ()	1 + i
原始型	用于保存原始的字节，其中每个字节用两个十六进制数表示，例如 A3	is.raw ()	00

调用函数 c ()时会将输入参数组合成一个向量，如果这些参数分属不同的类型，那么都会被自动转换成同一个类型（转换规则在 2.4.1 节讨论），返回值的类型也是同一类型。

下面举例说明这些数据类型的使用方法。

```
#创建一个双精度浮点数向量，参数有整型数，也有浮点数
> dbl_var <- c (1, 1.1, 1.11, 1.111)
> dbl_var                                    #查看向量的值
[1] 1.000 1.100 1.110 1.111
```

```
> typeof (dbl_var)                        #查看对象的类型，浮点数也叫双精度型
[1] "double"
> #在整数后面加上后缀 L 创建整数类型值，否则 R 会将数字自动处理成浮点型
> int_var <- 2L
> #R 是大小写敏感的，必须使用大写的逻辑值来创建逻辑型向量
> #F 和 T 是 FALSE 和 TRUE 的简写形式
> log_var <- c (TRUE, FALSE, F, T)
> #字符型的值输入时需要加上引号，可以是双引号"，也可以是单引号'
> chr_var <- c ("phrases", 'will be ', "combined to one sentence?")
> str (chr_var)
 chr [1:3] "These " "will be" "combined to one sentence?"
> #使用 cat 函数可将多个对象连接并输出到屏幕上
> chr_var <- cat ("This", 'is a', "cat")
This is a cat
```

在 R 中，创建字符向量时可以用双引号（"）或者单引号（'）将字符串的内容包围起来，两者除了在包含对方时不用转义字符之外，是完全等价的。举个例子来看：

```
> a <- "Hello, world"                     #使用双引号
> b <- 'Hello, world'                     #使用单引号
> a                                       #显示 a 的值
[1] "Hello, world"
> b                                       #显示 b 的值
[1] "Hello, world"
```

可以看出，上面两句是完全等价的，产生了相同的字符向量。不过，有时用户希望产生的字符串中含有引号，此时就需要用特别的方式来实现。还有一些特殊字符是不能直接从键盘输入的，如换行符、制表符、退格符等，这就需要使用“\”加特定的符号的方式产生。R 中把这种做法叫作转义，如\n 表示换行，\b 表示退格等。可使用?Quotes 了解更多转义字符的用法，表 2-3 给出了需转义的特殊字符。

表 2-3　R 语言中需转义的特殊字符

转义方式	说　　明	转义方式	说　　明
\n	换行	\'	单引号
\r	回车	\"	双引号
\t	水平制表符	\`	重音符
\b	退格	\nnn	给定八进制编码的符号
\a	响铃	\xnn	给定十六进制编码的符号
\f	翻页	\unnnn	给定 1～4 位十六进制数字的 Unicode 编码符号
\v	垂直制表符	\Unnnnnnnn	给定 1～8 位十六进制数字的 Unicode 编码符号
\\	反斜杠		

下面举例来看转义符的运用，所用到的函数 cat ()是 R 语言中用于输出对象的一个简单函数。

```
> cat ("You should use \"her\" in this 'passage'.\n")
You should use "her" in this 'passage'.
> cat ('You should use "her" in this \'passage\'.\n')
You should use "her" in this 'passage'.
```

上面两行语句的输出结果也是完全相同的，差异就在于用双引号定义字符串时，里面如果包含双引号字符，那么就要用\"来转义，单引号类似。

可以看一下其他转义形式是如何使用的。在下面的例子中我们加入了制表符和回车，使用 writeLines ()函数就可以看到水平制表符和换行符的作用。

```
> x <- "long\tlines can be\nbroken with newlines"
> writeLines(x)                                   #输出文本行
long    lines can be
broken with newlines
```

再看一个示例，假如我们需要输出人民币、欧元和英镑的符号，可以使用它们的 Unicode 编码，在前面加上表示转义用的“\”就行了。

```
> cat ("\u00A5", "\u20AC", "\U00A3", "\n")       #需要先查出符号的 Unicode 编码
¥ € £
```

使用 typeof ()函数可以得到原子向量的类型，也可以用“is”函数来检查某向量是否属于某种特定的类型：如 is.character ()、is.numeric ()、is.double ()、is.integer ()和 is.logical ()函数，分别用于检验数据是否属于字符型、数值型、双精度浮点数、整数型和逻辑型。更一般地，用 is.atomic ()检查对象是否是原子类型，也就是判断对象是否属于 6 种基本数据类型之一。

```
> int_var <- 2L; dbl_var <- c (1.1, 2.2, 3.3)
> chr_var <- c ("a ", 'b ', "c"); log_var <- c(TRUE, FALSE, F, T)
> #使用“is”函数进行类型检查时，返回的结果是逻辑值 TRUE 或 FALSE。
> is.numeric (dbl_var)                           #判断是否是数值型
[1] TRUE
> is.numeric (int_var)
[1] TRUE
> #由以上可知，is.numeric ()函数对整数型和浮点型数据同时有效
> is.character (chr_var)                         #判断是否是字符型
[1] TRUE
> types <- c (typeof(dbl_var), typeof (int_var), is.character (chr_var))
```

```
> types
[1] "double"  "integer" "TRUE"
```

2.2.2 变量

变量用于在内存中存储可以根据需要而改变的数据，通常用一个唯一的变量名作为标识。在编程时，一般需要使用变量名来访问存储在内存中的数据。

在使用变量名时需要注意下列命名规范：

1. 变量名由字母、数字、点号“.”和下画线“_”组合而成；
2. 变量名必须以字母或点号开头，不能用数字开头（也不能是点号“.”后面紧跟着数字）；
3. R 中的保留字不能用来命名变量。

例如，total、Sum、.fine.with.dot、this_is_good、Number1 都是合法的变量名。为了增加代码的可读性，我们需要使用较长的变量名来表示变量的含义，这样就需要使用分隔符来区分不同的单词。传统上，R 使用下画线“_”作为赋值操作的运算符，因而点号“.”被广泛用作单词间的分隔符。虽然 R 的当前版本支持用“_”来分隔变量名中相邻的单词，一般更倾向于继续使用“.”来起到这一作用，因此 a.variable.name 比 a_variable_name 更合适一点。当然，也可以使用区别大小写的驼峰式命名法来区分单词，比如 aVariableName。

2.2.3 常量

常量又称作常数，是指程序中值不变的量，有数值常量与字符常量之分。

数值常量可以包括整型数、双精度浮点数或者复数。如果不加上特殊处理，一个整型常量会被优先当作浮点数处理，所以需要在常数值后面加上后缀 L 表示其属于整型数，而后面跟着 i 的则是复数。注意下面代码表示出的不同常数类型间的差异。

```
> typeof(1)                    #会被默认当作双精度浮点数
[1] "double"
> typeof(1L)                   #指定为整型常数
[1] "integer"
> typeof(1i)                   #指定为复数常数
[1] "complex"
```

字符常量既可以用单引号表示，又可以用双引号表示。

```
> a<-"My Name"                 #双引号作为字符串分界符
> a                            #显示 a 的值
[1] "My Name"
> b<-'My Name'                 #单引号也可以作为分界符
```

```
> b                               #显示 b 的值
[1] "My Name"
> identical(a,b)                  #判断 a 和 b 是否全等
[1] TRUE
> typeof("3.1415")                #检查常数类型
[1] "character"
```

在 R 中存在一些已经预定义的内置常量，下面列出部分常量的内容。

```
> LETTERS                         #大写字母
 [1] "A" "B" "C" "D" "E" "F" "G" "H" "I" "J" "K" "L" "M" "N" "O" "P" "Q" "R"
[19] "S" "T" "U" "V" "W" "X" "Y" "Z"
> letters                         #小写字母
 [1] "a" "b" "c" "d" "e" "f" "g" "h" "i" "j" "k" "l" "m" "n" "o" "p" "q" "r"
[19] "s" "t" "u" "v" "w" "x" "y" "z"
> month.name                      #月份名称
 [1] "January"   "February"  "March"     "April"     "May"       "June"
 [7] "July"      "August"    "September" "October"   "November"  "December"
> month.abb                       #月份简写名称
 [1] "Jan" "Feb" "Mar" "Apr" "May" "Jun" "Jul" "Aug" "Sep" "Oct" "Nov" "Dec"
> pi                              #系统中的预定义值
[1] 3.141593
```

需要注意的是，有些常量的值在程序中是可以被重新赋值的，例如，pi 就可以被改写。因此在使用这些常量时需要格外注意，不要因为想当然而造成错误。

```
> pi<-22/7                        #改写为祖冲之约率
> pi                              #检查现在的常数 pi 的值
[1] 3.142857
```

2.2.4 特殊值

为确保所有的数据都能被正确地识别、计算和统计，R 定义了一些特殊值数据：

1. NA

NA 是 not available 的缩写，表示缺失值，主要在从文件或数据库读取数据时出现。将向量的长度扩大时，NA 也会出现，例如：

```
> v <- c(1, 2, 3)                 #把数值 1、2、3 合并成一个向量
> length(v) <- 4                  #扩大向量 v 的长度到 4
> v                               #显示 v，未经赋值的元素为 NA
[1]  1  2  3 NA
```

2. Inf

Inf 表示无穷大，在前面添加负号则表示负无穷大。用一个非零值除以 0 时会出现 Inf，例如：

```
> 1 / 0
[1] Inf
> -0.1 / 0
[1] -Inf
```

3. NaN

NaN 是 not a number 的缩写，表示无意义的值。例如：

```
> 0 / 0
[1] NaN
> Inf - Inf
[1] NaN
```

4. NULL

NULL 表示空数据，它与 NA 的主要区别在于：NA 值会计算长度，而 NULL 值不会计算长度。例如：

```
> v1 <- c(1, 2, NA, 3)
> v2 <- c(1, 2, NULL, 3)
> length(v1); length(v2)          #分别取向量长度
[1] 4
[1] 3
> #若直接用 mean 函数对含有 NA 值的向量求平均值，会得到 NA
> mean(v1); mean(v2)              #求均值
[1] NA
[1] 2
> mean(v1, na.rm = TRUE)          #使用参数 na.rm 去除 NA 值的干扰
[1] 2
```

2.3 基本运算

R 语言提供了与其他程序设计语言类似的基本运算，主要的一元与二元运算类型包括：算术运算、关系运算、逻辑运算和赋值运算等。

2.3.1 运算符

运算符用于描述程序代码所需执行的运算，运算通常会作用于一个或多个数据（叫作

操作数）来进行。同其他编程语言类似，R 语言提供了丰富的内置运算符，可概括地把它们分为表 2-4 中所列的几类。

表 2-4　运算符分类

算术运算符	关系运算符	逻辑运算符	赋值运算符
+ 加法	> 大于	& 逻辑与	<-、<<- 向左赋值
- 减法	< 小于	| 逻辑或	= 向左赋值
* 乘法	== 等于	! 逻辑非	->、->> 向右赋值
/ 除法	>= 大于等于	&& 逻辑与	
%% 求余	<= 小于等于	|| 逻辑或	
%/% 求商	!= 不等于	（&&和||只考虑第一个元素）	
^ 指数运算			

2.3.2　算术运算

算术运算是指加减与乘除之类的数学运算。R 支持的算术运算符及其含义在表 2-4 中已列出。

下面分别使用这些运算符，来看一看会产生什么样的结果。

```
> x <- 5                          #给变量赋初值
> y <- 8
> x + y                           #加法运算
[1] 13
> x - y                           #减法运算
[1] -3
> x * y                           #乘法运算
[1] 40
> y / x                           #除法运算
[1] 1.6
> y %/% x                         #整除，向下取整
[1] 1
> y %% x                          #求余
[1] 3
> y^x                             #指数运算
[1] 32768
```

注意，R 中的除法与求余运算符与 C 语言不一致。

2.3.3　关系运算

关系运算用于比较两个操作数之间的关系。关系运算产生的是逻辑值，因此结果要么

是 TRUE，要么是 FALSE，这些结果可以进一步用于完成其他任务，如条件判断。表 2-4 列出了 R 中的关系运算。

这些关系运算符与很多其他编程语言中的一样，因此读者学习起来应该不会有太大的障碍。下面来看一看使用这些操作的结果。

```
> x <- 5                                    #给变量赋初值
> y <- 8
> x < y                                     #比较两个变量的关系
[1] TRUE
> x > y
[1] FALSE
> x <= y
[1] TRUE
> x == y
[1] FALSE
> x != y
[1] TRUE
> y >= 10                                   #比较变量与常数
[1] FALSE
```

2.3.4 逻辑运算

逻辑运算即与、或、非等布尔运算。表 2-4 中列出了 R 中的逻辑运算。

其中，&&和||带有一种“短路”的效果，即只考虑两个操作向量的第一个元素的运算结果，后面的元素会被自动忽略。可以将&&与&相比较，示例如下：

```
> log_var <- c(F, F, T)                    #初始化逻辑型向量 log_var
> log_var2 <- c(T, F, T)                   #初始化逻辑型向量 log_var2
> log_var && log_var2                      #只对向量第一个元素做与操作
[1] FALSE
> log_var & log_var2                       #对向量所有元素做与操作
[1] FALSE FALSE  TRUE
```

从示例的结果可知，运算符&（和|）执行的是按元素来完成的操作，其结果的长度等同于较长的操作数的长度。而&&（与||）则只针对操作数的第一个元素完成运算，因此其结果只是长度为 1 的逻辑向量。在逻辑运算中，0 被视为 FALSE，而其他非零数值则被当成 TRUE。下面给出了一些逻辑运算的例子。

```
> x <- c (TRUE,FALSE,1,0)                  #给向量赋初值
> y <- c (FALSE,TRUE,FALSE,FALSE)
```

```
> !x                                    #逻辑非
[1] FALSE  TRUE FALSE  TRUE
> x | y                                 #按元素或，结果为与操作数等长的逻辑向量
[1]  TRUE  TRUE  TRUE FALSE
> x || y                                #对第一个元素逻辑或，结果是长度为 1 的向量
[1] TRUE
```

2.3.5 赋值运算

赋值运算用于给变量赋值。表 2-4 列出了 R 中赋值运算的几种形式。

在其他编程语言中赋值符号往往只有“=”一种，但在 R 语言中，“=”和“<–”（注意，箭头“<–”由“<”和“–”两个字符共同组成）都可用于赋值。实际上，这两个相似而又不同的赋值符号确实会让初学者感到困惑。在此，我们将通过矩阵函数 matrix ()来对=和<-进行比较。使用?matrix 语句查询帮助文档得知，matrix ()函数的基本用法为：

```
matrix (data = NA, nrow = 1, ncol = 1, byrow = FALSE, dimnames = NULL)
```

例如，考虑分别用下面几条语句来创建矩阵：

```
matrix (1:6, nrow = 2, ncol = 3, byrow = TRUE)
matrix (1:6, 2, 3, TRUE)
matrix (1:6, 2, byrow = TRUE, 3)      #这种做法会得到什么矩阵？
matrix (1:6, 2, byrow <- TRUE, 3)     #换一种赋值符号，会得到与上面不同的结果吗？
```

第一行语句是 matrix ()函数的标准用法。第二行语句则省去了具体的参数名，R 语言解释器按照 matrix ()函数定义的参数索引顺序，对给定的参数进行解释分析。第三行语句使用“=”将函数参数提前，R 语言解释器会忽略其索引，所以得到的结果依然符合我们的预期。前三行语句均会得到一个元素为 1 ~ 6、按行排列的 2 行 3 列的矩阵。

```
> matrix (1:6, nrow = 2, ncol = 3, byrow = TRUE)
     [,1] [,2] [,3]
[1,]    1    2    3
[2,]    4    5    6
```

与前三行语句不同，在第四行语句中，用“<–”对 byrow 参数赋值，得到了完全不一样的结果：

```
> matrix (1:6, 2, byrow <- TRUE, 3)
     [,1]
[1,]    1
[2,]    2
```

此时，使用 ls ()函数会发现当前工作空间中多出来一个名为 byrow 的逻辑型变量。这是因为，使用<-符号相当于一个表达式，会自动在当前用户空间创建相应的变量，而用=则仅仅为赋值语句，不会创建变量。结合以上 matrix 函数的示例，将<-用在给函数传递参数时，实际上完成了如下两步操作：

（1）执行表达式并在工作空间中缓存；

（2）将表达式执行结果作为不带具体参数名的形式传递给函数，即 R 语言解释器会根据函数传入参数的索引进行解释执行。如在 matrix (1:6, 2, byrow <- TRUE, 3)中，byrow <- TRUE 的执行结果是一个等于 TRUE 的返回值，作为索引被解释为 1。因此整个语句执行后与 matrix (1:6, 2, 1, 3)所创建的矩阵是一样的。

希望读者能够了解“=”与“<-”的区别。在实际开发的过程中，要规范编码，正确使用两个赋值符号，避免造成不必要的麻烦。此外，向右赋值习惯上运用较少。与给局部（当前环境中的）变量赋值时使用的<-和->不同，运算符<<-和->>代表的是给父环境中的变量赋值，相当于给全局变量赋值。因此在使用时要注意区分两者的差异。下面给出了一些赋值的示例。

```
> x <- 123
> x
[1] 123
> x = 345
> x
[1] 345
> 123 -> y
> y
[1] 123
> 5678 ->> y
> y
[1] 5678
```

2.4 数据类型转换与 R 中常见的数据结构

要更好地理解 R 语言，并用其进行数据分析，我们首先需要了解 R 语言中基本的数据类型和相关的数据结构。这里的数据类型指的是变量取值的类型（如整数、字符、逻辑值等，在前面已经详细介绍过了），而数据结构则是指组织和管理数据的方式，以及定义在数据结构之上的运算。可以按照数据的维度（一维、二维或 *n* 维）以及同一数据对象内是否允许存在不同类型的数据这两个特点，将 R 中常见的几种数据结构组织成如表 2-5 所示的形式。

表 2-5　R 中的基本数据结构

类　型	维　度	说　明
原子向量	1 维	同一对象中必须是同类型的数据
列表	1 维	允许对象中存在不同类型的数据
矩阵	2 维	同一对象中必须是同类型的数据
数据框	2 维	允许对象中存在不同类型的数据
数组	多维	同一对象中必须是同类型的数据

这些结构中最简单、最基本的是原子向量（不可再分的最小单位），表 2-5 中其他 R 数据结构均建立在原子向量之上。多个原子向量以不同的方式组合，便构成了更复杂的数据结构。了解一个对象的内部结构及其组成元素最好的方法是使用 str ()函数。str 是 structure 的缩写，Str ()函数会给出对象内部的结构信息。例如，我们在 1.1.2 中为 x 赋过值，现在可以用 str ()来查看：

```
> x <- 1:20
> str (x)                          #查看 x 的内部结构
 int [1:20] 1 2 3 4 5 6 7 8 9 10 ...
```

2.4.1　数据类型转换

数据类型转换包括自动转换与强制转换两种方式。先来看一个简单的示例：

```
> int_var <- 2L; dbl_var <- c(1.1, 2.2, 3.3)
> chr_var <- c ("a ", 'b ', "c"); log_var <- c (TRUE, FALSE, F, T)
> typeof (c (int_var, dbl_var))          #显示向量的类型，整数型被自动转换为浮点型
[1] "double"
> typeof (c (int_var, log_var))          #显示向量的类型，逻辑型被自动转换为整数型
[1] "integer"
> typeof (c (int_var, chr_var))          #显示向量的类型，整型数被自动转换为字符型
[1] "character"
```

原子向量要求向量中的元素必须拥有相同的数据类型，所以当用户试图将不同类型的元素组合到一个向量中时，R 会自动将所有的元素统一成兼容度最高的类型。各类型兼容性从小到大依次为：逻辑型、整数型、浮点型、字符型。具体请看下例：

```
> #将逻辑型元素和整型或浮点型数据组合，TRUE 会变成 1，FALSE 会变成 0
> c (TRUE, 1, F)
[1] 1 1 0
> #将逻辑型元素、整型和字符型数据组合，TRUE 会变成"TRUE"，1 会变成"1"
> c (TRUE, 1, "F")
```

```
[1] "TRUE" "1"     "F"
```

类型转换通常是自动产生的。大多数数学函数（如+、abs ()、exp ()等）会自动将操作数转换成浮点数或整数，大多数逻辑运算符（如与运算符&、或运算符|等）会自动将操作数转换成逻辑值。当自动类型转换丢失数据精确度时，通常会收到警告信息。若不想显示警告，则需使用“as”函数来进行手动的强制类型转换。

```
> TRUE + TRUE                                #TRUE 被转换成 1
[1] 2
> exp (TRUE)                                 #相当于自然对数的底 e 的一次幂，其值约为 2.7
[1] 2.718282
> #这里向下取整，并不会进行四舍五入，而是直接舍弃小数部分
> as.integer ("3.6")
[1] 3
> #使用"as"函数可以进行手动的类型转换
> as.character (c (F, 0, TRUE))
[1] "0" "0" "1"
> as.character (c (F, FALSE, TRUE))
[1] "FALSE" "FALSE" "TRUE"
> as.logical (c (1, 2, -1, 0, 0.0, 1.1, 0.1))
[1]  TRUE  TRUE  TRUE FALSE FALSE  TRUE  TRUE
> #R 中除 0 外的其他数值都可作为逻辑真值
> #类似的，还有 as.double()、 as.integer()等
```

常见的几种类型转换规则如表 2-6 所示。

表 2-6　常见的类型转换规则

转换目标	函　数	转换规则
数值型	as.numeric()	FALSE -> 0 TRUE -> 1 “1” “2” … ->1、2、… 其他字符 -> NA
逻辑型	as.logical()	0 ->FALSE 除 0 外的其他数字->TRUE “FALSE” “F” -> FALSE “TRUE” “T” ->TRUE 其他字符 -> NA
字符型	as.character()	1、2、…-> “1” “2” … FALSE -> “FALSE” TRUE -> “TRUE”

2.4.2 常见的数据结构

R 语言有多种数据结构，用来组织和表示数据。常见的几种数据结构分别是：向量、数组、矩阵、列表、数据框和因子。其中的因子是 R 语言特有的一种数据结构，用于描述一些定性对象（可以与其他编程语言中的枚举类型联系起来），我们将在 5.4 节详细介绍。下面简要介绍除因子之外的其他几种数据结构。

1. **向量**

向量是 R 语言数据结构的核心。一个向量应属于某种基本数据类型，向量中的所有元素都必须属于这种数据类型，也即一个向量中不允许出现不同类型的元素。一种创建向量的方法是使用 vector ()函数，它有两个参数：类型（mode）和长度（length）。所创建的向量中元素的默认值取决于 vector ()函数中的 mode 参数：若参数指定为数值型，则元素都为 0；指定为逻辑型，则元素都为 FALSE；指定为字符型，则元素都为空字符""。numeric ()、logical ()和 character ()三个函数几乎有与 vector ()函数相同的效果，并且只有一个长度参数用来创建包含若干默认值的向量。当然，我们也可以用 c ()函数来创建向量，例如：

```
> vector (mode = 'logical', length = 3)          #使用 vector ()创建向量
[1] FALSE FALSE FALSE
> numeric (3)                                    #使用 numeric ()创建向量
[1] 0 0 0
> character (length=3)                           #使用 character ()创建向量
[1] "" "" ""
> logical (3)                                    #使用 logical()创建向量
[1] FALSE FALSE FALSE
#使用 c ()非常灵活，可以有不同类型的参数，但是它们会被强制转换成同一个类型
#类型转换的规则见 2.4.1 节
> vec_var <- c (1, "1", TRUE)                    #vec_var 是什么类型的向量?
> mode (vec_var)                                 #查看 vec_var 向量的类型
[1] "character"
```

mode ()和 typeof ()函数都可以查看对象的类型信息。一般情况下，typeof ()与 mode ()的结果一致，但个别情况不同（typeof ()分得更加精细）。

```
> mode(c(1, 2)); typeof(c(1, 2))                 #"双精度"比"数值型"要更精细
[1] "numeric"
[1] "double"
```

2. **数组**

数组比向量多了一个维度信息。数组可以是多维的，但数组中的元素类型依然要保持一致。数组可通过 array ()函数创建，其基本用法如下：

```
array (data = NA, dim = length(data), dimnames = NULL)
```

其中，data 是创建数组所需的数据向量；dim 是一个数值型向量，给出了数组的维度信息；dimnames 是各维度名称标签的列表。

例如，可用如下语句创建一个 3×4 的数组：

```
> array (1:12, c(3,4))
     [,1] [,2] [,3] [,4]
[1,]    1    4    7   10
[2,]    2    5    8   11
[3,]    3    6    9   12
```

3. 矩阵

矩阵是维度为 2 的数组。创建矩阵最基本的方法是使用 matrix ()函数，其基本句法如下，其中“=”后的内容是默认值：

```
matrix (data = NA, nrow = 1, ncol = 1, byrow = FALSE, dimnames = NULL)
```

其中，data 包含了矩阵的元素；nrow 和 ncol 用以指定矩阵的行数与列数；dimnames 是可选项，以字符串表示的行名和列名列表。选项 byrow 则表明矩阵应当按行填充（byrow=TRUE）还是按列填充（byrow=FALSE），在默认情况下按列填充。例如，在下面的示例中，数字 1 到 4 被赋给了矩阵的第一列。

```
> matrix(1:12, nrow=4, ncol=3)
     [,1] [,2] [,3]
[1,]    1    5    9
[2,]    2    6   10
[3,]    3    7   11
[4,]    4    8   12
```

4. 列表

列表是 R 中一种灵活的数据结构。一般来说，列表就是一些对象的有序集合，但它与原子向量最大的区别在于，列表允许将若干任意类型的对象整合到单个对象名下，即列表允许存在不同类型的数据。我们可使用 list ()函数来创建列表。

```
> ls_var <- list (1:3, "a", c(T, F, T), list(name = c("Jack", "Rose")))
> str(ls_var)                        #查看 ls_var 对象的结构信息
List of 4
 $ : int [1:3] 1 2 3
 $ : chr "a"
 $ : logi [1:3] TRUE FALSE TRUE
```

```
 $ :List of 1
  ..$ name: chr [1:2] "Jack" "Rose"
```

5. 数据框

数据框与数据库中的表类似，数据框中不同的列可以包含不同类型（数值型、字符型等）的数据，但同一列中的数据必须是相同类型的数据。一个典型的数据框包含多种不同类型的数据，如在一个学生信息表里，有字符数据（如姓名），也有数值数据（如年龄）。以下是使用函数 data.frame ()创建一个数据框的简单示例：

```
> name <- c ("Jack", "Rose")             #字符型向量 name
> age <- c (12, 10)                      #浮点数型向量 age
> df_var <- data.frame (name, age)       #创建 data.frame 对象
> print (df_var)
  name age
1 Jack  12
2 Rose  10
> df_var$age                             #使用"$"符号取数据框中的一列
[1] 12 10
```

在第 5 章，我们将更具体地讲解向量、矩阵与数组、列表和数据框的特点与操作。

习　　题

2-1　执行下列语句后 x 的值是多少？

```
x <- 100
x + 1; y <- 2 * (x + 2)
```

2-2　R 语言包括哪些数据类型？向量和列表的区别是什么？

2-3　在数据类型转换时 R 使用什么规则？下列语句执行后返回的类型是什么？

```
c (1, TRUE)
c ("a", 1)
c (list(10), "a")
c (100, 1L)
```

2-4　1 == "1"的结果是 TRUE 还是 FALSE？为什么？

2-5　检查一下缺失值 NA 是什么数据类型？思考一下这种做法有什么用处。

2-6　下列语句执行的结果是什么？说明这些语句的执行过程。查阅帮助文档了解函数 rev ()的用法。

```
ltr.fctr <- factor (LETTERS)
levels (ltr.fctr) <- rev (levels (ltr.fctr))
```

2-7　查阅附录 1 中的 R 函数，考虑如何计算一个数的自然对数、指数和平方根？

2-8　使用转义符，用 cat ()函数在控制台中打印出下列格式的输出。

```
To have a \ you need \\
This is a really
really really


long string
```

2-9　执行下列语句的效果是什么？查阅 R 帮助系统，理解函数 paste ()的用法。

```
labs <- paste(c("X","Y"), 1:10, sep="")
labs
```

3 第 3 章　程序设计基础

Controlling complexity is the essence of computer programming.

——Brian Kernighan

和其他程序设计语言类似，R 语言除提供了顺序执行的结构外，也支持分支和循环等复杂程序执行时所需的控制。很多编程语言使用的命令式范式，是一种对计算机硬件的抽象，而 R 语言从本质上来说是一种函数式程序设计语言。这里说的函数是数学意义上的函数，不同于程序中的例程（一段封装好的可带参数的代码），虽然我们在很多时候把后者也叫作函数。R 语言对用户自定义函数提供了很好的支持。用户不仅可以通过设计函数来取代重复的操作，实现复杂的算法，提高程序执行的效率，增强代码的可读性，还可以通过函数的使用保证软件的质量。例如，在 R 语言的程序设计实践中不鼓励使用全局变量，因为函数式编程范式中的计算都是在函数内完成的，使用相同的参数两次调用同一个函数应该产生相同的结果。通过使用函数式编程思想，减少易变的状态和可变的数据，不仅使代码具有良好的可读性，也可以避免引发代码之间过度相互依赖的问题。在第 2 章介绍 R 数据时，我们强调了在 R 里一切都可以看作是函数与对象。不夸张地讲，在 R 中使用函数的设计方法，是用户处理复杂问题的一种有力的武器。

本章所讨论的内容是如何使用规范的 R 语言完成程序设计。一些读者可能已经学习过其他的编程语言，如 C、Java，我们建议这些读者关注使用 R 语言编程时的特殊性。另一些读者可能使用类似 MATLAB 或 SPSS 之类的工具实现过数据分析，我们建议这些读者更加系统地从编程语言的角度来了解 R。

本章的主要内容包括：

（1）R 语言控制流的基本句法；

（2）函数设计；

（3）编程规范与性能优化。

3.1 控制流

显然，到目前为止，我们所使用的示例只是在命令行中顺序执行赋值指令，这不过是R 语言编程的起点。为了能够解决现实中的复杂问题，设计的程序一般还具有路径选择与重复执行的操作，这是控制流的概念。R 语言中与控制流相关的语句包括：

- if/else，根据条件分别执行两个不同的分支；
- repeat，执行无限循环，除非使用 break 终止循环；
- while，条件成立时执行循环；
- for，执行给定次数的循环；
- break，强行终止循环；
- next，跳过下面的语句，回到循环体头部，执行下一次循环；
- switch，根据条件选择执行一个分支。

3.1.1 顺序结构

很多用户习惯在 R 控制台中顺序执行一系列语句。在 R 系统中，执行这些语句相当于给语句赋值。这些不同的语句，如 x<-1:10 或 mean (y)，彼此之间既可以用分号分隔，又可以用换行表示每一条语句的独立性。在执行过程中，系统会检查指令在语法上是否完整，如果没有语法问题，则完成语句中的赋值，有时还会在控制台上显示返回值。但是，用分号或换行作为分隔语句也存在一定的区别：分号总是标志着当前语句的结束，而当一条语句在语法上还不完整时，换行则会被忽略。

```
> x <- 0; x + 1                        #注意执行完 x+1，变量 x=0，而不是 x=1
[1] 1
> y<-1:5
> mean(y);                             #求向量 y 的均值
[1] 3
> x+                                   #现在语法还不完整
+ 5                                    #注意控制台的提示符自动从>变成了+
[1] 5
>                                      #提示符变回为>
```

如果要完成一系列相互关联的语句的执行，可以把这些语句用大括号“{”和“}”组织起来，以表示它们之间存在逻辑上的相关性，这样的一组语句也被称为代码块。系统直到读到闭括号后才执行对代码块的赋值，示例如下。

```
> { x <- 0
+ x + 5
```

```
+ }
[1] 5
```

在一般情况下，顺序执行结构已经可以解决用户面对的很多问题。但是用户迟早会遇到顺序结构无法解决的例外情况，例如，在处理一些逻辑上较为复杂的数据处理任务时，需要选择不同的分支分别处理，有时还必须多次重复执行某些操作。不管是根据条件是否成立来判断需要选择分别执行哪些不同的操作，还是要多次重复执行另外一些操作，这些问题都属于控制流结构问题。

3.1.2　分支结构

条件语句 if/else 根据条件是否成立来选择两个分支中的一个去执行，条件语句的基本句法形式如下：

```
if (expression)
    statement1
else
    statement2
```

其中的 else 部分为可选项，仅当 expression 为 FALSE 时，statement2 才会被赋值。

如果条件表达式 expression 赋值的结果是 TRUE，就执行 statement1，否则执行 statement2。if/else 的返回值就是所选择执行的语句的赋值。

首先，系统会执行对 expression 的赋值并把结果返回，不妨把 expression 记为 value。只有当 value 是逻辑型或数值型向量时，条件判断才有效。如果 value 是一个逻辑向量，则使用向量的第一个元素进行判断：如果它的值为 TRUE，那么接下来就会执行对 statement1 的赋值；否则，statement2 就会被赋值。提醒一下，在 R 中，数值 0 对应的是逻辑值 FALSE，非零数值则被视同于 TRUE。假如 value 是数值型的向量，若它的第一个元素是 0，就对 statement2 赋值，否则对 statement1 赋值。需要注意，在判断条件是否成立时只会用到 value 向量的第一个元素，其他所有元素都会被忽略。而当 value 的类型既非逻辑型也非数值型向量时，系统会产生错误信号“参数不能作为逻辑值来用”。请看下面的例子：

```
> x <- 1
> if (x > 0){                      #如果 x > 0
+ print ("Positive")               #如果 x 为正，打印 Positive
+ }else {
+ print ("Negative")               #否则打印 Negative
+ }
[1] "Positive"
> x <- c(1,-1,0)                   #将 x 赋值为一个长度为 3 的向量
> x > 0                            #对表达式 x > 0 赋值
[1]  TRUE FALSE FALSE
```

```
> if (x > 0){                                    #重新执行条件判断
+ print ("Positive")
+ }else {
+ print ("Negative")
+ }
[1] "Positive"
Warning message:
In if (x > 0) { : 条件的长度大于 1，因此只能用其第一个元素
```

上面的例子最后产生了警告信息，因为向量 x 中只有第一个元素被用于条件判断。同样的逻辑可以用更简洁的形式表示，示例如下。

```
> x <- 1
> if (x > 0) print ("Positive") else print ("Negative")
[1] "Positive"
```

此外，可以用 if/else 实现条件赋值，例如：

```
> y <- if (x > 0) 100 else -1
> y
[1] 100
```

if/else 语句可以采用阶梯形式叠加来完成多重条件的选择，例如，把上面的代码改为更严格的形式：

```
> x <- 0
> if (x < 0) {
+ print ("Negative")
+ }else if (x > 0){
+ print ("Positive")
+ }else {
+ print ("Zero")
+ }
[1] "Zero"
```

或者，等价地使用嵌套形式：

```
> if (x < 0) print ("Negative") else{
+ if (x > 0) print ("Positive") else print ("Zero")}
[1] "Zero"
```

另外，在 R 语言中还有一种形式与 if/else 相似，用于条件元素选择的语句——ifelse，它的使用句法如下：

```
ifelse (test, yes, no)
```

ifelse 可以处理向量参数，如果向量成员在 test 中为 TRUE，返回 yes 代表的值；若为 FALSE，返回 no 代表的值。例如，如果一个向量中含有负数，在计算开方时，可以用 0 替代。

```
> x <- -2:4
> sqrt (ifelse (x >= 0, x, 0))          #如果 x < 0，开方时返回 0
[1] 0.000000 0.000000 0.000000 1.000000 1.414214 1.732051 2.000000
```

3.1.3 循环结构

循环结构用来重复地执行一个代码块中的语句。R 提供了三种直接循环结构，即 repeat、while 和 for 语句。此外，两个循环内置结构 next 和 break，在循环中提供了额外的控制。R 还提供了其他函数来间接实现循环，如 tapply ()、apply ()和 lapply ()。另外，很多操作，特别是算术操作，可以使用向量化的方式提高效率，借此避免使用循环结构。在循环中执行 break 语句会从当前所执行的最内层循环中直接退出；执行 next 语句则使控制立刻返回到循环的开头，循环体内位于 next 之后的语句不会被执行。循环语句的返回值总会是 NULL。

1. repeat

repeat 让代码块中的语句被重复执行，直至明确地使用 break 终止循环为止。在运用 repeat 时一定要注意防止出现无限循环。repeat 的句法形式如下：

```
repeat statement
```

使用 repeat 结构时，statement 必须以代码块的形式出现。因为除了执行计算之外，还应该执行条件判断，以决定是否需要用 break 结束循环，所以通常在代码块中需要执行多条语句。

```
> i <- 1                                #为 i 赋初值
> repeat {
+ print (i); i <- i + 1                 #循环打印 i 的数值
+ if (i > 5) break}                     #条件判断：当 i > 5 时，退出循环
[1] 1
[1] 2
[1] 3
[1] 4
[1] 5
```

2. while

与 repeat 相似，while 的句法形式如下：

```
while (expression) statement
```

与 if/else 语句一样，系统首先会对 expression 赋值，如果返回的结果是 TRUE，就对 statement 执行赋值；这一过程会持续下去，直到 expression 的赋值结果变为 FALSE。因此，在使用 while 循环时，除非有意使用无限循环，否则需要确保 expression 最终一定会赋值为 FALSE。如果 expression 是一个长度大于 1 的逻辑型或数值型向量，系统会使用向量的第一个元素进行判断，但同时会发出“条件的长度大于一，因此只能用其第一元素”的警告；若赋值结果是其他类型，则循环无效，系统会报错“参数不能作为逻辑值来用”。下面来看一个具体的例子：

```
> i <- 1                                        #为 i 赋初值
> while (i <= 5) {print (i); i <- i + 1} #循环打印 1 ~ 5 的整数
[1] 1
[1] 2
[1] 3
[1] 4
[1] 5
```

3. for

在循环时还可以使用 for 的形式，其句法如下：

```
for (name in vector)
     statement
```

其中，name 是循环变量，依次取 vector 中的值；vector 是 name 的循环取值范围，可以是一个向量，也可以是一个列表。for 循环会针对 vector 中的每一个成员，依次将变量 name 置为该成员的值，然后再对 statement 赋值。这种做法会带来一个副作用，就是当循环结束后，name 中仍然保留了 vector 最后一个成员的值。

下面来看一个 for 循环的示例。

```
> x <- c (2,3,5,8,13,21)                 #将 x 设为 Fibonacci 数列中的几个值
> count <- 0                             #计数器初始化为 0
> for (i in x) {                         #从向量 x 中依次为 i 取值
+ if (i %% 2 != 0) count <- count + 1}   #统计奇数的个数
> print (count)
[1] 4
```

如果使用 next 来实现控制，可以将上述代码改写为：

```
> x <- c (2,3,5,8,13,21)
> count <- 0
> for (i in x) {if (i %% 2 == 0) next      #如果 i 为偶数，不执行下面的语句
+ count <- count + 1}
> print (count)
[1] 4
```

也可以用“:”给 vector 确定范围，例如：

```
a <- 1:10;                                  #a 为从 1 到 10 的数值型向量
for (i in 1:length(a))
   if (i %% 2 == 0)
       print(a[i])
```

3.1.4　选择结构

严格地说，switch 只不过是另一种形式的函数，但是在语义上 switch 更接近于其他程序设计语言中的控制结构。其句法形式如下：

```
switch (statement, list)
switch (statement, …)
```

其中 list 是一个列表，可以用名称标签一一列举。首先，系统对 statement 赋值并得到其结果 value，如果 value 的值是 1 ~ list 之间的一个整数，则对 list 相应成员赋值并返回这个值。当 value 过大或过小而没有落入合理的区间时，系统则返回 NULL。下面是一个使用 switch 的例子：

```
> x <- 3
> switch (x,1,2+3,rnorm(5),mean(1:20))           #x=3 对应于 rnorm(5)
[1] -0.27563903  0.80389074 -0.02545708  1.35181943  0.07127780
> switch (x+1,1,2+3,rnorm(5),mean(1:20))         #x+1=4 对应于 mean(1:20)
[1] 10.5
> y <- switch (6,1,2+3,rnorm(5),mean(1:20))      #不在 list 的合理区间
> y
NULL
```

当 value 是字符向量时，则用“...”成员中名字与 value 匹配的元素来赋值。如果找不到匹配值，就用一个无名参数来作为默认值完成赋值。假如没有指定默认值，系统就会返回 NULL。

```
> y <- "fruit"                                   #用匹配项赋值
> switch (y, fruit = "banana", vegetable = "broccoli", "Neither")
```

```
[1] "banana"
> y <- "meat"                                         #用无名参数赋值
> switch (y, fruit = "banana", vegetable = "broccoli", "Neither")
[1] "Neither"
```

使用 switch 还可以根据参数的值来执行不同的函数。例如，

```
> centre <- function(x, type) {                       #根据type来选择计算center的方法
+ switch (type,
+        mean = mean (x),
+        median = median (x),
+        trimmed = mean (x, trim = .1))
+ }
> x <- rcauchy (10)                                   #生成柯西分布的 10 个随机样本
> centre (x, "mean")
[1] 0.8760325
> centre (x, "median")
[1] 0.5360891
> centre (x, "trimmed")
[1] 0.6086504
```

switch 的返回值要么是一个对应的语句的赋值结果，要么当没有匹配语句被赋值时返回 NULL。

3.2 函数设计

对基本的数据分析任务来说，R 语言内置的函数已经够用。但是在更多的应用场景中，R 的用户会发现有必要编写自己的函数才能解决现实中独特的问题。函数具有如下其他脚本形式无法取代的优点。

首先，函数可以接收输入参数，允许用户把相同的处理逻辑封装在一起，而在调用时根据不同参数去独立计算。

其次，R 语言函数可以返回一个对象，而对象的属性在函数之外的地方能被方便地访问，这给使用函数增加了不可取代的灵活性。

我们强调过，计算机程序设计的本质是控制复杂性。使用函数可以把庞大而复杂的代码划分成一个个逻辑上更统一的组成部分，使代码不仅具有更好的可读性，还可以通过代码复用来提高效率并保障程序的质量。R 语言提供了一套简洁的方式来定义函数以及调用函数。

3.2.1 声明、定义与调用

迄今为止，我们已经使用过不少 R 中的内置函数，例如，mean ()、rnorm ()和 summary ()，

现在再来学习如何设计自己的函数。R 语言中定义函数的句法形式如下：

```
func_name <- function (argument) {
    statement
}
```

其中，func_name 是由用户指定的函数名，函数名需要符合命名规则。函数声明中的一个重要组成部分是关键词 function，表示接下来的代码用于创建一个新的函数。在参数列表 argument 里，用逗号把一组形式参数分开。形式参数有三种表示方式，分别是：符号、形如“symbol = expression”的语句，以及特殊的形式参数“...”。函数体 statement 可以是任何合法的 R 表达式。一般情况下，函数体由一个包含在大括号（“{”和“}”）内的代码块构成。

```
> echo <- function(x) print(x)              #定义函数 echo ()
> echo ("Hello, world!")                    #调用自定义函数 echo
[1] "Hello, world!"
```

在上面显示的例子中，我们用“echo <- function (x) print (x)”定义了一个名为 echo 的函数，echo ()接收一个参数值 x，在函数体内仅有一条语句“print (x)”，而当这个函数被调用时，系统就会将传入的参数值 x 打印到控制台。再来看一个稍复杂一点的例子：

```
> pow <- function(x, y) {                   #打印 x^y 的值
+ result <- x^y
+ print (paste(x,"^",y,"=",result))         #paste()函数将参数粘贴成一个字符串
+ }
> pow (3,2)
[1] "3 ^ 2 = 9"
```

在函数 pow ()的声明中，变量 x 和 y 叫作形式参数，而调用函数时传递给函数的参数值则称为实际参数。上面执行的例子中，我们在调用 pow (3, 2)的时候完成了对形式参数 x 和 y 的赋值。一般来说，赋值是按照位置顺序依次匹配来实现的，也就是说，x 和 y 被分别赋为 3 和 2。另外，我们还可以使用带名称标签的参数形式来调用函数，这就让位置关系变得无关紧要了。例如：

```
> pow (x=3,2)
[1] "3 ^ 2 = 9"
> pow (2,x=3)
[1] "3 ^ 2 = 9"
> pow (y=2,3)
[1] "3 ^ 2 = 9"
```

pow (x=3, 2)、pow (2, x=3)和 pow (y=2, 3)都是合法的调用。按名称标签来匹配时，R 支

持精确匹配和部分匹配两种方式。但是，如果参数存在多个部分匹配，可能会发生意想不到的错误。例如，定义函数为 f <− function (fumble, fooey) fbody，那么调用 f (f = 1, fo = 2) 是非法的，因为同时存在 f 对 fumble，以及 f 和 fo 对 fooey 的部分匹配，即使第二个实际参数 fo 只能匹配到 fooey 也不行。但是形如 f (f = 1, fooey = 2) 就是一个合法调用，因为第二个参数名精确地匹配了 fooey，从而不再需要考虑部分匹配所造成的歧义。

在声明函数时还可以指定参数的默认值。例如，在 pow ()中可以把指数的默认值设为 2，如果调用 pow ()时只输入一个参数，返回的就是该参数的平方值。

```
> pow <- function(x, y = 2) {
+ result <- x^y
+ print (paste(x,"^",y,"=",result))
+ }
> pow (3)
[1] "3 ^ 2 = 9"
> pow (3,3)
[1] "3 ^ 3 = 27"
```

在上面的运行结果中，我们看到 pow (3, 3)的调用中默认参数被实际参数取代了，所以默认参数不再发生作用。

在 R 中调用函数时传递参数的方法是“按值调用”。一般来说，在函数体内对参数的处理如同使用实际参数来赋初值的局部变量，只是变量名由形式参数给定。在函数体内改变参数值不会改变函数外的形式参数的值。在下面的例子中，参数值的变化只发生在函数内，对形式参数则无影响。

```
> test <- function (x) {x<-x+1; print (x)}  #函数中让 x 值加 1
> y <- 1
> test(y)
[1] 2
> y                                           #形式参数的变化不会影响 y
[1] 1
```

3.2.2 返回值

如果需要在函数完成一系列处理之后把结果反映到函数之外，则可以使用 return ()将函数的返回值返回给函数的调用者。R 中 return 的句法形如下：

```
return (expression)
```

从函数返回的值可以是任意的合法对象。下面通过实例介绍如何使用 return。

```
> test <- function(x) {
```

```
+ if (x %% 2 == 0) return("Even")                  #如果 x 为偶数，返回"Even"
+ else return("Odd")                               #否则返回"Odd"
+ }
> test (123)
[1] "Odd"
> test (456)
[1] "Even"
> y <- test (5678)                                 #把返回值赋给 y
> y
[1] "Even"
```

即使不直接使用 return，也可以把计算结果返回到函数之外。下面的代码与使用 return 具有同等的效果。

```
> test <- function(x) {
+ if (x %% 2 == 0) result<-"Even"
+ else result<-"Odd"
+ result                                           #没有直接调用 return
+ }
> test (123)
[1] "Odd"
> y<-test (5678)
> y
[1] "Even"
```

当使用 return 时，函数会直接返回，而无须执行 return 之后的语句。如果我们需要返回多个值，可以借助 list 来实现。

3.2.3　函数中的输入/输出

除了可以在调用函数时直接传递参数之外，用户还可以从键盘输入参数值交给函数处理。在用命令行方式与 R 系统交互时，通过在程序中使用 readline ()函数就能从控制台读取用户输入。readline ()函数的返回值是一个字符型向量。如果需要得到数值输入，则需要使用恰当的方法，例如，调用函数 as.integer ()把字符型向量转换为整型数。在下面的示例函数中，我们使用提示信息告诉用户应该输入什么样的数据。

```
#定义函数 test
test <- function ()
{
    my.name <- readline (prompt = "Enter yur name here: ")
    my.age <- readline (prompt = "Enter your age here: ")
```

```
    #把字符串转换成整型数
    my.age <- as.integer (my.age)
    #paste ()把参数转换为字符向量，然后把它们连接成一个字符串
    print (paste ("Hi", my.name, "you will be", my.age + 1, "next year"))
}
```

执行函数 test ()时，prompt ()函数会在控制台中提示用户需要输入的内容：

```
> test ()
Enter yur name here: Jane Doe
Enter your age here: 18
[1] "Hi Jane Doe you will be 19 next year"
```

在用户自定义函数中，有时可能需要把中间结果或执行过程输出到控制台上。打印函数 print ()提供了针对不同对象的输出形式。对简单的字符型或数值型向量，可以通过参数设置完成一些输出格式的选择。下面的示例给出了一些参数的含义和用法。

```
> x <- "This is a string"              #设置字符向量
> print (toupper(x))                   #toupper ()转换成大写，tolower()转换为小写
[1] "THIS IS A STRING"
> print (x, quote=FALSE)               #取消打印引号
[1] This is a string
> x <- c (3.1415926, 2.718)            #设置数值型向量
> print (x, digits=3)                  #设置打印三位有效数字
[1] 3.14 2.72
> a <- c (1,2,3,NA,5,NA)               #设置带默认值的向量
> print (a, na.print="000")            #打印时替换默认值
[1]   1   2   3 000   5 000
> print (a, na.print="000", print.gap=2)  #设置打印间距
[1]    1    2    3   000    5   000
```

把 R 的输出打印到文件，让用户能够随时分析中间结果和过程，以便更好地理解代码执行的情况，这对程序调试和问题求解都是一种有效的辅助手段。可以使用 R 语言中的 sink ()函数把输出结果转移到函数参数指定的文件中，下一次不带参数调用 sink ()则会停止输出到文件，而恢复在控制台上的输出。执行下面例子中的语句，会在当前工作目录中生成一个名为“sink-examp.txt”的文件，并用文件保存向量 i 和 i 的外积计算结果。

```
sink ("sink-examp.txt")     #指定输出到文件 sink-examp.txt
i <- 1:10
```

```
outer (i, i, "*")              #计算向量的外积，结果不会在控制台显示，而是输出到文件
sink ()                        #关闭对文件的输出
```

用任何支持 TXT 文件的软件打开文件，就可以直接浏览数据。

3.2.4 环境与范围

环境是 R 中一个至关重要的概念，对环境的理解直接影响到用户应该如何设计和使用函数。环境是定义了对象和函数作用范围的一种特殊的数据结构，R 语言中的每一个对象或函数都处于某一个特定的环境中。可以把一个环境想象成由两类部件组成的容器：一个是包含了一些对象（成对出现的符号及其取值）的盒子（称为框架），另一个是指向上一级环境（也叫作父环境，或者闭包）的指针。当 R 需要确定一个正在处理的符号对应的取值时，首先会在当前环境中寻找该符号。如果发现了匹配的符号，则返回其对应的值；如果不能找到匹配的结果，则利用环境指针引导到父环境中去重复这一查找匹配的过程。R 语言中的最顶层环境是一个没有父节点的空环境，可以通过 emptyenv ()获得。

通常，系统在函数调用时会间接创建一个该函数对应的专属环境。在这种情况下，这个新创建的环境里包含了函数所使用的局部变量（含参数），其指针指向的就是函数被调用时的当前环境。此外，环境还可以直接使用函数 new.env ()创建。环境中包含的内容可以用 ls ()、get ()、assign ()、eval ()和 evalq ()等函数来访问及操作。用 parent.env ()函数可以访问父环境。与其他大多数 R 对象不同，把环境作为参数传递给某一个函数，或用其赋值时，环境本身并没有被复制，而是使用引用的机制。也就是说，如果把某个环境赋给不同的符号，改变其中一个符号，其他符号的值也会发生相应的变化。

要正确地编写函数并避免一些意外的错误，用户首先需要正确理解 R 语言中环境与范围的含义。现在，我们可以通过一些简单的例子来观察对象与环境的关系。当用户启动 R 解释程序的时候，实际上就创建了一个环境，而随后在控制台上定义的所有对象（函数也被视为对象）都位于这一环境之中。在 R 命令行提示符下，可以使用的顶层环境是一个名为 R_GlobalEnv 的全局环境，在代码里可以用.GlobalEnv 来指代这个全局环境。这时，如果输入 ls ()函数，就能看到在当前环境下已经定义了哪些变量和函数。另一个需要了解的函数是 environment()，用户可以通过调用该函数来获知当前环境是什么。

```
> a <- 2                                   #创建若干对象
> b <- 5
> f <- function(x) x<-0
> f (a)
> ls()                                     #显示当前环境中的对象
[1] "a" "b" "f"
> environment ()                           #查看当前环境
<environment: R_GlobalEnv>
> .GlobalEnv                               #全局环境
```

```
<environment: R_GlobalEnv>
```

上面的示例显示出变量 a、b 和函数 f 都处在 R_GlobalEnv 环境里。但是需要注意，函数 f 的参数 x 却不处在同一环境。这是因为一旦定义了一个函数，在调用时系统就将为之创建一个新的环境。为函数 f 所创建的环境包含在全局环境内。因此，x 是包含在为函数 f 建立的新环境内，而该环境带有一个指向 R_GlobalEnv 的指针。也就是说，函数中定义的局部对象只处在函数自身的环境中，在函数之外的环境中是不可见的。

为了方便起见，当函数的代码较长时，用户可以在一个编辑器中将代码写好，再复制到控制台中一次性地运行，或者使用脚本编辑器来编辑代码。下面例子使用的就是脚本形式，读者可以看到不同层级的函数是如何使用相应环境的。

```
f <- function(f_x)                         #定义函数 f
{
   g <- function(g_x)                      #定义函数 g
   {
        print ("Inside g")
        print (environment ())
        print (ls ())
   }
   g(5)
   print ("Inside f")
   print (environment ())
   print (ls ())
}
```

当我们在命令行提示符下运行 f 时，会看到下面的结果。

```
> f(6)
[1] "Inside g"
<environment: 0x0000000010c2bdc8>
[1] "g_x"
[1] "Inside f"
<environment: 0x0000000010c2a870>
[1] "f_x" "g"
> environment ()
<environment: R_GlobalEnv>
> ls ()
[1] "f"
```

因为函数 g 定义在函数 f 之内，所以 f 和 g 具有不同的环境，各自都带有不同的框架，框架内也包含了不同的对象。

再来看一看变量的作用范围。首先考虑下面的例子：

```
outer_func <- function ()
{
   b <- 20                                    #在函数 outer_func 内
   inner_func <- function()
   {
       c <- 30                                #在函数 inner_func 内
   }
}
a <- 10                                       #在函数 outer_func 外
```

全局变量指的是那些在程序执行过程中始终存在的变量。从程序的任意部分都可以访问及修改这些全局变量。但是，哪些变量是全局变量取决于一个具体函数的视角。例如，在上面的例子里，从 inner_func ()的角度来看，a 和 b 都是全局变量。不过，从 outer_func ()的角度来看，只有 a 才是全局变量。而变量 c 则对 out_func ()完全不可见。

另一方面，局部变量是指那些仅仅存在于程序的某一部分（比如函数中）的变量。当函数结束后，局部变量就会被销毁。上面例子中的变量 c 就是一个局部变量。在函数 inner_func ()中对变量的赋值只发生在局部，不能被函数之外的部分所访问。即使局部变量和一个全局变量同名，也无法改变这一结果。例如，如果把函数定义为如下形式：

```
outer_func <- function ()
{
   a <- 20                                    #这里 a 只是局部变量
   inner_func <- function ()
   {
       a <- 30                                #这里的 a 只是另一个同名的局部变量
       print (a)
   }
   inner_func ()
   print (a)                                  #哪一个 a 会被打印?
}
```

调用函数得到的结果如下：

```
> a <- 10
> outer_func ()
[1] 30
[1] 20
> print (a)
[1] 10
```

我们知道，变量 a 在两个函数的环境框架中都是局部创建的，这就不同于在全局环境框架中创建的另一个同名变量。因此，局部变量的改变不会影响它自身的作用范围之外。

虽然可以在程序中的任何地方读取全局变量，如果想对其赋值，系统就会创建一个局部变量作为其替身。如果需要对全局变量直接赋值，需要使用超级赋值操作符<<–来替代一般的赋值形式。在一个函数体内使用<<–时，系统会在父环境的框架里查找变量名，如果找不到的话，就到上一层继续查找直至到达全局环境为止。即使这样，如果还是找不到匹配的变量，系统就会创建一个新的变量，并且把它设为全局级别。

```
outer_func <- function ()
{
   inner_func <- function ()
   {
      a <<- 30                                    #为全局变量赋值
      print (a)
   }
   inner_func ()
   print(a)
}
```

运行该函数会产生下面的结果：

```
> outer_func ()
[1] 30
[1] 30
> print (a)
[1] 30
```

在 inner_func ()内部处理语句 a <<– 30 时，系统会在 outer_func()环境中查找变量 a。如果找不到这一变量，系统就继续在 R_GlobalEnv 中去找。但是，a 在全局环境中还是未被定义，所以只能创建一个新变量 a，接下来在函数 inner_func()以及 outer_func()内引用并打印这个全局变量。

3.2.5 递归函数

在一个函数中以直接或间接的方式调用该函数自身的做法，称为递归。递归是一种非常有用的函数设计思想，能以少量代码完成复杂的算法。编写递归函数通常要检查两个条件：首先，要看是否存在一般情况，也就是说对一些参数，函数是否可以直接返回结果；其次，要判断对某个输入参数是否可以通过函数内部的计算把原来的问题归结为若干同类问题，而这些问题的参数逐渐接近于一般情况下的参数。只有把问题最终转化为一定可以到达的情况时，递归才有意义。

R 支持定义递归函数。我们以经典的欧几里得算法为例来定义一个递归函数。两个整数的最大公约数是能同时整除这两个数的一个最大整数。在求解两个整数的最大公约数时，欧几里得算法利用辗转相除的思想，将原来的参数 m 和 n 的公约数问题转化为两个数相除的余数 m% %n 与除数 n 的公约数问题，再递归求解这个规模较小的问题，直到其中的一个参数变为 0。递归函数 rec.gcd ()形式如下：

```
rec.gcd <- function (m, n)
{
    if (n == 0)
        return (m)
    else
        return (rec.gcd (n, m %% n))
}
```

调用该函数的执行结果为：

```
> rec.gcd (12345, 67890)
[1] 15
```

再看另一个示例。Fibonacci 序列的递推公式 $f(n) = f(n-1) + f(n-2)$ 可以直接转化为递归形式来实现。

```
rec.Fibonacci <- function (n)
{
    if (n == 1)
        return (1)
    else if (n == 2)
        return (1)

    return (rec.Fibonacci(n-1) + rec.Fibonacci(n-2))
}
```

在控制台运行该函数的结果为：

```
> rec.Fibonacci (10)
[1] 55
```

但是，由于调用 rec.Fibonacci (10)时调用了 rec.Fibonacci (9)和 rec.Fibonacci (8)，而调用 rec.Fibonacci (9)时又会再次调用 rec.Fibonacci (8)，可见在该函数的递归实现中存在大量的重复计算，因此执行效率低下。注意，递归调用如果出现在 return ()之中，这种递归形式被称作尾递归，尾递归可以容易以非递归形式替代，也就是说，通过循环的方式实现 return

()中递归调用的功能，其代价则是可能需要用到一些局部变量来保存部分的中间计算结果。我们可以试着把 Fibonacci 序列用非递归形式来改写：

```
it.Fibonacci <- function (n)
{
    tmp1 <- 1
    tmp2 <- 1
    result <- 1

    while (n > 2)
    {
        result <- tmp1 + tmp2
        tmp2 <- tmp1
        tmp1 <- result
        n <- n - 1
    }

    return (result)
}
```

运行该函数的结果如下：

```
> it.Fibonacci(10)
[1] 55
```

同样，我们也可以把欧几里得的最大公约数算法的递归函数改写成如下的非递归形式。

```
it.gcd <- function (m,n)
{
    if (n == 0)
        return (m)

    while (n != 0)
    {
        tmp<-m
        m<-n
        n<-tmp %% n
    }
    return (m)
}
```

3.3　编程规范与性能优化

在编程实践中需要考虑的问题不仅仅局限于得到正确的计算结果。软件开发会涉及很多与复杂性相关的问题，尤其是当代码规模很大和需要解决的问题本身逻辑极其复杂时，通过实施一些在软件行业得到了验证的最佳编程实践，可以更好地控制软件编程的复杂性。

3.3.1　使用脚本文件

有些用户在习惯了使用 R 控制台直接交互的方式后，可能会认为，即使在命令行接口中逐条输入语句来实现函数也并不困难。但有时还需要反复使用相似的函数，逐条输入语句就显得效率低下了。如果能够把已经定义好的函数保存下来，就可以避免不必要的重复输入工作。因为 R 语言对编辑器没有限制，自然就可以在任意的编辑软件里编写所需要的函数，通过复制和粘贴的方式把完整的函数和其他代码一起粘贴到 R 控制台上交给 R 系统批量执行。更规范的做法是在 RGui 或者 RStudio 的脚本编辑器中编写一个或多个函数，并且把它们保存在一个用户自己命名的文件中，以“.R”为后缀，如 SumSquareFunc.R。这样的文件也叫作 R 脚本文件。在需要使用函数前，调用 R 语言函数 source ()把脚本文件加载到当前会话，接下来就可以正常使用脚本文件中所定义的函数了。例如，在 RStudio 的源代码编辑器中输入下面的代码，并且保存在 R 脚本文件 SumSquareFunc.R 中。

```
SumSquareFunc <- function (x, y)
{
    return (x^2 + y^2)
}
```

如果要用到函数 SumSquareFunc ()，在控制台中用命令行函数 source ("SumSquareFunc ()")就可以完成加载，再调用函数就行了。

```
> source ("SumSquareFunc.R")
> myFunc (2,2)
[1] 8
```

注意，如果文件没有保存在当前的工作区，则需要在文件名前指定文件的路径。例如：

```
> source ("D:/Users/R/SumSquareFunc.R")
```

还要说明一点，与在 Windows 操作系统中使用“\”表示路径层次的方式不同，R 中使用的是“/”。

用户既可以在一个脚本中定义多个函数，也可以在不同的脚本中分别定义函数。不同脚本的函数间可能存在相互依赖关系，只要在脚本加载后这些依赖能被正确解析，调用函数时就不会产生任何问题。

脚本的创建非常容易，只需要在编辑器中输入语句就可以完成。在本书其余部分，为了使代码看起来更简洁，我们有时会忽略调用语句前的提示符“>”，可以认为我们在使用脚本的形式来保存代码，也可以认为我们在编辑器中写好代码然后再复制粘贴到 R 环境中运行。只有在需要强调执行结果时，才会保留提示符“>”，表示这是一个控制台中的命令行交互过程。

3.3.2 编程规范

使用编辑器编写脚本，不仅可以简化编程，还可以让 R 用户有条件在编写代码时保持良好的编程风格。良好的编程风格如同正确的书写习惯，于人于己都会提升阅读的效率。有实用价值的软件往往是由众多开发人员以团队形式一起经过长时间的共同开发完成的，如果每个人按照自己独特的做法随意编写软件，不仅让他人难以读懂自己的代码，而且还不易发现代码中的错误。根据软件行业最佳实践来制订统一的编程规范，是保证软件质量和提高开发效率的重要手段之一。在本书中，除非特别说明，我们建议读者遵守的编程风格包含以下几点。

1. 保持对齐与缩进

随着技术的不断进步，计算机上的存储设备已经变得非常廉价，因此在代码中增加缩进和空行、空格等分割符，并不会让代码文件的大小增加多少，但是对保持代码中不同逻辑部分的层次感以及独立性很有帮助，会使代码的可读性得到保证。

2. 遵守命名规则

变量、对象、文件名、函数，建议使用包含更多信息的方式对它们命名，不要使用有歧义的名字。并且，在命名时，同一类别或作用相似的变量和函数最好具有相似的名字。R 语言内置的函数名就是值得借鉴的例子。R 语言提供了三种不同的方法让用户用多个单词或单词的缩略形式来命名，如 dist_func、dist.func 和 DistFunc。此外，除了 0 和 1 之类含义明确的常量，在规模较大的代码中最好不直接使用常数值，而要使用有意义的变量保存常数。例如，我们需要多次使用 rnorm ()函数来生成同分布的随机数，如果直接使用常数来设置正态分布的均值和标准差，当需要改变分布参数时，必须在代码中逐一查找 rnorm ()，做出相应的修改；如果使用变量 data.mean 和 data.sd 来保存这些参数，只需要修改一次就行了。

3. 添加注释

应当在代码的适当位置添加注释。注释不会增加代码执行的开销，但会让程序具有更好的可读性。即使只有一位开发者，时间久了，他也会对自己为什么使用代码中的逻辑感到困惑。在重要的代码前增加几行文字说明，会给代码的维护带来更高的效率。建议在代码块、分支、循环或逻辑处理较为复杂的代码前增加注释。此外，一旦代码改变了，也要保持注释的同步更新，否则会导致使用者的困惑。

4. 考虑内聚与耦合

有的 R 语言初学者，会编写一个非常长的函数，可能包含几百条语句；还有初学者在代码中不使用任何函数，所有的语句顺序排列。复杂的代码在逻辑上应该具有不同的层次，每一个层次都由不同的组件构成。层次和组件之间一定存在相互作用，才能通过协作共同完成总体上的任务。在介绍面向对象的 R 程序设计之前，我们已经能够使用函数完成复杂代码结构上的划分，通过嵌套的函数调用来简化每一个函数体内需要处理的逻辑。把相同或相似的工作交给同一个函数完成，使函数内部的处理在逻辑上高度一致，这就是函数的内聚性。如果函数的功能过于复杂或者代码过长，往往需要把一个函数拆分成不同的子函数，共同完成相应的功能。但是假如函数之间依赖性过强，就会造成耦合问题：一个函数内微小的更改可能会迫使其他函数做出大量的修改，这样反而会造成更多的问题。因此，需要在提高内聚性和降低耦合度上保持平衡。在面向对象程序设计部分，我们还会继续从不同角度来讨论这一问题。

5. 进行参数检验

R 语言调用函数是采用“按值调用”的方式实现参数传递的。调用时形式参数被实际参数所取代，系统根据实际参数值来执行函数体内的语句。编程中不能保证每一个函数调用者都能准确理解每一个参数的含义，因此如果函数缺乏处理异常或错误参数值的能力，代码执行过程中就不可避免地发生一些意外。函数的编写者在开始执行实际处理逻辑的语句之前，最好能对参数做一些合法性的检查，当参数不合法或者不在合理范围内时，则报告错误，并从函数中退出。

6. 记录日志

指望代码中不存在缺陷只能是不切实际的开发者的一厢情愿。代码的演化和维护有赖于能快速并精确地定位缺陷。虽然 R 系统中可以保留一次会话中各个环境框架里的对象，而且 RStudio 还提供了调试工具，但是发现缺陷通常会耗时、耗力。在代码中增加日志，记录执行过程的轨迹，对于故障诊断和缺陷分析具有重要的实用价值。

3.3.3 性能优化

通常，我们会使用时间复杂度来表示程序执行时间随着问题规模增加而发生的变化趋势。严格地说，时间复杂度只是抽象地度量某一个算法，与实现算法的软硬件平台无关。如果需要直接测量一段代码的执行时间，可以使用 R 语言提供的几个与时间有关的函数。计时函数 proc.time ()返回的是一个由 5 个元素组成的向量，但是在控制台上，一般只显示用户时间、系统时间和流逝的时间。我们知道，递归实现求 Fibonacci 序列的函数包含了大量的重复计算，因而与非递归形式的函数相比显得效率低下。如果使用计时函数，我们可以获知其执行时间到底有多长。

```
> t1<-proc.time ()                #记录执行函数之前的时间
> for (i in 1:5000)               #为了得出有意义的时间数据，需要重复执行多次
+ rec.Fibonacci (20)
> proc.time () - t1               #时间差就是函数执行所耗费的时间
用户   系统   流逝
27.30  0.00 27.36
```

再来看一看执行同样多次调用时非递归形式花费的时间。

```
> t1<-proc.time ()                #读取开始时间
> for (i in 1:5000)
+ it.Fibonacci (20)
> proc.time () - t1               #当前时间减去开始时间
用户 系统 流逝
0.03 0.00 0.03
```

显然，虽然两者完成的都是计算 Fibonacci 序列的第 20 个数，在执行效率上 it.Fibonacci () 明显优于 rec.Fibonacci ()。一般地，用户可以尝试下列做法来实现性能上的改进。

1. 减少不必要的计算

如果存在不必要的计算步骤，直接删去这些代码。

2. 减少输入/输出

无论是在控制台中不断显示中间结果，还是从键盘上获得输入值，都会增加系统的时间开销。因此，除非必要，不要频繁地使用外部设备的输入/输出。

3. 保存中间结果

把后续工作中需要使用的中间结果保存在变量中，而不是重复计算，可以帮助用户获得更好的时间性能。

4. 使用向量操作

在 R 中，向量、矩阵、列表和数据框的运算都经过了预先优化，使用这些操作比用户自己用循环方式得到同样的结果更快一些。

5. 设计并使用好的算法

编程中最重要的是，掌握算法设计的原则和技巧，用时间复杂度更低的算法去完成同样的功能。

习　题

3-1　分别用 repeat、while 和 for 语句计算从 1～100 的所有整数的平方和。

3-2　把一个整型数向量中所有 3 的倍数用 0 替代。

3-3　编写一个函数，输入参数是一个大于 2 的正整数，判断这个数是质数还是合数，在控制台打印出结果。

3-4　编写函数 $f(x) = 4x^3 - 5x^2 + 6x - 7$，计算 $f(10.5)$和 $f(-7)$的值。

3-5　已知 2018 年 1 月 1 日是星期一，编写一个函数 day.in.a.week (x, y)，参数 x 和 y 分别代表 2018 年的某一天的月和日，判断这一天是否存在（例如，2018 年没有 2 月 29 日，也没有 11 月 31 日），如果不存在，返回−1；否则计算并返回当天是星期几（星期日用 0 表示，其余用数字 1～6 表示）。

3-6　编写一个函数 triangle.type (a, b, c)，给定 3 个正数作为参数，判定用这 3 个数为边长能否构成三角形。如果能，则判断三角形是等边、等腰还是普通三角形，在控制台上打印三角形类型名称，分别返回数字 1、2 和 3；如果不能，打印出原因，并返回数字 0。

3-7　执行下列语句，查阅 R 帮助信息，分析它们的功能分别是什么。

```
objs <- mget (ls ("package:base"), inherits = TRUE)
funs <- Filter (is.function, objs)
f_arg_num <- sapply (funs, function(x) length(formals(x)))
f_arg_num[which.max(f_arg_num)]
```

如何发现 base 包中哪个函数的参数数量最少？

3-8　解释下面的几个函数分别是什么含义：body()、formals ()和 environment ()。

3-9　给下面函数的语句加上注释，不使用 R 系统，得到 $f(5)$的值。

```
f <- function(x)
{
   f <- function(x)
   {
      f <- function(x)
      {
          x ^ 2
      }
      f(x) - 1
   }
   f(x) * 2
}
```

3-10　编写一个非递归函数，输入参数为两个正整数，返回两个数的最小公倍数。

第 4 章　类与对象

Perhaps the greatest strength of an object-oriented approach to development is that it offers a mechanism that captures a model of the real world.

——Grady Booch

在 R 中我们可以使用面向对象的程序设计方法。在本书前面的章节中我们已经了解了一个事实：R 中的一切，包括函数，均被视为对象。作为一种本质上的函数式程序语言，R 虽然提供了对面向对象方法的支持，但其使用却独具特色。大多数面向对象的程序设计语言仅包含一种具有高度一致性的类，R 中却同时存在三种不同体系的类，分别是来自 S 语言的较早的 S3 与 S4 体系，以及较晚才被引入的引用类。这些体系各有各的特点和使用方式，如何选择其中之一来设计程序则要取决于具体的需求与用户的偏好。

R 语言的独特性就在于，它既是一种以交互式应用为主的解释型语言，同时也广泛地支持面向对象的程序设计思想。使用面向对象方法的目的显然是为了更好地开发与维护复杂的软件。交互式操作与面向对象程序设计这两者在 R 的实践中取得了较为成功的融合。例如，在一般的面向对象程序设计语言中，方法从属于某个特定的类，即使两个无关的类都有一个同名的方法，也不一定意味着该方法会执行同样的运算。相反，在 R 的 S3 类和 S4 类中，方法只从属于泛型函数，而非定义在一个类的内部。但是为泛型函数完成针对某一个新的类的具体实现，在实际上就灵活高效地为这个类添加了一个方法。调度函数会根据类名指派泛型函数中对应的函数来执行与类相关的操作。

读者也许会对 R 语言中这些与众不同的做法产生疑惑。比如，即使是 S3 类与 S4 类也体现出较大的差异：一般而言，S3 类会更灵活易用，而 S4 类具有更高的结构化特点。

在本章中，我们会通过一些简单的例子来介绍如何用 R 语言来定义类、创建对象、访问对象的属性，以及定义新的方法，还会讨论类之间通过继承来实现复用的基本过程。

本章的主要内容包括：

（1）面向对象的基本概念；

（2）使用不同体系的类与对象；

（3）继承关系。

4.1 面向对象程序设计方法

软件系统和软件项目的规模与复杂性在过去几十年里呈现出不断增长的趋势，为了解决软件危机，软件工程领域为此做出过不懈的努力，提出了各种不同的对策。

4.1.1 结构化程序设计方法回顾

采用工程化的方法管理软件过程和软件项目，使用各个行业中积累起来的最佳工程实践去应对挑战，这已经成为软件开发业内的一种共识。分治是人们解决复杂问题时使用的一种通用方法。从历史上来看，在软件开发的早期阶段，人们在程序中就开始用函数来分离处理逻辑与具体数据，借用模块化的思想去管理复杂性，随之提出了结构化方法，使人们得以同时用并行的方式来开发大型软件的各部分组件。

我们知道，使用结构化思想往往需要从功能角度出发，设计出一个又一个的算法来实现功能模块。随着计算机技术的发展，计算机被用于解决越来越复杂的问题。问题变得复杂后，把问题域中的客体直接映射到解空间的功能模块就远远不如以前那样容易。于是，结构化方法的种种不足引发人们对新的软件开发范式进行探索。

20 世纪 90 年代以来兴起的面向对象程序开发方法进一步利用模块化思想来开发可重用的软件。人们希望如同搭积木一样，可以方便地混合及搭配不同的模块，期待可以快速而低成本地满足不同的系统需求。应该说，模块化与可重用已经经过了时间的检验，成为当代软件开发的核心思想。尽管 R 语言是一种函数式编程语言，但 R 也支持面向对象风格的程序设计。

4.1.2 对象与类的概念

人类历史上很早就形成了各种概念，每一个概念都反映出人们对所处世界的观念和理解。这些概念所对应的具体事物就称为对象。在古希腊时代，人们已经想到了用对象和过程的方式来看待世界。

现在，面向对象的思想已经深入软件开发的分析、设计、编程等各个方面。在面向对象的分析中，分析师根据对关键问题域的抽象来分解一个复杂的系统。面向对象的设计用接近实际领域的术语把系统构造成代表现实世界的对象。面向对象的程序设计则是程序的一种实施方法：程序由一组相互协作的对象组织起来。其中的每一个对象都是某一个抽象类的实例，而这些类又构成了按照继承关系所形成的一种层次结构。在传统的程序设计中，程序被当作由一系列函数，或者一系列的指令组成的集合。而面向对象程序设计中的每一个对象都具有独立性，能够接收数据、处理数据并在对象间交换数据，也就是说，对象远比代码宏观，可以被视同为一个小型的“机器”。

在面向对象方法中存在很多特有的名词和术语，在本书中我们不会去一一准确地定义它们。简单地说，对象是人们要研究的事物，既可以是桌子、椅子这样的实体，也可以是软件中一个抽象的概念，比如银行账户或者一条交易记录。对象具有属性或状态，一般情况下，人们用不同的数据来表示对象所处状态。对象还可以带有方法或操作，定义在对象内的操作可以用来访问或改变对象的状态。对象与定义在对象上的操作表示了对象的行为能力。使用面向对象思想时，我们把具有相同属性和行为的对象抽象为一个类。换言之，类是对具体对象的一种抽象，而对象则是对抽象的类的具体化表示，因此也把对象称为类的实例。一般来说，人们所处的世界包含了很多不同的类，类与类之间也存在各式各样的关系。关系的类型也可以做出抽象，界定出需要在类之间建立的关系，如聚合、包含和关联。对象之间借助消息实现彼此的通信。消息既可以包含接收对象需要执行的某种操作，也可以携带一些参数。这种消息机制可以保证对象的独立性，避免直接访问甚至修改其他对象内部的状态，从而引发另外的问题。

4.1.3 面向对象程序设计的特点

类是对同类对象的一种抽象，在类中需要使用某个属性使同类中的对象能区分彼此。也就是说每个对象都应具有唯一的标识。通过这种标识，在程序中就可以访问或修改相应的对象。举例来说，抽象的学生是一个类，但是作为具体对象的学生则具有唯一性。如果仅仅依靠姓名属性还无法唯一地识别一名学生，那么在类中还需要增加一个新的属性，如具有唯一性的学号，以区别同名的学生。除了对象的唯一性，典型的面向对象程序设计中通常具有如下特征。

1. 抽象

抽象关注的是思想、性质和特点，而不是各种细节。抽象是我们面对真实世界中复杂问题时采用的一种方法：去掉我们不关心的内容，只保留那些事关问题本质的重要信息。面向对象方法主要用两种形式描述接近于客观世界的模型，基于原型和基于类。将具有一致性的属性和行为的对象抽象成类，类的抽象过程反映了与应用有关的重要性质，忽略了无关的东西，从而降低了分析和解决问题时的复杂性。

2. 封装

把类封装起来就保证了软件具有优良的模块性基础。类像一个容器一样分隔开了内部与外部，在类的定义中将其说明（用户可见的外部接口）与实现（用户不可见的内部实现）明确地分开，其内部实现根据具体定义的作用域保护起来。对象构成了封装的基本单位。如果封装做到了信息隐藏，状态和方法都属于类的内部，一个对象只能通过消息调用其他对象的接口方法，才能获准访问另一个对象的内部信息。这对于软件的重构非常有利，因为只修改一个类的内部结构，不改变接口方法，不会影响软件的其他部分。虽然类做了封装，但是类与类之间通过关联、聚合与合成等关系可以共同组成一个庞大的复杂软件系统。

3. 继承

好的软件应具有可重用性和可扩展性，在类之间使用继承关系是保证这些软件特性的方法。继承性指派生类或子类能够自动共享基类（也称为父类）的属性与方法的一种机制，是面向对象程序设计语言不同于其他程序设计语言的重要特点。在类的层次结构中，如果子类只继承了来自一个父类的属性和方法，称为单一继承；如果子类继承了多个不同的父类的属性与方法，则称为多重继承。同一类中的对象有相同的数据结构。这些对象之间是结构、行为特征的共享关系。在同一应用的类的层次结构中，使用了继承来实现代码的共享，这也是面向对象的主要优点之一。面向对象方法不仅允许在同一应用中共享信息，而且为未来目标的可重用设计准备了条件。通过类库这种机制和结构可以实现不同应用中的信息共享。

4. 多态

多态性指的是同一个函数适用于不同类型的参数，根据所使用的参数类型而具有不同的行为。例如，一个二元操作的加法“+”，如果参数类型是整型数或浮点数，如“1+2”，返回的就是数值直接相加的结果“3”；如果参数类型是复数，如“(1+2i)+(2−3i)”，则要返回一个实部与虚部分别相加所构成的复数“3−i”；如果参数类型是字符串，如“abc”+“defg”，返回的就是由两个输入字符串组成的新字符串“abcdefg”。这样的加法操作就是一个多态操作。不同类中的对象，执行同一个操作可以产生不同的结果。多态性允许每个对象以合适的方式去响应共同的消息。

程序设计中的泛型函数是一种为多态性而定义的函数。属于泛型函数的操作往往定义在类的外部，编译器会根据函数参数类型来分派具体的操作，实现对操作的重载。在 R 中使用了大量的泛型函数，我们所熟悉的一些函数如 plot ()、print ()和 summary ()等都属于泛型函数。

4.1.4 R 中类的体系

R 语言主要包括三种类的体系，分别是与 S 语言不同版本有关的 S3 类、S4 类，以及稍晚引入的引用类。其中，S3 类和 S4 类更多地属于函数式程序设计范畴，而引用类则接近于大家更熟悉的面向对象程序设计。

表 4-1 给出了 R 语言中 3 种类之间的简单比较。

表 4-1　R 中不同类的区别

S3 类	S4 类	引　用　类
缺乏定义类的形式	使用 setClass()定义类	使用 setRefClass()定义类
通过设置类的属性来创建对象	使用 new()创建对象	使用构造函数创建对象
使用$访问属性	使用@访问属性	使用$访问属性
方法属于泛型函数	方法属于泛型函数	方法属于类
遵守修改时复制的语义	遵守修改时复制的语义	不遵守修改时复制的语义

从表 4-1 可以看出，S3 类、S4 类与引用类之间呈现出明显的差异。首先，在前两者中只有属性属于类，而方法则属于泛型函数；引用类与 C++、Java、Python 中的类一样，同时具有属性与方法。另外，前两者的对象只在修改时赋值，而后者允许对象的引用（可以看

作一个对象有多个别名，实际指代的都是同一个实体）。假定在函数中有一个参数是某个 S3 类、S4 类的对象，依据按值调用的方式，函数接收到一份对象的复制品，在函数内部完成对象的修改，返回的对象则又需要以赋值的方式复制到函数之外。两次复制显然会降低程序的性能，但是也保证了安全性。引用类则允许一次修改同时改变对象以及对象的其他引用。接下来分别介绍这三类体系中面向对象方法的具体实现方式。

4.2 S3 类

作为早期在 S 语言第 3 版中引入的类的形式，S3 类的确相当原始，缺少对类的严格的形式定义。在 R 语言中创建这种类的对象时，只需要简单地给变量赋值为一个列表，然后给变量增加一个“class”属性即可。正是由于这种类的创建方法简单，S3 类在 R 语言程序设计中得到了广泛使用。

4.2.1 S3 类的定义

事实上，大多数 R 的内置类都属于 S3 类。例如，我们可以先建立一个列表 s，再用 class ()函数将该 s 设置为类，并且给这个类加上类名“student”。

```
> #使用一些成员来创建一个列表
> s <- list (name = "Han Mei", age = 20, GPA = 3.85)
> #加上类名
> class(s) <- "student"
```

这样，就完成了用一个给定的列表创建 S3 类的工作。如果想检验一下这个类中的一个对象 s 带有哪些具体的属性，在控制台中直接查看 s 就行了。

```
> s
$name
[1] "Han Mei"
$age
[1] 20
$GPA
[1] 3.85
attr(,"class")
[1] "student"
```

上面执行结果的最后两行显示表明对象 s 属于“student”类。

4.2.2 创建 S3 类对象

如果读者熟悉其他面向对象的编程语言，可能会觉得 S3 类的使用方式有些与众不同，因为它无法像 C++或者 Java 那样用形式化方法定义类，而要借用其他方式来指定一个类应该具有哪些属性。在 S3 体系中，类和对象的用法看起来有些随意，用户可以按照自己的意愿改变一个对象的类，同一个类中的对象也可能显得完全不同。

假如能使用一个与类名相同的函数来创建对象，则会让对象有更好的一致性。这样，既可以使同一类中的不同对象看起来相似，也可以在创建对象时确定该对象的属性是否具有完整性。在构造函数中可以调用 attr ()函数设置对象的属性。下面的代码就定义了一个构造函数。

```
# "student" 类的构造函数
student <- function(n,a,g)
{
   # 添加完整性检验
   if (g > 4 || g < 0)
       stop ("GPA must be between 0 and 4")
   value <- list (name = n, age = a, GPA = g)
   # 用class()或attr()函数来设置类
   attr (value, "class") <- "student"
   return (value)
}
```

写好构造函数后，可以试着用不同属性值来创建对象，示例如下。

```
> s <- student ("Li Lei", 21, 3.75)          #构造对象
> s                                          #显示对象属性
$name
[1] "Li Lei"

$age
[1] 21

$GPA
[1] 3.75

attr(,"class")
[1] "student"
> #访问对象的属性时需要使用$连接对象与属性名
> s$GPA
[1] 3.75
> s <- student ("Li Lei", 21, 5)             #构造对象时会检查属性的完整性
Error in student("Li Lei", 21, 5) : GPA must be between 0 and 4
```

```
> s$GPA <- 5                              #但是任意为属性赋值并没有受到限制
> s$GPA
[1] 5
```

虽然在构造函数中，可以检验属性的完整性并拒绝不合理的属性，但是其后却用直接赋值的方式绕开了构造函数，还是可以任意改变对象的属性值。也就是说，S3 类的封装是不完整的，类中的属性可以随意在外部修改。因此，在编码过程中，建议只使用预先定义的接口方法来访问对象的属性，以避免改变属性时无意地破坏了数据的完整性。

4.2.3 S3 类的泛型函数

R 语言支持多态性，即同一个接口按照参数类的不同而拥有不同的实现方式。泛型函数是 S3 类中使用的一种多态形式。如果把泛型函数当作一个容器的话，那么在容器中就包装好了多种针对不同类的实现方法，调用时系统可以根据当前函数的参数对象来调度所匹配的方法。本书中多次使用的 print ()就是一个泛型函数。在上面的示例中，在控制台上输入 s 并回车，系统就会打印出 s 的内部结构。在交互模式下，输入对象名时系统使用 print ()函数来完成打印的任务。

```
> print (s)
$name
[1] "Li Lei"

$age
[1] 21

$GPA
[1] 3.75

attr(,"class")
[1] "student"
```

但是，print ()适用的参数不仅仅是“student”类中的对象，以前我们还用 print ()打印过包括向量、矩阵、列表等在内的很多数据，而且是根据数据所属类型的不同以不一样的方式打印出来的。函数 print ()之所以能打印出看上去极其不同的内容，就是因为 print ()是一个泛型函数。如果用 method (print)来检查一下 print 中包含的方法有哪些，会看到以下输出结果。

```
> methods(print)
  [1] print.acf*
```

```
  [2] print.anova*
  [3] print.aov*
  …
[191] print.xngettext*
[192] print.xtabs*
see '?methods' for accessing help and source code
```

在 print () 中包含了接近 200 种不同的方法，当需要打印数据框时，实际的打印任务被派遣给了 print.data.frame ()方法；如果打印的是一个因子，则由 print.factor ()方法来完成。方法名以 generic_name.class_name ()的形式表示，因此 R 系统能够根据类名来判断应该调用哪一种具体的方法。但是，在自定义类“student”中，我们并没有提供一个 print.student () 的方法，系统实际上用 print.default ()执行默认的打印方式。泛型函数都带有默认的方法。

除了 print ()之外，R 还提供大量其他的泛型函数。用 methods (class="default")可以列出这些函数。

```
> methods (class="default")
  [1] add1          aggregate     AIC           all.equal     ansari.test
  [6] anyDuplicated aperm         ar.burg       ar.yw         as.array
 ...

[156] window        with          xtfrm
see '?methods' for accessing help and source code
```

4.2.4　定义 S3 类的方法

如果不希望使用泛型函数中的默认方法，则可以自定义某个类的专属方法。为一个 S3 类定义专属的方法以泛型函数的方式来实现。调用泛型函数时，R 系统会依照参数传递给函数的类名来决定具体使用哪一个实现函数。在表 4-1 中，我们提到过 S3 类和 S4 类都使用对象复制的按值方式传递参数，即使函数体内只改变了对象中的极少部分信息，在返回时仍需要对一个对象进行完整的复制，否则修改对象就失去了意义。

下面代码实现了一个 print.student ()方法，以取代原来用到的 print.default ()。

```
print.student <- function (obj)
{
    cat (obj$name, "\n")
    cat ("Age", obj$age, "years old ")
    cat ("GPA:", obj$GPA, "\n")
}
```

一旦定义好了上面的方法，在打印属于“student”类的对象时，调用的就是 print.student ()。

需要记住，在 S3 类中，方法并不属于类或者对象，而属于对应的泛型函数。只要对象的类一直保持不变，在调用 print ()时使用的还会是 print.student ()，但是一旦用 unclass ()将对象从原属的类中脱离出去，print ()就不再为它调用“student”类所对应的方法。

```
> s
Li Lei
Age 21 years old GPA: 3.75
> unclass (s)     #取消 s 的类属性后，又会使用系统默认的方法来打印对象
$name
[1] "Li Lei"

$age
[1] 21

$GPA
[1] 5
```

需要特别提醒的是：函数的参数值是所传递对象的一份副本而已，函数返回时返回的也是这份可能被修改了的副本。即使在函数体内改变了传递进来的值，原来的对象本身也不会相应变化。正因为这样一个原因，只有用被改变了的对象这个返回值给原先的对象赋值，才能让变化后的对象在函数之外发挥作用。

4.2.5 编写 S3 类的泛型函数

R 语言允许用户自己编写新的泛型函数。要掌握泛型函数的实现方法，可以先了解 print () 和 plot ()的内部信息。下面就是这两个泛型函数的信息。

```
> print
function (x, ...)
UseMethod("print")
<bytecode: 0x00000000177cb140>
<environment: namespace:base>
> plot
function (x, y, ...)
UseMethod("plot")
<bytecode: 0x0000000017eeb630>
<environment: namespace:graphics>
```

可以看出，print ()和 plot ()两个函数都使用了同一个调度函数 UseMethod ()，泛型函数名则被作为参数传递给调度函数 UseMethod ()。接下来，调度函数就会在后台去处理各种细节。用户可以借用这种简单的方式来试着实现自己的泛型函数。下面，我们将编写一个

grade ()泛型函数来举例说明其实现过程。

```
grade <- function(obj)
{
   UseMethod("grade")
}
```

除非在泛型函数的容器中装入一些具体的方法，否则泛型函数不会起任何作用。首先，应该为泛型函数实现一个默认的方法。

```
grade.default <- function(obj)
{
   cat ("This is a generic function\n")
}
```

接下来再为前面定义的类“student”实现对应的方法：

```
grade.student <- function(obj)
{
   cat ("Your grade is", obj$GPA, "\n")
}
```

这样就可以运行代码来测试刚才所写的泛型函数了：

```
> grade (s)
Your grade is 3.75
```

综上所述，定义泛型函数使用的仍是普通的函数定义方式，但是在函数体内需要用到调度函数 UseMethod ()。如果为某些具体的类实现了相应的方法，那么当它们调用泛型函数时就会由调度函数分配对应于该类的方法来执行，否则仍旧会使用默认的方法。

4.3　S4 类

虽然 S3 类非常易用，但是它对面向对象思想所追求的模块化与封装等目标并没有提供足够的帮助。在这种意义上，S4 类是对 S3 类的改进：S4 类可以形式化定义它的结构，使同一类中的对象看起来更加相近。S4 类体系中具有更严格意义上的类，使用者不仅能在形式上定义类，还可以用统一的方式来创建对象。这样有助于防止因为疏忽而在代码中犯下一些低级错误。

4.3.1　S4 类的定义

在 S4 类中，R 提供了一个专门的函数 setClass ()来完成对一个类的定义。在遇到一个陌生的函数时，读者可以使用帮助系统，例如，输入 help ("setClass")，系统会连接到本地的 HTTP Help Server，在浏览器上显示对该函数的详细说明。我们可以从中获知 setClass ()用于创建一个新类并返回一个在该类中创建对象的生成函数。其典型的使用方法为：

```
myClass <- setClass("myClass", slots= ..., contains =...)
```

上面的第一个参数“myClass”是必选项，用于指定所定义的新类的名称，而可选参数“slots=”和“contains=”分别用于指定新类中的属性（在 S4 类中称为插槽）以及新类可以继承哪些父类。完整的参数列表则包括了更多的信息，具体如下。

```
setClass (Class, representation, prototype, contains=character(),
          validity, access, where, version, sealed, package, S3methods =
FALSE, slots)
```

这些参数的具体含义可以参考 CRAN 提供的各种文档。下面对一些主要参数做简要的说明（见表 4-2）。

表 4-2　setClass ()的主要参数

参　数	说　明
Class	表示类名的字符串
slots	新类中的属性的标签和类。S4 类体系中把属性叫作插槽。该参数必须是一个带标签属性的向量。该向量的每一个成员指定了一个现存的类，对应的插槽一定要来源于该类或其子类。通常，该参数是命名这个类的一个字符向量。向量成员若是类的表示对象，也属合法，就像 getClass 的返回值一样
contains	指定该类应该继承自哪些现存的父类。新类将拥有父类的所有插槽。该参数必须提供名字
prototype、validity	目前仍允许使用这些参数，但是它们要么不常用到，要么存在其他更值得推荐的替代方式。prototype 为对象中的插槽提供默认值。更灵活的替代方式则是为函数 initialize ()编写一种新方法。validity 为该类中的对象提供检验合法性的方法。替代方式是使用 setValidity ()函数

下面的例子使用 prototype 给对象指定默认属性值。

```
#定义 S4 类 student，属性包括 name、age 和 GPA，默认值在 prototype 中列出
> setClass ("student",
          slots = list (name="character", age="numeric", GPA="numeric"),
          prototype = list (name=NA_character_, age=NA_real_, GPA=0)
          )
> getClass ("student")                    #读取类的定义
Class "student" [in ".GlobalEnv"]

Slots:

Name:        name       age       GPA
Class: character   numeric   numeric
```

用户借助函数 setClass ()正确地定义类的组成部分后，就能使用 new ()函数来创建一个新的对象。例如，如果还是要生成前面在 S3 类中用到过的 student，在 S4 类中可以按下面的方式实现。

```
> setClass ("student", slots=list(name="character", age="numeric",
 GPA="numeric"))
> s <- new ("student")
```

在 R 语言关于 S4 类的术语中，对象的属性变量叫作插槽（Slot）。定义一个类时，用户既需要指定类名，也需要设置类中的各个插槽，以及它们所属的类型。在上面的代码中，我们定义了一个叫“student”的类，该类具有三个插槽，分别是 name、age 和 GPA。

4.3.2　创建 S4 类对象

S4 类中使用 new ()函数来创建对象。

```
> #使用 new()创建一个对象
> #同时提供类名和插槽的值
> s <- new ("student",name="Li Lei", age=21, GPA=3.75)
> s
An object of class "student"
Slot "name":
[1] "Li Lei"
Slot "age":
[1] 21
Slot "GPA":
[1] 3.75
```

如果需要确定某个对象是否属于一个 S4 类，可以用函数 isS4 ()来检验。

```
> isS4 (s)
[1] TRUE
```

其实，函数 setClass ()返回的对象本身也是一个构造函数。这一构建函数（通常与类同名）自然就可被用于创建一个新对象。

```
> student <- setClass ("student", slots=list(name="character",
 age="numeric", GPA="numeric"))
> student                                   #不带括号，打印其内容
class generator function for class "student" from package '.GlobalEnv'
function (...)
new("student", ...)
```

现在就可以用这个构造函数来创建新对象了。前面示例中我们使用 new()来创建对象，实际上 new ()只是对构造函数的一种封装而已。

```
> #用构造函数 student()创建一个对象
> student (name="Li Lei", age=21, GPA=3.75)
An object of class "student"
Slot "name":
[1] "Li Lei"
Slot "age":
[1] 21
Slot "GPA":
[1] 3.75
```

4.3.3 访问插槽

在 R 语言中访问列表成员时，需使用符号“$”，由于 S3 类中的对象是用 list ()创建的，访问其属性也是采用同样的方式实现。S4 类中对象的插槽则需要使用符号“@”来访问。

```
> s@name
[1] "Li Lei"
> s@GPA
[1] 3.75
> s@age
[1] 21
```

可以通过重新赋值的方式直接改变一个插槽的值，例如：

```
> #修改 GPA
> s@GPA <- 3.7
> s
An object of class "student"
Slot "name":
[1] "Li Lei"
Slot "age":
[1] 21
Slot "GPA":
[1] 3.7
```

另外，还可以使用函数 slot ()来访问或修改插槽。

```
> slot (s,"name")                                    #访问插槽
[1] "Li Lei"
```

```
> slot (s,"name") <- "Han Mei"                    #为插槽赋值
> s
An object of class "student"
Slot "name":
[1] "Han Mei"
Slot "age":
[1] 21
Slot "GPA":
[1] 3.7
```

4.3.4 S4 类的泛型函数

和 S3 类的情况相似，S4 类中的方法也属于泛型函数，而不是类本身。如果想了解 S4 类能够使用哪些泛型函数，可以调用函数 showMethos ()来显示列表。

```
> showMethods()
Function: - (package base)
Function: != (package base)
...
Function: trigamma (package base)
Function: trunc (package base)
```

在交互模式中输入对象名，就会在控制台中显示对象的属性等内容。这一过程是通过与 S3 类中的 print ()相似的 show ()函数实现的。如果想判断一个函数是不是 S4 类的泛型函数，使用 isS4 ()可以达到这一目的。

```
> isS4 (print)
[1] FALSE
> isS4 (show)
[1] TRUE
```

此外，还可以通过函数 showMethods (show)列出泛型函数 show ()支持的具体方法。

```
> showMethods (show)
Function: show (package methods)
object="ANY"
object="classGeneratorFunction"
object="classRepresentation"
…
object="sourceEnvironment"
object="student"
```

```
    (inherited from: object="ANY")
object="traceable"
```

4.3.5 定义 S4 类的方法

和 S3 类的情况相似，可以通过调用 setMethod ()来编写自己的 S4 类方法。例如，我们可以为自己的类写一个方法 show ()。

```
setMethod ("show", "student",
   function (object)
   {
      cat (object@name, "\n")
      cat ("Age:", object@age, "years old\n")
      cat ("GPA:", object@GPA, "\n")
   }
)
```

定义好专用于“student”类的方法后，就可以在控制台中输入对象，看一看显示的结果有什么不同。

```
> s <- new ("student", name="Li Lei", age=21, GPA=3.75)
> s                                   #输入对象名等同于调用 show(s)
Li Lei
Age: 21 years old
GPA: 3.75
```

为 S4 类编写泛型函数与 S3 类中的方法相似，在此不再赘述。

4.4 引用类

毫无疑问，R 语言中的面向对象程序设计方法会引起一些读者的困惑。仔细比较 S3 类与 S4 类两种不同的体系，可以发现 S3 类是一种简单的轻量级方法，显得随意且不正式；S4 类已经具有了更正式的类的定义，提供了对接口与具体实现方法更好的分离，但是又有些僵化和繁琐。与 S3 类、S4 类这两种类体系不同，引用类则同时封装了状态与操作，使其更接近于其他面向对象程序设计语言中的类。

4.4.1 定义引用类

虽然引用类相较前两种类体系 S3 类和 S4 类引入更晚，本质上，引用类只是在 S4 类的基础上添加了一个环境，可以用引用方式传递对象，而无须像 S3 类与 S4 类两种那样通过复制返回对象。

和在 S4 类中使用 setClass ()来定义类的做法类似，在引用类中，最基本的定义类的句法形式如下：

```
setRefClass ("MyClass")
```

更完整的用法则是：

```
setRefClass (Class, fields = , contains = , methods =, where =, inheritPackage =, ...)
```

在 CRAN 的文档中对函数 setRefClass 的用法给出了具体的描述。表 4-3 仅对一些重要参数做出说明。

表 4-3　setRefClass ()的主要参数

参　数	说　明
Class	表示类名的字符串
fields	代表域名的字符向量，或者是域的名称标签列表
contains	该类的可选父类。如果父类也是引用类，那么新类会继承父类的域及父类专属的方法
methods	函数定义的名称标签列表，该类的对象可以调用这些函数。此外，也可以在返回的对象生成函数中调用$methods 方法创建
where	指定用来存储类的定义的环境

setRefClass ()函数以不可见的形式返回了一个适用于创建该类对象的构造函数。setRefClass ()函数调用时可以接受数量不限的参数，这些参数会被继续传递给初始化方法。

R 语言中的引用类与常见的其他面向对象程序设计语言（如 Java、C++）中的普通类非常相像，方法与属性一样被封装起来，都属于类本身。但是在 R 内部，引用类是使用 S4 类实现的，在类中增加了环境。类如果需要成员变量，这些变量在定义类时需要被包括进去。引用类中的成员变量叫作域，这些成员变量在 S4 类中则被称为插槽。

下面还是用 student 类来举例，在该类中包括了三个域，即 name、age 和 GPA：

```
> setRefClass ("student", fields = list (name = "character", age =
 "numeric", GPA = "numeric"))
```

4.4.2　创建引用类对象

可以使用函数 setRefClass ()返回的生成函数来创建引用类中的一个对象。

```
> student <- setRefClass ("student",
                          fields = list (name = "character", age =
                          "numeric", GPA = "numeric"))
> #构造函数 student ()现在就可用于创建新的对象
> s <- student (name = "Li Lei", age = 21, GPA = 3.75)
```

```
> s
Reference class object of class "student"
Field "name":
[1] "Li Lei"
Field "age":
[1] 21
Field "GPA":
[1] 3.75
```

4.4.3 访问与修改引用类对象的域

在引用类中使用操作符“$”访问对象中的域。

```
> s$name
[1] "Li Lei"
> s$age
[1] 21
> s$GPA
[1] 3.75
```

如果对一个域重新赋值，就可以做出对域的修改。

```
> s$name <- "Han Mei"
> s
Reference class object of class "student"
Field "name":
[1] "Han Mei"
Field "age":
[1] 21
Field "GPA":
[1] 3.75
```

现在说明一下引用类和普通变量在赋值时的区别。

在 R 程序中，在给新的变量赋值或给函数传递参数时，对象被完整地复制过去。例如：

```
> #创建列表 a 并将其赋给 b
> a <- list ("x" = 1, "y" = 2)
> b <- a
> #修改 b
> b$y <- 3
> #a 不受影响
```

```
> a
$x
[1] 1
$y
[1] 2
> #只有 b 被修改
> b
$x
[1] 1
$y
[1] 3
```

然而，对于引用类的对象却并非如此。在内存中只存在一份引用类的对象，而其他变量引用的是同一份复制品，所有引用类的变量都可以看到对该对象的引用。这就是引用类得名的缘由。

```
> #创建引用对象 a 并把它赋给 b
> a <- student (name = "Wang Dali", age = 21, GPA = 3.5)
> b <- a
> #修改 b
> b$name <- "Zhang Hong"
> #a 和 b 同时被修改
> a
Reference class object of class "student"
Field "name":
[1] "Zhang Hong"
Field "age":
[1] 21
Field "GPA":
[1] 3.5
> b
Reference class object of class "student"
Field "name":
[1] "Zhang Hong"
Field "age":
[1] 21
Field "GPA":
[1] 3.5
```

不过，因为对象与其引用之间缺乏独立性，如果操作不慎也可能引发一些不希望看到的问题，比如发生对某些值的无意修改。在使用引用类时需要特别留意哪些值的变化会引起其他值同样的变化。为了避免无法恢复被修改的数据，有时要预先保留数据的拷贝。如果需要保证两个引用对象的修改不互相影响，可以使用 copy ()的方法，而非直接赋值。来看下面这个示例。

```
> #创建引用对象 a 并把 a 的拷贝赋给 b
> a <- student (name = "Wang Dali", age = 21, GPA = 3.5)
> b <- a$copy ()
> #修改 b
> b$name <- "Zhang Hong"
> #a 没有受到影响
> a
Reference class object of class "student"
Field "name":
[1] "Wang Dali"
Field "age":
[1] 21
Field "GPA":
[1] 3.5
> #只有 b 被修改
> b
Reference class object of class "student"
Field "name":
[1] "Zhang Hong"
Field "age":
[1] 21
Field "GPA":
[1] 3.5
```

4.4.4 引用类的方法

在引用类中的方法是专为该类定义的，而不是像 S3 类或 S4 类那样为泛型函数而定义。所有的引用类都带有一些继承自父类 envRefClass 的预定义方法。

```
> student
Generator for class "student":
Class fields:
Name:       name       age       GPA
Class: character   numeric   numeric
Class Methods:
"callSuper", "copy", "export", "field", "getClass", "getRefClass",
```

```
"import", "initFields", "show", "trace", "untrace", "usingMethods"
Reference Superclasses:
"envRefClass"
```

我们知道，上面列出的诸如 copy ()、field ()和 show ()等方法都来源于父类。当然，用户还可以按照需要为引用类创建自己的方法。在定义类时，通过把含有函数定义的列表作为参数传递给 setRefClass ()就能实现方法的定义。

```
#定义类时，除了设置属性，还可以定义方法
student <- setRefClass ("student",
             fields = list (name = "character", age = "numeric", GPA =
                          "numeric"),
             methods = list (
                         inc_age = function(x)
                         {
                           age <<- age + x
                         },
                         dec_age = function(x)
                         {
                           age <<- age - x
                         }
                       )
             )
```

现在，在控制台中检查一下“student”类的内容。

```
> getClass ("student")
Reference Class "student":

Class fields:

Name:       name       age       GPA
Class: character   numeric   numeric

Class Methods:
    "dec_age", "inc_age", "field", "trace", "getRefClass", "initFields",
    "copy", "callSuper", ".objectPackage", "export", "untrace", "getClass",

    "show", "usingMethods", ".objectParent", "import"

Reference Superclasses:
    "envRefClass"
```

在上面的代码中，分别定义了名为 inc_age ()和 dec_age ()的两种方法，这两种方法用于修改域 age 的值。需要指出的是，这里用到了全局赋值符号<<-，因为域 age 并不位于方法的本地环境中。这一点非常重要：如果使用普通的赋值符号<-，则只会创建一个局部变量，尽管变量名仍是 age，但并非我们期望的属性。这种情况下，R 会发出警告信息。

运行一下刚才定义的方法，就会得到下面的结果：

```
> s <- student (name = "Wang Dali", age = 21, GPA = 3.5)
> s$inc_age (5)                    #调用类的方法
> s$age
[1] 26
> s$dec_age (10)                   #调用类的方法
> s$age
[1] 16
```

4.5 继承

本节我们将介绍在 R 中如何使用继承，具体而言，就是在 S3 类、S4 类和引用类中有效地创建并使用继承。继承是面向对象程序设计思想中的核心概念和关键特征之一，允许用户利用现成的类来定义新的类。简单地说，继承就是通过在已经存在的基类（也称父类）的基础上添加新的特征来派生出新的类（子类）。一组存在继承关系的类组成了树状的层次结构，从基类中继承而来的属性会自动出现在派生类中。同样，基类中的方法在派生类中仍然可以使用。这样就无须从头编写一个新类，继承因此提供了代码的可重用性。继承使新的类能够在原有类的基础上添加不同的属性与方法，让软件具有了扩展性。

R 语言提供的 3 种类体系，都支持类之间的继承关系。

4.5.1 S3 类中的继承

S3 类缺乏固定的定义，对象可以具有任意多的自定义属性。但是，其方法并非如此。派生类继承了基类所定义的全部方法。假定我们定义了如下的一个函数为 student 类创建新的对象。

```
student <- function(n,a,g)
{
   value <- list (name=n, age=a, GPA=g)
   attr (value, "class") <- "student"
   value
}
```

接下来我们又为泛型函数 print ()定义了方法。

```
print.student <- function(obj)
{
   cat(obj$name, "\n")
   cat(obj$age, "years old\n")
   cat("GPA:", obj$GPA, "\n")
}
```

为了说明继承关系，我们创建一个从 student 类继承而来的类 InternationalStudent 的对象。使用 class (obj) <– c (child, parent)给代表类名的字符向量赋值，就可以完成这样的目的。

```
> #创建一个列表
> s <- list (name="Li Lei", age=21, GPA=3.75, country="China")
> #将其设置成一个从 student 类中派生出来的类 InternationalStudent
> class(s) <- c ("InternationalStudent","student")
> #打印对象内容
> s
Li Lei
Age: 21 years old
GPA: 3.75
```

在上面的例子中，我们还没有定义 print.InternationalStudent()，因此显示对象内容时调用的是 print.student ()，一个从基类 student 继承过来的方法。下面来定义 print.InternationalStudent ()。

```
print.InternationalStudent <- function(obj)
{
   cat (obj$name, "is from", obj$country, "\n")
}
```

这个新的函数会覆盖掉父类的方法。

```
> s
Li Lei is from China
```

用户可以用函数 inherits () 或 is ()来确定类之间的继承关系，例如：

```
> inherits (s,"student")                #判断对象 s 是否继承了 student 类
[1] TRUE
> is (s,"student")                      #判断对象 s 是否属于 student 类
[1] TRUE
```

4.5.2　S4 类中的继承

在 S4 类中，类获得了更完整的定义，因此派生类不仅可以从基类中继承方法，还可以

继承其属性。现在，我们再来重新定义一下 student 类，并且为这个类改写泛型函数 show ()。

```
#定义一个叫 student 的类
setClass ("student",
slots=list (name="character", age="numeric", GPA="numeric")
           )
#为该类定义一个泛型函数 show()方法
setMethod ("show",
           "student",
           function(object)
           {
              cat(object@name, "\n")
              cat("Age:",object@age, "years old\n")
              cat("GPA:", object@GPA, "\n")
           }
      )
```

在派生类的定义中给 contains 加上适当的参数，一个基类的名字，就实现了对这个基类的继承。仍以派生于 student 的 InternationalStudent 为例。

```
#继承自 student
setClass ( "InternationalStudent",
            slots = list(country="character"),
            contains="student"
          )
```

上面的示例仅仅增加了一条属性 country，其余的属性则继承自基类。

```
> s <- new ("InternationalStudent",name="Li Lei", age=21, GPA=3.75,
country="China")
> show (s)
Li Lei
Age: 21 years old
GPA: 3.75
```

可以发现，刚才调用 show ()时使用的实际上是为基类 student 所定义的方法。如果想专门为派生类定义自己的方法，覆盖掉基类的方法，其做法与在 S3 类系统中使用过的做法类似。

4.5.3 引用类中的继承

引用类中的继承与 S4 类中的继承非常类似，我们只需要在定义类时给 contains 设好合适的参数,也就是派生来源于哪一个基类即可。仍以包括了 inc_age ()和 dec_age ()两种方法的 student 引用类为例，InternationalStudent 从 student 类中继承而来，此外，还需要覆盖掉原先的 dec_age ()方法，加上完整性检查，以确保年龄不会小于 0。

```
InternationalStudent <- setRefClass ("InternationalStudent",
    fields=list(country="character"),
    contains="student",
    methods=list (
       dec_age = function(x)
       {
           if((age - x) < 0)              #如果年龄小于 0，不修改 age
               stop ("Age cannot be negative")
           age <<- age - x
       }
   )
)
```

现在就可以测试一下：

```
> s <- InternationalStudent (name="Jean Francois", age=21, GPA=3.6,
 country="France")
> s$dec_age (5)
> s$age
[1] 16
> s$dec_age (20)
Error in s$dec_age(20) : Age cannot be negative
> s$age
[1] 16
```

用这种方式，就实现了对父类的继承。

4.5.4　多重继承

面向对象方法中的多重继承指的是同一个子类可以同时继承两个或两个以上的基类中的属性与方法。这对软件复用而言是一个非常灵活、高效的机制。S4 类的函数 setClass () 和引用类的 setRefClass ()都提供了“conatins =”形式的参数，在参数中增加不同的父类的名字就可以实现多重继承。例如，在下面的 S4 类中，我们让一个新类“R User”继承两个已定义的父类——Programmer 和 Statistician，这样新类中就同时继承了这两个父类的属性与方法。

```
setClass ("R User",
```

```
    contains=c ("Programmer","Statistician"))
    setMethod (
    "talent",
    signature ("R User"),
    function(object) {
        paste ("Codes in",paste (object@language, collapse=", "),
               "for", object@boss@name)
    }
)


ll <- new("R User",
  name="Li Lei",
  age=21,
  boss=new ("Person", name="The Man"),
  salary=2L,
  language=c ("Java", "R", "Python", "C"))
```

现在试一下 talent ()方法：

```
> talent(ll)
[1] "Codes in Java, R, Python, C for The Man"
```

通过封装、多态和继承，面向对象的方法可以帮助用户设计出更好的 R 语言程序，以解决实际中可能遇到的复杂问题。

习　题

4-1　执行下列语句：

```
x <-  c( 1, 2, 3)
y <- c (1,2,3) <= 3
```

对象 x 和 y 的类分别是什么？如果执行下列语句，会产生什么效果？

```
class (x) <- class (y)
```

4-2　设计一个 S3 类 report.card，包含的属性分别是：姓名、学号、课程名称、学分、成绩。其中，姓名和学号分别使用字符型和整数型变量，其余属性则分别是长度相等的字符型、整数型和浮点数型向量。给该类设计一个函数 mean ()，求出加权平均成绩。创建若干对象，计算这些对象的加权平均成绩。

4-3　执行下面的代码，分析其执行过程和结果，为代码加上注释。

```
install.packages ("pryr")
library ("pryr")
library ("methods")
objs <- mget (ls ("package:base"), inherits = TRUE)
funs <- Filter(is.function, objs)
generics <- Filter (function(x) ("generic" %in% pryr::ftype(x)), funs)
sort (lengths (sapply (names (generics), function(x) methods(x), USE.NAMES
= TRUE)),
  decreasing = TRUE)
```

4-4　如何在 R 语言的 base 包中找出所有的泛型函数?

4-5　定义一个新的 S4 类，如果设置参数不继承任何其他类，会发生什么?

4-6　用 S4 类实现题 4-2 中的要求。

4-7　针对题 4-2 中的要求，设计一个引用类，用类中定义的方法 get.average ()计算并返回加权平均成绩。编写代码，并创建引用类的对象对代码进行测试。

4-8　在 R 语言中，R6 包实现了面向对象编程的典型封装，由于不再依赖 S4 类，与引用类相比更为高效。下载、安装 R6 包，用 library (R6)加载该包，并使用帮助系统学习 R6Class 的用法。实现 4-7 中的要求，设置 private 域 average 保存加权平均成绩，用 set.average ()和 get.average ()计算并访问回权平均成绩，创建对象并测试结果。

4-9　R 有两个表示日期和时间的类，分别是 POSIXct 和 POSIXlt，同时都继承了基类 POSIXt。如何知道哪些泛型函数对这两个类有不同的行为?

5

第 5 章 数据结构与数据处理

Errors using inadequate data are much less than those using no data at all.

——Charles Babbage

数据科学所需处理的数据有着丰富的来源。例如，在制造业中，各种传感器会不间断地采集生产过程和设备运行状态的数据；在金融证券市场中，每一秒都会产生巨量的交易数据；在通信网络中，随时都会有数量庞大的数据报文在各个信道上传输，或者在网络设备上缓存；在互联网中，用户也在自发地生成不可计数的文本、图像、视频以及与各种应用协议有关的数据。就连我们作为智能手机的普通用户也在默默地贡献着数据——GPS 定时刷新位置信息，浏览器记录浏览历史数据，收发的每一条消息、每一次使用 App 的情况，在不知不觉中这些数据都可能被上传到不同的服务器。在真实世界中，这些数据无疑蕴藏着巨大的财富，但是人们能否发现数据中的价值，则需要依赖计算机、网络、存储设备的处理能力，更需要数据科学理论、方法与工具的发展。R 语言具有强大的数据处理功能，支持多种数据结构，其中列表和数据框可以将不同数据类型的数据统一在一个对象内，而特殊的索引结构又可以让用户灵活地筛选所需的数据。在缺乏中心化的协调机制时，数据质量难以保障。为了从原始数据中得到能够支持数据建模算法的部分，R 语言提供了众多用于探索数据和清理数据的函数，R 语言具有独特的处理数据优势。

本章首先在第 2 章的基础上进一步介绍 R 语言支持的几种主要数据结构，包括向量、矩阵、数组、数据框、列表和因子，以及定义在这些数据结构上的一些运算。然后，将讨论数据科学中非常关键的环节，即从数据文件中导入数据，以及将数据保存到文件。针对数据质量不可靠的问题，如存在缺失数据的情况，可以使用 R 语言提供的数据清洗技术加以解决。本章讨论的上述问题是后续章节的重要基础，有些问题在以后遇到时还会再次说明。

本章的主要内容包括：

（1）R 语言主要的数据结构；

（2）数据文件的读写；

（3）数据清洗技术。

5.1　向量

向量（Vector）是 R 语言最基本的数据结构，也叫作不可再分的原子结构。在前面的内容中其实已经多次用到了向量，并进行了简要介绍，本节将详细讨论向量的一些特性和用法。

5.1.1　创建向量

在 2.1 节中我们已经介绍过使用赋值、c ()函数、符号“:”创建向量的方法，下面再介绍使用函数 seq ()和 rep ()创建向量的方法。

1. 用 seq ()函数创建向量

seq ()函数可以方便地生成等差序列，seq 由单词 sequence 简化而来。一般使用格式为：

```
seq (from = 1, to = 10, by = ((to - from)/(length.out - 1)), length.out = NULL)
```

其中，from 和 to 指定起始和结束数字，by 指定步长，length.out 则指定输出向量的长度。例如，生成 0～1，步长为 0.1 的向量可使用如下语句：

```
> seq (from = 0, to = 1, by = 0.1)
 [1] 0.0 0.1 0.2 0.3 0.4 0.5 0.6 0.7 0.8 0.9 1.0
> seq (0, 1, length.out = 11)
 [1] 0.0 0.1 0.2 0.3 0.4 0.5 0.6 0.7 0.8 0.9 1.0
> #注意避免如下错误，虽然数学上它是完美的，但 R 依然认为调用函数时提供了太多参数
> seq( from = 0, to = 1, by = 0.1, length.out = 11)
Error in seq.default(from = 0, to = 1, by = 0.1, length.out = 11) :
  太多参数
> #下面这三种写法依然能得到与上面相同的向量
> seq (from = 0, by = 0.1, length.out = 11)
> seq (to = 1, by = 0.1, length.out = 11)
> seq (from = 0, to = 1, length.out = 11)
```

2. 用 rep ()函数创建向量

rep ()（rep 由 repeat 简化而来）函数可以方便地将某一向量重复若干次组成一个新的向量，其使用格式为：rep (x, times)，即把向量 x 重复 times 次组成新向量。例如：

```
> x <- rep (3, 3)                    #3 重复 3 次
> x
[1] 3 3 3
> rep (x, 3)                         #向量 x 重复 3 次
```

```
[1] 3 3 3 3 3 3 3 3 3 3
> rep (c('a', 'b'), 2)              #字符型向量重复 2 次
[1] "a" "b" "a" "b"
```

rep ()函数还有一个可选参数 each，它指定向量 x 中每个元素重复的次数，效果如下：

```
> rep (1:3, each = 2)               #注意是元素重复，不是向量重复
[1] 1 1 2 2 3 3
```

5.1.2 使用索引访问向量元素

在 2.1 中，我们使用正整数索引（浮点数将直接截取整数部分的值，作为索引）可将某一向量中特定位置的元素取出构成子向量，其实也可用负整数索引表示排除向量中的某些元素。索引的使用格式为：向量 1[向量 2]，若向量 2 中的元素全为正整数，则返回结果为向量 1 中索引值为向量 2 的元素。

```
> my_vec <- 1:10                    #用“:”创建向量
> my_vec
 [1]  1  2  3  4  5  6  7  8  9 10
> my_vec[c(1, 5, 7, 19)]            #取给定索引的元素，超出范围会导致 NA
[1]  1  5  7 NA
> my_vec[4:8]
[1] 4 5 6 7 8
```

使用负数索引会得到将该索引对应的元素去除后的新向量，但原向量中的元素并不会被删除。负数索引与获取向量长度的函数 length 相结合会得到更丰富的向量操作，如删除向量的后 *n* 个元素。

```
> my_vec <- 2:11                    #初始化为 2～11 的整型数向量
> my_vec
 [1]  2  3  4  5  6  7  8  9 10 11
> my_vec[c(-8, -9, -10)]            #不显示索引为 8、9、10 的元素，不是数字 8、9、10
[1] 2 3 4 5 6 7 8
> my_vec[-3:-1]                     #元素 9、10、11 被保留，说明原数组 my_vec 未被改动
[1]  5  6  7  8  9 10 11
> my_vec[c(1, -2)]                  #注意不要正负混用
Error in my_vec[c(1, -2)] :
  only 0's may be mixed with negative subscripts
> #删除 my_vec 后的 5 个元素（首先要保证 my_vec 长度大于 5，可使用 if 语句判断）
> my_vec <- my_vec[-(length(my_vec) - 5+1) : -length(my_vec)]
> my_vec                            #赋值使向量发生了变化
[1] 2 3 4 5 6
```

如果使用逻辑型索引，则会提取向量中索引为 TRUE 的元素组成新的向量。

```
> my_vec <- 1:5; my_vec            #初始化向量
[1] 1 2 3 4 5
> my_vec[c(T, T, F, T, F)]         #提取索引为 TRUE 的元素，未赋值，所以原向量不会改变
[1] 1 2 4
```

当然，我们还可以使用索引来修改向量中的元素。值得注意的是，若添加元素的位置超过了向量的长度，则向量会用 NA 值将长度扩大到指定的添加元素的位置。

```
> my_vec <- 1:6
> my_vec
[1] 1 2 3 4 5 6
> my_vec[3] <- 33                  #利用索引修改向量元素值
> my_vec
[1]  1  2 33  4  5  6
> #原 my_vec 向量长度为 6，若要为 my_vec 第 10 个位置赋值 10，可以使用如下方式
> my_vec[10] <- 10
> my_vec
 [1]  1  2 33  4  5  6 NA NA NA 10
> length(my_vec)                   #可看到：尽管存在缺失值，向量长度还是被扩展到 10
[1] 10
```

若要往向量中添加元素，可使用 append 函数来完成，也可使用索引和 c ()函数来手动实现。

```
> my_vec <- 1:6
> #在整数型向量中添加一个 double 型元素，会将向量中其他元素强制转换类型为 double
> #在 my_vec 向量第 3 个元素后添加 double 值 3.5
> my_vec <- c (my_vec[1:3], 3.5, my_vec[4:length(my_vec)])
> my_vec
[1] 1.0 2.0 3.0 3.5 4.0 5.0 6.0
> #使用 append 函数在 my_vec 向量第 3 个元素后插入字符'a'，向量类型改变为字符型
> append (my_vec, 'a', after = 3)
[1] "1"   "2"   "3"   "a"   "3.5" "4"   "5"   "6"
```

5.1.3　循环补齐

R 语言的向量之间可以进行运算，如简单的加法计算会将两向量对应位置的每一个元素相加得到一个新的向量。直观地看，若要进行合法的向量运算，最基本的要求是两个向量的长度必须相等。但在 R 语言中，若两个向量的长度不一致，R 解释器会自动将较短向量

循环补齐，直到与较长向量等长后再进行运算。

```
> c (1, 2, 3) + c (1, 2, 3, 4, 5, 6, 7)          #两个向量长度不同，如何相加?
[1] 2 4 6 5 7 9 8
Warning message:
In c(1, 2, 3) + c(1, 2, 3, 4, 5, 6, 7) :
  longer object length is not a multiple of shorter object length
```

上例中两向量相加的运算在实际执行时，等价于如下语句。但是由于较长向量的长度不是较短向量长度的整数倍，不能恰好用循环方式补齐，所以出现了警告提示信息。

```
> c (1, 2, 3, 1, 2, 3, 1) + c (1, 2, 3, 4, 5, 6, 7)
[1] 2 4 6 5 7 9 8
```

5.1.4 向量的比较

要比较两个向量是否相等，以前接触过其他编程语言的读者最先想到的可能是使用“==”符号。但实际上，“==”符号会将两向量所有索引相等的元素各做一次比较然后输出结果向量。例如：

```
> c(1, 2, 3) == c(1, 3, 2)                         #元素间的比较
[1]  TRUE FALSE FALSE
> c(3, 2, 1) > c(1, 2, 3)
[1]  TRUE FALSE FALSE
```

若只希望看到两向量是否是数学意义上的相等，使用“==”显然并不能得到我们希望看到的结果。而 identical ()函数可以帮助我们解决这一问题。

```
> v1 <- c(1, 2, 3); v2 <- c(1, 3, 2); v3 <- c(1, 2, 3)
> identical(v1, v2); identical(v1, v3)            #判断全等关系
[1] FALSE
[1] TRUE
```

identical 要求所比较的对象严格相等时才会返回 TRUE，否则会返回 FALSE。由于计算机在处理 double 型数据时会产生误差，使用 identical()函数或“==”运算符可能会得到意想不到的结果。使用 all.equal()函数则可避免计算误差导致的异常结果，它还会额外返回比较对象之间差异的描述，当比较对象“近似相等”时返回 TRUE。

```
> 0.9 + 0.2 == 1.1; 1.1 - 0.2 == 0.9
[1] TRUE
[1] FALSE
> identical(1.1 - 0.2, 0.9)              #计算误差会导致异常结果
```

```
[1] FALSE
> all.equal(1.1 - 0.2, 0.9)            #近似相等关系
[1] TRUE
> all.equal(1.1 - 0.2, 0.5)
[1] "Mean relative difference: 0.4444444"
```

any ()和 all ()函数分别指出其参数向量至少有一个或全部为 TRUE。使用这两个函数能实现更丰富的向量比较操作。例如：

```
> v1 <- 1:5; v2 <- 3:7
> v1 > 3
[1] FALSE FALSE FALSE TRUE  TRUE
> any(v1 > 3); all(v2 < 7)             #v1 中是否有大于 3 的元素,v2 中的元素是否全小于 7
[1] TRUE
[1] FALSE
```

上例中 v1 > 3 这条语句，v1 是长度为 5 的向量，R 解释器会先将 3 循环补齐至与 v1 等长后再进行比较，结果为逻辑型向量。

5.1.5　按条件提取元素

分析一个简单的例子。

```
> v1 <- -3:3; v1                       #初始化为-3～3 的整型向量
[1] -3 -2 -1  0  1  2  3
> v2 <- v1[v1 * v1 > 5]; v2            #若元素的平方>5，则赋给 v2
[1] -3  3
> v1 * v1 > 5                          #元素之间相乘
[1]  TRUE FALSE FALSE FALSE FALSE FALSE  TRUE
```

熟悉线性代数的读者肯定知道，以上运算 v1 * v1 不是矩阵运算。R 语言中的“*”是将向量中对应位置的元素相乘组成新向量。矩阵乘法的运算符在下一小节进行说明。v1 * v1 > 5 得到的逻辑型向量作为 v1 的索引值，通过索引值判断是否向新向量 v2 赋值。以上这个简单的例子取出了 v1 中平方运算后大于 5 的元素组成新向量 v2。

筛选向量中的元素离不开向量索引的使用。如前所述，向量索引可以是整数（浮点数会直接截取整数部分作索引）也可以是逻辑型的向量。我们可以通过向量运算（数值计算或逻辑比较）生成索引向量，实现灵活的向量元素筛选操作。

5.2　矩阵与数组

矩阵（Matrix）是一种特殊的向量，与 5.1 节描述的普通一维向量相比，矩阵包含两个

附加的属性：行数和列数。因为矩阵内的元素必须属于同一种基本的数据类型，所以矩阵也有类型的概念，如字符型矩阵、数值型矩阵。矩阵是维度限定为 2 的数组（Array），数组与矩阵类似，但其维数更具有一般性。

矩阵是线性代数中的常见工具，也常见于统计分析等应用数学学科中，在电路学、力学、光学、计算机科学等众多领域也有十分广泛的应用。R 语言的强大之处就在于它支持丰富且方便的矩阵运算。本节主要描述 R 语言中的基本矩阵运算。

5.2.1 创建矩阵

矩阵是一种特殊的向量，而事实上在 R 语言中它也作为向量来存储。此外，用户可以为向量添加维度属性信息将其转换为矩阵。

```
> y <- 1:10                                   #初始化为向量
> dim (y) <- c (2, 5)                         #设置维度为 2 行 5 列
> y
     [,1] [,2] [,3] [,4] [,5]
[1,]    1    3    5    7    9
[2,]    2    4    6    8   10
> class (y)                                   #显示对象的类
[1] "matrix"
```

更常用的创建矩阵的方法是使用前文介绍过的 matrix 函数，其基本句法为：

```
matrix (data = NA, nrow = 1, ncol = 1, byrow = FALSE, dimnames = NULL)
注意，默认情况下矩阵中的数值是按列填充的。
> #指定行数，R 会自动计算列数，按行填充
> mat <- matrix (c(1,2,3,11,12,13), nrow = 2, byrow = TRUE,
+                dimnames = list (c ("row1", "row2"),
+                                 c ("C.1", "C.2", "C.3")))
> mat                                         #显示时加上了行和列的标签
     C.1 C.2 C.3
row1   1   2   3
row2  11  12  13
```

前面提到过，当表达式在语句结构上不完整时，按下 Enter 键，R 会认为表达式将会在下一行继续。此时 R 会将正常等待输入命令的提示符“>”改为连接符“+”。若我们在写 R 语句时忘记一个括号，那么就会出现这种状况。此时，按下 Esc 键可以撤销对此 R 语句的键入。在创建矩阵时，如果参数 data 中提供的数据与行列的维度信息相比不足，则会使用循环补齐的方法。

```
> mat <- matrix (1:2, nrow=2, ncol=3)
> mat                                         #只提供了 1 列的数据，其余的循环补齐
```

```
     [,1] [,2] [,3]
[1,]    1    1    1
[2,]    2    2    2
```

可使用 diag ()函数创建对角矩阵。单位矩阵是一种特殊的对角矩阵，也可用 diag ()函数来创建。具体用法参见下例。

```
> x <- 1:3; diag(x)                    #对角矩阵
     [,1] [,2] [,3]
[1,]    1    0    0
[2,]    0    2    0
[3,]    0    0    3
> e <- rep(1, 3); diag(e)              #单位矩阵
     [,1] [,2] [,3]
[1,]    1    0    0
[2,]    0    1    0
[3,]    0    0    1
```

另外，也可以使用已有的矩阵或向量来构建新的矩阵。具体来说，可以分别使用 rbind () 和 cbind ()函数按行及按列将向量或矩阵绑定在一起。

```
> #按行连接两个向量
> mat1 <- rbind (A = 1:3, B = 4:6); mat1
  [,1] [,2] [,3]
A    1    2    3
B    4    5    6
> #按列连接成矩阵
> mat2 <- cbind (mat1, cbind(c(11, 12), c(13, 14))); mat2
  [,1] [,2] [,3] [,4] [,5]
A    1    2    3   11   13
B    4    5    6   12   14
```

5.2.2　线性代数运算

常见的矩阵运算，如矩阵乘法、矩阵加法、常数乘矩阵、矩阵转置、矩阵求逆，对方阵求行列式等，都可以在 R 中方便地实现。

矩阵乘法运算符为“%*%”，若使用单独的“*”，得到的矩阵为对应位置元素依次相乘的结果矩阵。所以“*”运算符用于两矩阵时，要求两矩阵维数相同。

```
> mat1 <- matrix(c(1:6), nrow = 3)
> mat2 <- matrix(c(11:16), nrow = 2)
```

```
> #使用dim()函数可得到矩阵的维数
> dim(mat1); dim(mat2)
[1] 3 2
[1] 2 3
> mat1 %*% mat2                              #矩阵乘法
     [,1] [,2] [,3]
[1,]   59   69   79
[2,]   82   96  110
[3,]  105  123  141
> #常数乘矩阵，*表示矩阵对应位置相乘
> #这里会将 2 按列循环补齐至与 mat1 维数相同后再进行运算
> 2 * mat1
     [,1] [,2]
[1,]    2    8
[2,]    4   10
[3,]    6   12
> t(mat1)                                    #矩阵转置
     [,1] [,2] [,3]
[1,]    1    2    3
[2,]    4    5    6
> mat3 <- matrix(1:4, 2); mat3
     [,1] [,2]
[1,]    1    3
[2,]    2    4
> #solve()函数可用于求逆矩阵，逆矩阵与原矩阵相乘为单位矩阵
> solve(mat3) %*% mat3
     [,1] [,2]
[1,]    1    0
[2,]    0    1
> #det()函数用来求方阵的行列式值
> det(mat3)
[1] -2
```

由于在数据分析与处理中矩阵的重要性，R 提供了许多用于矩阵计算的函数。例如，我们可以用 eigen ()函数来计算方阵的特征值与特征向量，用 svd ()函数来做奇异值分解等。从下面给出的例子可以看出，eigen ()函数以列表的方式返回特征值分解的结果。如果使用变量赋值的方法，我们就可以利用这些结果去执行后续的工作。

```
> mat <- matrix (1:9, 3)
> eigen (mat)                                #特征值分解
```

```
eigen() decomposition
$values
[1]  1.611684e+01 -1.116844e+00 -4.054214e-16

$vectors
           [,1]       [,2]       [,3]
[1,] -0.4645473 -0.8829060  0.4082483
[2,] -0.5707955 -0.2395204 -0.8164966
[3,] -0.6770438  0.4038651  0.4082483
```

与矩阵运算有关的函数在此无法一一详述，读者需要时可以通过查阅 CRAN 文档了解更多矩阵运算函数用法的细节。

5.2.3　使用矩阵索引

使用索引访问矩阵元素是矩阵最基本的操作之一。不同于向量的一维结构，二维的矩阵需要用 [行号，列号] 两个索引值来访问矩阵元素。如果省略了列号或行号，可以访问由另一个索引指定的一个矩阵元素的子集，即某几行或某几列，也可以访问矩阵所有行或所有列的元素。

```
> #使用 1～6 的整数，按行顺序创建两行的矩阵
> mat <- matrix(1:6, 2, byrow = T); mat
> mat[,2:3]                        #取矩阵 mat 的第 2、3 列
     [,1] [,2]
[1,]    2    3
[2,]    5    6
> mat[,]                           #行、列索引都省略，返回整个矩阵
     [,1] [,2] [,3]
[1,]    1    2    3
[2,]    4    5    6
> #可以直接对子矩阵赋值，修改原矩阵的元素
> mat[,2:3] <- c(11, 12, 13, 14); mat
     [,1] [,2] [,3]
[1,]    1   11   13
[2,]    4   12   14
```

使用负值索引可以排除矩阵中对应索引行、列的元素。

```
> mat <- matrix (1:9, 3); mat      #创建矩阵并显示
     [,1] [,2] [,3]
[1,]    1    4    7
```

```
[2,]    2    5    8
[3,]    3    6    9
> #下面将不显示 mat 中第 2 行和第 2 列的所有元素，而不仅是去掉第 2 行第 2 列的元素 5
> #因为没有对 mat 重新赋值，矩阵本身并未改变
> mat[-2, -2]; mat[2, 2]
     [,1] [,2]
[1,]    1    7
[2,]    3    9
[1] 5
```

类似 5.1 节中使用索引来提取向量中的元素，我们可以使用类似的方法来筛选矩阵中的元素，这里就不再重复说明。

5.2.4 apply 函数族

apply 函数族是 R 中使用十分广泛的一系列函数，包括 apply ()、lapply ()、tapply ()、sapply ()等。这里主要介绍 apply ()函数在矩阵中的用法。apply ()函数会把一个函数同时作用于一个矩阵中的一个维度，然后把返回值存储在一个向量中。其基本用法为：apply (X, MARGIN, fun)。其中 X 是一个矩阵；MARGIN 是维度编号，取值为 1 表示对每一行应用函数，取值为 2 则表示对每一列应用函数；fun 是应用在每一行或列上的函数。

例如，对矩阵 mat 的每一行求和，对每一列求均值。

```
> mat <- matrix(1:9, nrow = 3); mat        #创建一个矩阵并显示
     [,1] [,2] [,3]
[1,]    1    4    7
[2,]    2    5    8
[3,]    3    6    9
> 分别先按行求和，再按列求均值
> apply(mat, 1, sum); apply(mat, 2, mean)
[1] 12 15 18
[1] 2 5 8
```

当然，apply ()函数中的 fun 参数也可以自定义。

```
> f <- function(x) x - 1                   #自定义函数 f，将 x 中的元素值减少 1
> mat <- matrix(1:6, 3); mat               #矩阵赋初值
     [,1] [,2]
[1,]    1    4
[2,]    2    5
[3,]    3    6
> f(mat)
```

```
     [,1] [,2]
[1,]    0    3
[2,]    1    4
[3,]    2    5
> apply (mat, 1, f)
     [,1] [,2] [,3]
[1,]    0    1    2
[2,]    3    4    5
```

上例中的 apply ()函数返回的结果是一个 2 × 3 的矩阵，而不是初始的 3 × 2 的矩阵。对 mat 矩阵中的每一行的元素调用 apply ()函数的结果按列排放得到最终结果矩阵，这恰是 apply ()函数的一个特点。若传入 apply ()中的 fun ()函数的返回值是一个含有 *n* 个元素的向量，那么 apply ()函数执行的结果就有 *n* 行。

5.2.5　多维数组

数组的结构与矩阵类似，但其维度可以大于 2，所以能包含更多层次的信息。例如，统计学生的成绩时我们需要一个姓名×课程的二维矩阵，此时再添加一个代表学期信息的维度，则可表示更立体化的不同学期的学生成绩。一般使用 array ()函数来创建数组，基本句法如下：

```
array (data = NA, dim = length(data), dimnames = NULL)
```

其中，data 为数组中的数据来源；dim 为一个数值型向量，表示数组的维度信息；dimnames 是可选参数，给出各维度的名称标签。以下是一个创建数组的简单例子：

```
> dim1 <- c ('Tom', 'Bob')
> dim2 <- c ('Math', 'Chemistry', 'Physics')
> dim3 <- c ('semester one', 'semester two')
> array(1:12, c(2, 3, 2), dimnames = list(dim1, dim2, dim3))
, , semester one

    Math Chemistry Physics
Tom    1         3       5
Bob    2         4       6

, , semester two

    Math Chemistry Physics
Tom    7         9      11
Bob    8        10      12
```

我们也可以将两个维度相同的矩阵合成一个三维数组。例如，假设 mat1 与 mat2 是维度相同的两个矩阵，则将其合并成一个三维数组的语句为：

```
arr <- array (c(mat1, mat2), c(dim(mat1), 2))
```

5.3 数据框

从直观上看，数据框与矩阵有些相似，但数据框允许不同的列包含不同类型（数值型、字符型等）的数据，它的概念较矩阵来说更为一般化。实际上，数据框与数据库中的表十分相似，由一系列等长的向量组成。数据框也被称为“数据矩阵”或“数据集”。

5.3.1 创建数据框

data.frame ()函数可用来创建数据框，基本句法如下：

```
df <- data.frame (col1, col2, ...)
```

函数参数 col1、col2 是等长的向量（若长度不等，较短向量会循环补齐），可以为任何类型（如数值型、字符型等）。下面的示例用字符型和数值型向量创建数据框。

```
> names <- c('Tom', 'Ross', 'Jerry')
> ages <- c(19, 18, 20)
> #使用字符串向量创建数据框时，会被自动转换成因子（因子将在下一节中详述）
> #指定参数 stringsAsFactors 为 FALSE 可阻止自动转换
> df <- data.frame(names, ages, stringsAsFactors = F);df
  names ages
1   Tom   19
2  Ross   18
3 Jerry   20
```

与矩阵类似，我们也可以使用 rbind ()函数和 cbind ()函数来合成数据框。当使用 rbind ()函数为数据框添加行时，要保证对应各列有同样的数据类型，否则将导致强制类型转换。

```
> rbind (df, list('Bob', 20))              #给数据框添加一行
  names ages
1   Tom   19
2  Ross   18
3 Jerry   20
4   Bob   20
> cbind (df, weight = c(70, 73, 60))       #给数据框添加一列
  names ages weight
```

```
1    Tom   19      70
2   Ross   18      73
3 Jerry    20      60
> str(rbind(df, list('Bob', '23')))        #使用不同类型的数据将导致类型转换
'data.frame':    4 obs. of  2 variables:
 $ names: chr  "Tom" "Ross" "Jerry" "Bob"
 $ ages : chr  "19" "18" "20" "23"
```

在关系型数据库中有一个十分重要的操作是合并，即根据两张表中某个共同的列将两张表合并在一起。与之类似，在 R 语言中使用 merge ()函数也能将两数据框进行合并得到新的数据框。

```
> df
      names ages
one     Tom   19
two    Ross   18
three Jerry   20
> #创建一个与 df 有共同列"names"的数据框 df2
> df2 <- data.frame(
+ names = c('Tom', 'Ross', 'Jerry'),
+ height = c(176, 180, 170), stringsAsFactors = F); df2
  names height
1    Tom     176
2   Ross     180
3 Jerry     170
> merge(df, df2)                    #合并两个数据框
  names ages height
1 Jerry   20     170
2  Ross   18     180
3   Tom   19     176
```

5.3.2 访问数据框中的元素

访问数据框中的元素有若干种方式，可以使用前文描述的（如矩阵中的）索引值，也可直接指定列名来访问。下面沿用 5.3.1 节中的数据框 df 举例说明。

```
> df
  names ages
1    Tom   19
2   Ross   18
```

```
3 Jerry   20
> df[2,]                        #使用索引提取数据框中的第二行
  names ages
2  Ross   18
> df['names']                   #使用列名提取相应的列元素
  names
1   Tom
2  Ross
3 Jerry
> df$ages                       #用$提取相应的列
[1] 19 18 20
```

使用 row.names ()和 colnames ()可以分别得到数据框的行名和列名，用向量为其赋值就能改变数据框的行名或列名。注意这个命名向量必须是字符型，而且长度与数据框的行数或列数相等。

```
> #给数据框添加行名
> row.names(df) <- c('r1', 'r2', 'r3'); df
      names ages
r1      Tom   19
r2     Ross   18
r3    Jerry   20
> colnames(df)                  #显示列名
[1] "names" "ages"
```

5.3.3 使用 SQL 语句查询数据框

结构化查询语言（Structured Query Language，SQL）是一种数据库查询和程序设计语言，用于存取数据以及查询、更新和管理关系数据库系统。R 语言中的数据框与关系型数据库中的表很相似，可用 SQL 语句对数据框进行一些操作。用 SQL 语句查询数据框需要安装并载入 sqldf 包，若已安装则可省略这一步骤。

```
> install.packages ("sqldf")
> library (sqldf)               #载入 sqldf 包
> df                            #基于之前的数据框 df 使用 SQL 语句
      names ages
one     Tom   19
two    Ross   18
three Jerry   20
> #查询数据框 df 中年龄大于 18 的所有行
```

```
> sqldf ("select * from df where ages > 18")
  names ages
1   Tom   19
2 Jerry   20
```

5.4 因子

因子是 R 作为一门统计学语言的一个特色，它的设计思想来源于统计学中的分类变量。因子可用于对数据进行分类并将其存储为不同级别的数据对象。它们在描述数量有限且具有唯一值的对象时非常方便，如性别、年级等。

通常可以使用 factor()函数将向量作为输入来创建因子。

```
> data <- c('East', 'West', 'North', 'West', 'South', 'East')
> typeof (data)                              #目前是字符型向量
[1] "character"
> fac_data <- factor(data); fac_data         #转换成因子型
[1] East  West  North West  South East
Levels: East North South West
> as.numeric(fac_data)                       #以数值型来显示
[1] 1 4 2 4 3 1
```

将向量转换成因子后，我们得到一个新的信息：levels（水平），这是因子对象的一部分，默认情况是向量中互异的值，即向量元素的类别，且根据数字和字母表顺序自动排序。仔细留意上例中最后一行语句，将因子转换为数值型向量后得到的是向量元素对应的因子水平的编码，这是具有启发性的，意味着因子中的数据已经重新编码并存储为水平的序号。基于上例中的 fac_data 因子对象，下例能更好地说明这一点。

```
> #手动改变因子对象的水平
> levels(fac_data) <- c('East', 'South', 'West', 'North'); fac_data
[1] East  North South North West  East
Levels: East South West North
> as.numeric(fac_data)
[1] 1 4 2 4 3 1
```

仅仅改变了 fac_data 因子的水平，因子中的元素也发生了相应的改变，但其转换为数值型向量后的结果并未发生变化。这是因为，向量 data 转换成因子后，data 中的元素根据自动生成的水平值编码存储为（1 4 2 4 3 1），并在内部将其关联为 1=East、2=West、3=South、4=North，使用 levels ()函数改变 fac_data 的水平后，R 根据存储编码（1 4 2 4 3 1）和新的水平值将 fac_data 重新解释为（East North West North South East）。所以，因子对象的核心是其元素在水平中的映射编码。例如，有一个统计学生成绩的样本记录，学生成绩类别分为'A'、'B'和'C'。

```
> grade <- c('B', 'A', 'A', 'B', 'B')
> fac_grade <- factor(grade, levels = c('A', 'B', 'C')); fac_grade
[1] B A A B B
Levels: A B C
> fac_grade[length(fac_grade) + 1] <- 'C'; fac_grade
[1] B A A B B C
Levels: A B C
> #向因子中添加一个不存在于水平中的元素会产生空值
> fac_grade[length(fac_grade) + 1] <- 'D'; fac_grade
Warning message:
In `[<-.factor`(`*tmp*`, length(fac_grade) + 1, value = "D") :
  invalid factor level, NA generated
[1] B    A    A    B    B    C    <NA>
Levels: A B C
> #summary()函数显示对象的统计概要，这里会得出因子各水平出现的频率
> summary (fac_grade)
   A    B    C NA's
   2    3    1    1
```

5.5 列表

有时把一系列不同类型的对象组合成一个复合对象是很有用的。列表允许我们整合若干（甚至无关的）对象到单个列表对象下。例如，某个列表可能是若干向量、矩阵、数据框、函数，甚至其他列表的组合。我们可使用 list ()函数来创建列表。

```
> list_data <- list (
+ "It is a string of a list!",
+ num_vec1 = c(1, 2, 1),
+ num_vec2 = c(3, 2, 1),
+ df = data.frame(name = c('zhang_xiao_hong', 'zhang_xiao_huang'), age = c(11, 12)),
+ fun = function(v1, v2) return(v1 + v2))
> list_data
[[1]]
[1] "It is a string of a list!"

$num_vec1
```

```
[1] 1 2 1

$num_vec2
[1] 3 2 1

$df
             name age
1  zhang_xiao_hong  11
2 zhang_xiao_huang  12

$fun
function (v1, v2)
return(v1 + v2)

> list_data$fun(list_data[[2]], list_data$num_vec2)
[1] 4 4 2
```

如上例所示，可以通过"$"符号和列表项的名称标签访问列表项目，也可使用索引值，但注意需要使用双中括号。使用单中括号也可以提取列表元素，但得到的是一个新的列表。接上例：

```
> list_data[2]; list_data[[2]]
$num_vec1
[1] 1 2 1

[1] 1 2 1
```

length ()函数也适用于列表，可以得到列表中组件的个数。

```
> length(list_data)
[1] 5
```

5.6 数据导入与导出

在现实中需要解决的数据分析问题往往存在数据规模大、数据来源多、数据种类杂、数据质量无法保证等问题，仅仅依靠命令行输入方式无法高效地处理数据。本节介绍如何从文件中读取数据，将数据保存到文件，以及如何进行数据编辑等知识。

5.6.1 数据文件的读写

从文件中将数据读取到 R 的一种最简便的方法是调用 read.table ()函数。这种方法针对的数据来源可以是一个 Windows 记事本或任何其他纯文本编辑器所创建的 ASCII 格式文件。使用 read.table ()读取文件返回的是一个数据框，便于 R 语言的后续操作。例如，假设数据包含在名为 data.txt 的文件中，其内容如下(注意文件末尾要留一行空白，否则 read.table () 函数会警告文件最后一行不完整)：

```
names    ages    Gender
Alice    18      Female
Lucy     19      Female
Tim      20      Male
```

由于数据文件中的首行包含表头信息，需要将 read.table ()中的参数 header 设置为 TRUE。若数据文件在当前工作目录下（getwd ()函数可得到当前工作目录），可直接使用文件名，否则需要使用数据文件在计算机中的相对路径名或完整路径名。

```
> #从当前工作目录下的 data.txt 文件读入带表头的数据
> stu_info <- read.table ("data.txt", header = TRUE); stu_info
  names ages Gender
1 Alice   18 Female
2  Lucy   19 Female
3   Tim   20   Male
> str (stu_info)                        #显示 stu_info 结构
'data.frame':    3 obs. of  3 variables:
 $ names : Factor w/ 3 levels "Alice","Lucy",..: 1 2 3
 $ ages  : int  18 19 20
 $ Gender: Factor w/ 2 levels "Female","Male": 1 1 2
```

若要导入的是一个带分隔符的 ASCII 文本文件，可用 read.table ()函数的 sep 参数指定分隔符号。例如，有如下名为 inputData.csv 的 ASCII 文本文件。

```
a,b,y
1,1,2
2,1,3
2,2,4
```

可使用如下语句读取该文件。

```
> #从指定路径的文件中读入以“,”为分隔符的数据
> df <- read.table ("D:/inputData.csv", sep = ",", header = T)
> df
  a b y
1 1 1 2
```

```
2 2 1 3
3 2 2 4
```

在电子表格和数据库应用中生成带分隔符的文本文件时往往会调整多个选项，为此 read.table ()有几种预先设定好的变形函数，使用这些变形函数可以读取不同软件生成的数据。其中有两个用于处理 CSV 文件的函数，分别为 read.csv ()和 read.csv2 ()。前一个假定分割字符为逗号，后一个假定文本数据由分号分隔。

有时用户需要读取其他统计或数据库软件（如 SPSS、SAS、Microsoft Excel 和 Access 等）产生的数据。一种简单的方法是，要求其他软件将数据转换成某种带分隔符的文本文档，然后使用 read.table ()、read.csv ()、read.csv2 ()等函数将数据导入到 R 会话中。另一种方法是使用“foreign”包。它包含读取多种格式文档的程序，可读取来自 SAS、SPSS、Stata 等软件的数据文件。另外“xlsx”包可以将 xlsx 文档导入为数据框。其最简单的调用格式是 read.xlsx (file, n)，其中 file 是 Excel 工作簿的所在路径，*n* 则为要导入的工作表序号。RODBC 包则允许用户连接到 Excel、Access 等存储的数据文件。更多使用详情可以用 help (RODBC) 了解。当然，使用上述软件包前需要先安装并载入到 R。

函数 read.table ()是读取表格化数据的最基本方式。实际上，前面提到的各种读文件的函数只是默认参数不同而已，最终还是等同于用不同参数来调用 read.table ()。例如，默认情况下在 read.csv ()中用逗号作分隔符，用点号表示为小数；在 read.csv2 ()用分号作分隔符，而用逗号表示小数。这两个函数的句法如下：

```
read.csv (file, header = TRUE, sep = ",", quote = "\"", dec = ".", fill = TRUE
, comment.char = "", ...)

read.csv2 (file, header = TRUE, sep = ";", quote = "\"", dec = ",", fill = TRUE,
 comment.char = "", ...)
```

这些函数都可以收一些可选参数，如表 5-1 所示。

表 5-1　读文件函数的参数选项

参　数	描　述
header	第一行是否包含列名
col.names	表示列名的字符向量
na.string	表示缺失值的字符串
colClasses	代表每一列数据类型的字符向量，将按照指定的类型完成列数据转换
stringsAsFactors	若为 TRUE，则将所有字符向量转换成因子向量

除了 read.table ()函数，read.csv ()和 read.csv2 ()函数都会默认文件的第一行包含了列名，这两个函数都默认 header 为 TRUE。

在数据处理与分析工作时，为了使整个工作顺利进行，通常需要先对原始数据进行预处理，以得到正确的数据，其中包括重新组织、清理并修改格式等步骤。在 R 中，在技术上正确的数据指的是以合适的列名保存在数据框中的数据集，数据框的每一列都使用能够充分表示该列变量特点的数据类型。或者说，数值型数据应该以浮点型或整数型保存，文字型数据最好以字符型保存，类别属性的数据则应以级别恰当的因子型或有序向量保存。但是，数据文件一般会把所有的数据以文字方式记录下来，这是因为与二进制形式相比，文字显然具有更好的可读性。所以，通过读数据文件的形式导入数据后，还要进行必不可少的数据类型转换。在 R 语言中，可以直接使用 as 函数，如 as.integer ()来完成相应类型的转换。

由于 R 语言主要用于统计计算，读文件往往比写文件更常用。但有时也会需要将数据保存到文件中，write.table ()函数可以将数据写入文件。例如：

```
> df
  a b y
1 1 1 2
2 2 1 3
3 2 2 4
> write.table (df, file = "saveData.txt")
```

在当前 R 工作目录下会生成一个名为"saveData.txt"的文件，用记事本打开文件后，其内容为：

```
"a" "b" "y"
"1" 1 1 2
"2" 2 1 3
"3" 2 2 4
```

另外两个函数 wrtite.csv ()和 write.csv2 与 write.table ()的工作方式相同，区别只在于分别使用了不同的默认参数，因此输出的格式存在差异而已。

5.6.2 rio 包

尽管用户在导入/导出数据文件时的需求多种多样，但还是可以根据大多数用户的应用场景得出一些合理的假设。例如，可以在导入/导出时让调用的函数按照参数中文件的扩展名来自行决定所需的数据格式；可以设置一些合乎情理的默认值，如 stringsAsFactors=FALSE；需要支持基于 Web 的导入方式（包括通过 SSL/HTTPS 连接导入）；可以直接读取压缩文件而无须一个明确的解压环节；以及在适当的时候使用其他快速的导入包等。R 语言的 rio 包以提供一个类似瑞士军刀的万能工具为目标，用统一的 import ()和 export ()接口简化了用户导入/导出数据的工作。此外，rio 包还包括 convert ()函数，方便用户进行不同文件格式的转换。

在使用 rio 包前，需要首先下载并安装这个包，然后把包载入到 R 环境中。

```
> install.packages ("rio")
> library (rio)
```

我们用 R 中的基础数据集 mtcars 来举例介绍 rio 包中一些功能的使用方法（暂时不用考虑数据集的细节）。当调用函数 str ()时，我们就知道在 mtcars 数据集中包含哪些变量，各自属于什么数据类型。

```
> library (datasets)                          #mtcars 在 datasets 包中
> str (mtcars)                                #显示 mtcars 的数据结构
'data.frame':   32 obs. of  11 variables:
 $ mpg : num  21 21 22.8 21.4 18.7 18.1 14.3 24.4 22.8 19.2 ...
 $ cyl : num  6 6 4 6 8 6 8 4 4 6 ...
 $ disp: num  160 160 108 258 360 ...
 $ hp  : num  110 110 93 110 175 105 245 62 95 123 ...
 $ drat: num  3.9 3.9 3.85 3.08 3.15 2.76 3.21 3.69 3.92 3.92 ...
 $ wt  : num  2.62 2.88 2.32 3.21 3.44 ...
 $ qsec: num  16.5 17 18.6 19.4 17 ...
 $ vs  : num  0 0 1 1 0 1 0 1 1 1 ...
 $ am  : num  1 1 1 0 0 0 0 0 0 0 ...
 $ gear: num  4 4 4 3 3 3 3 4 4 4 ...
 $ carb: num  4 4 1 1 2 1 4 2 2 4 ...
```

显然，mtcars 是一个包括 11 个变量、32 个观测样本的数据框。如果希望把数据框导出为.csv 文件，只需要简单地执行 export ()函数。

```
export (mtcars, "mtcars.csv")                 #把数据框导出到文件
```

在工作目录中，可以找到刚才生成的名为“mtcars.csv”的数据文件。用 Excel 打开该文件，就能看到数据集 mtcars 的内容，文件的第一行是各个变量的名称。

如果想把文件格式从.csv 转换成.json，执行下面的语句：

```
convert ("mtcars.csv", "mtcars.json")         #转换文件类型
```

查看当前工作目录，就可以发现文件 mtcars.json。导入过程如下：

```
> head (import("mtcars.json"))                #显示导入的头几条数据
   mpg cyl disp  hp drat    wt  qsec vs am gear carb
1 21.0   6  160 110 3.90 2.620 16.46  0  1    4    4
2 21.0   6  160 110 3.90 2.875 17.02  0  1    4    4
3 22.8   4  108  93 3.85 2.320 18.61  1  1    4    1
4 21.4   6  258 110 3.08 3.215 19.44  1  0    3    1
5 18.7   8  360 175 3.15 3.440 17.02  0  0    3    2
6 18.1   6  225 105 2.76 3.460 20.22  1  0    3    1
```

如果想删除示例中导出的文件 mtcars.json，只需要调用 unlink ()函数就行了。

```
> unlink("mtcars.json")                          #从当前工作目录中删除给定文件
```

rio 包支持多种文件格式，如 SAS、SPSS、Stata、MATLAB、Minitab 等软件使用的数据文件格式。如需进一步了解 rio 包的功能，可以使用 help (package="rio")打开帮助页面，并点击相应函数名的链接进行查阅。

5.6.3 数据编辑器

R 允许用户使用类似于电子表格的界面来编辑数据框。界面虽然十分简陋，但对于小规模的数据集却非常方便。下面介绍使用 edit ()函数打开数据编辑器进行数据编辑的方法。

```
> aq <- edit (airquality)
> class (aq)
[1] "data.frame"
> #head()函数返回数据对象的前 n 项，反之可使用 tail()函数查看后 n 项
> head (aq, 6)
  Ozone Solar.R Wind Temp Month Day
1    41     190  7.4   67     5   1
2    36     118  8.0   72     5   2
3    12     149 12.6   74     5   3
4    18     313 11.5   62     5   4
5    NA      NA 14.3   56     5   5
6    28      NA 14.9   66     5   6
```

airquality 是 R 内置的一个数据集，记录了 1973 年 5 月 1 日至 9 月 30 日美国纽约的空气质量日监测记录。数据集详情可使用?airquality 查看。

当关闭数据编辑器时，编辑过的数据框会分配给 aq 对象，原来的 airquality 保持不变。若要在原数据框上进行修改并保存，可使用如下语句：

```
> fix(aq)
```

这等价于 aq <- edit(aq)。若要使用数据编辑器创建一个新的数据框，可以使用：

```
> df <- edit(data.frame())
```

5.7 数据清洗

数据清洗的作用就是改变原始数据以保证数据的正确性和准确性。不同的软件和数据存储架构会使用不同的方法实现数据清洗。但是在清洗之前，仔细审查数据来加深对数据的理解是必不可少的一个步骤。本节将介绍数据排序以及 R 中完成数据清洗的基本方法。

5.7.1 数据排序

在某些情况下，对数据进行排序后可以得到更多的信息，例如，班主任要查看上学期数学成绩最优秀的 5 个学生的情况，检查数据中是否含有重复项等。R 中有两个用于排序的基本函数 sort ()和 order ()，默认为升序排序。现在对一个向量分别使用这两个函数：

```
> v <- c (2, 6, 4, 1, 5)
> sort (v); order (v)
[1] 1 2 4 5 6
[1] 4 1 3 5 2
```

sort ()函数输出将向量元素排序后的结果，order ()函数则返回排序后各元素在原始向量中的索引。如上例中元素（1，2，4，5，6）在向量 v 中的索引分别为（4，1，3，5，2）。将 order ()与 sort ()函数组合能得到许多有趣的结果。例如，v[order (v)]与 sort (v)将得到一样的结果。

对于数据框，使用这两个函数则能得到更丰富的结果。

```
> df
  a b   y
1 5 2  75
2 2 5 435
3 2 4  43
4 2 9 735
> #依据数据框中的属性 a 进行升序排列
> df[order(df$a),]
  a b   y
2 2 5 435
3 2 4  43
4 2 9 735
1 5 2  75
> #依据属性 a 升序排列，若 a 相等则按 b 降序排列
> #在排序属性前添加负号是将其指定为降序排列
> df[order(df$a, -df$b),]
  a b   y
4 2 9 735
2 2 5 435
3 2 4  43
1 5 2  75
```

5.7.2 数据清洗的一般方法

很多数据分析工作都要求数据必须具有满足统计分析所需要的一致性。也就是说，需要在数据分析之前清除或改正缺失值、错误值和明显的异常值。一致性至少包含两个方面的要求：第一是记录内的一致性，同一条记录内不能有自相矛盾的信息；第二是记录间的一致性，不同记录的统计属性不能相互冲突。如果用到了多个数据集，可能还会要求数据集之间的一致性，就是数据需要在所有同一主题的数据集之间保持一致。数据清理可以分成 3 个步骤进行：首先要完成一致性检测，发现违反指定规则的数据，如年龄不能为负数、GPA 不能超过 4.0 等；然后挑选出那些造成不一致的变量，有时候具体是哪一个变量出了问题并非一目了然，如一个未成年人的婚姻状况应该是“未婚”，但是如果存在错误，则需要确定实际上是年龄或者婚姻状况，还是两者同时出现了错误；最后就是修正错误，可以使用规则来改正问题，也可以通过统计方法确定正确值。

先来看一个异常值的例子。函数 boxplot.stats ()可以得到数据的描述统计，包括离群点。离群点不一定代表错误，但是发现离群点对数据分析是很有必要的。

```
> x <- c (1:10,20,-8)                #x 是一个 1,2,…,10,20,-8 组成的向量
> boxplot.stats (x)$out              #显示离群值
[1] 20 -8
```

在这个例子里，检查离群点使用的是箱形图（也叫盒须图）boxplot 的方法。在默认情况下，把第一四分位数和第三四分位数（按升序排列时 25%的数据分界点和 75%的数据分界点）之间的差值叫作四分位距。四分位距可用于离群点的检测，默认情况下，比第一四分位数小四分位距的 1.5 倍以上，或比第三四分位数大四分位距的 1.5 倍以上的数据都会被当作离群点。6.4.4 节将进一步描述箱形图的绘制方法。

在 R 语言中，缺失值用 NA 表示。用户一般需要在数据预处理阶段检查数据集以判断是否存在缺失数据，并且通过一些手段弥补因缺失值而造成的问题，其目的就是让后续的数据建模算法可以正常执行。清洗缺失值通常会使用如下三种方法。

（1）删除：删除带有缺失值的变量或样本。

（2）替换：用均值、中位值、重数等或其他值代替缺失值。

（3）补全：基于统计模型推出缺失值。

需要说明的是，缺失值的处理比较复杂，如果处理不好，可能会带来一些副作用。例如，使用其余数据的中位值或平均值来替代缺失值，往往只相当于在数据上增加了一些噪声。

在某些情况下，缺失值是因为数据不全造成的。在处理这种情况时，可以将缺失数据直接排除掉。

```
> age <- c(25,24,NA,26)
> mean (age)                               #存在缺失值
[1] NA
```

```
> mean (age, na.rm = TRUE)              #清除缺失值
[1] 25
```

另一种情况可能是，在数据文件中为了避免多余的操作而省略了一些数据录入。在 R 语言中，如果用户能准确地获知哪些值被省略掉了，就可以方便地把 NA 替换为已知值。

```
> #用抽样函数 sample 生成样本，其中一部分被 NA 替换
> m <- matrix (sample(c(NA, 1:8), 25, replace = TRUE), 5)
> d <- as.data.frame (m)                #转换成数据框
> d                                     #现在可以看到数据框中存在缺失值
  V1 V2 V3 V4 V5
1 NA  2  7  4  4
2  8  1  1  6  2
3  8  3  2  7  1
4  3  4  4  8  8
5 NA  5  4  8  7
> #若某一项含 NA 值，函数 is.na()对那一项返回逻辑值 TRUE
> is.na(d)
        V1    V2    V3    V4    V5
[1,]  TRUE FALSE FALSE FALSE FALSE
[2,] FALSE FALSE FALSE FALSE FALSE
[3,] FALSE FALSE FALSE FALSE FALSE
[4,] FALSE FALSE FALSE FALSE FALSE
[5,]  TRUE FALSE FALSE FALSE FALSE
> d[is.na(d)] <- 0                      #用 0 替代 NA
> d
  V1 V2 V3 V4 V5
1  0  2  7  4  4
2  8  1  1  6  2
3  8  3  2  7  1
4  3  4  4  8  8
5  0  5  4  8  7
```

在上面的例子中，使用对数据框索引的条件选择完成了对数据的重新赋值。使用赋值来替换数据不只是针对缺失值，对其他值也同样适用，例如，如果希望修改被错误生成的字符，可以按下面例子中的方法实现。

```
> d <- data.frame (x <- rep(LETTERS[1:4], 2), y <- letters[1:8])
> colnames (d) <- c ("Name", "Value") #指定新的列名
> d                                     #显示刚才生成的数据框
  Name Value
```

```
1    A    a
2    B    b
3    C    c
4    D    d
5    A    e
6    B    f
7    C    g
8    D    h
> d$Name <- as.character(d$Name)
> d$Name[d$Name>="C"] <- "AA"          #用"AA"来替换"C"和"D"
> d
  Name Value
1    A     a
2    B     b
3   AA     c
4   AA     d
5    A     e
6    B     f
7   AA     g
8   AA     h
```

此外，有些包（如 DataCombine）提供了一些函数直接实现示例中的查找和替换功能。有兴趣的读者可以利用 R 的文档进一步了解其使用方法。R 语言的一些包（如 mice、Amelia、missForest 等）中还提供更先进的缺失数据补全方法，我们在下一节以 mice 为例来介绍具体的用法。

5.7.3 mice 包

mice 包使用链式方程的多变量补全法补全数据，它也是一个被 R 用户广泛用于数据清洗的包。与单一的补全方法（如使用均值替换缺失值）相比，多变量补全法考虑了缺失值的不确定性，因此能更好地模拟生成数据的随机过程而使其接近于数据的概率分布。

在 mice 方法中，假设数据以随机方式缺失，就是说一个数据值缺失的概率仅依赖于观测值，并且可以使用观测值进行预测。在为某一个变量补全时，要先指定每个变量的补全模型，再用变量的基实现补全。例如，假定一组变量是$\{x_1,x_2,\cdots,x_n\}$，如果 x_1 有缺失项，那么就使用 $x_2,\cdots,x_n$ 等来完成回归，用得到的预测值来代替 x_1 中的缺失值。对数值型变量，一般可以由线性回归预测缺失值；对分类型的变量，可以使用逻辑回归模型。在第 7 章中，我们还会专门介绍 R 语言中的回归方法。mice 包提供了很多种补全方法，其中具有代表性的方法如下。

（1）pmm（预测均值匹配），适用于数值型变量。

（2）norm（贝叶斯线性回归），适用于数值型变量。

（3）logreg（逻辑回归），适用于二值变量。

（4）ployreg（贝叶斯多元回归），适用于因子型变量。

（5）polr（比例概率模型），适用于大于等于两个级别的有序变量。

表 5-2 列出了 mice 包的主要功能。现在我们用一个例子，即 R 自带的 iris 数据集对 mice 的使用方法加以说明。iris 也称鸢尾花数据集，是一个用于多变量分析的数据集。该数据集共包含 150 个鸢尾花样本，分为 3 个品种，每一品种（类）各有 50 个数据样本，每个样本又分别包含 4 个属性，即花萼长度（Sepal.Length）、花萼宽度（Sepal.Width）、花瓣长度（Petal.Length）和花瓣宽度（Petal.Width）。在本书中，我们将多次使用这四个属性来预测鸢尾花样本属于山鸢尾（Setosa）、杂色鸢尾（Versicolor）、弗吉尼亚鸢尾（Virginica）三个品种中的哪一个品种。图 5-1 显示的是另一个品种的鸢尾花，但是可以看出花瓣与花萼的差别。

表 5-2　mice 包中主要的功能

函数名	说明
mice ()	多次补全缺失数据
with ()	分析补完整的数据集
pool ()	整合参数估计
complete ()	输出被补全的数据
ampute ()	生成缺失数据

图 5-1　鸢尾花（下垂的是花萼，上展的是花瓣）

```
library (datasets)                         #iris 包括在 datasets 包中
data (iris)                                #加载数据集
summary (iris)                             #显示概要
```

在数据集里并没有任何缺失值，我们不妨人为地生成一些缺失数据，来检验补全的效果。在此需要用到函数 prodNA ()，首先需要下载并安装 missForest 包，然后才能调用包里的函数。

```
install.packages ("mice")                          #安装 mice
install.packages ("missForest")                    #安装 missForest
library (mice)                                     #加载 mice
library (missForest)                               #加载 missForest
```

现在就可以生成缺失数据了。

```
iris.mis <- prodNA (iris, noNA = 0.1)              #随机生成 10%的缺失数据
summary (iris.mis)                                 #确认数据集是否存在缺失数据
```

为了简化过程，先把属性中的类别去掉，暂时只考虑连续型的数据。

```
> iris.mis <- subset (iris.mis, select = -c(Species))      #清除分类变量
> summary (iris.mis)
  Sepal.Length    Sepal.Width     Petal.Length    Petal.Width
 Min.   :4.300   Min.   :2.200   Min.   :1.000   Min.   :0.100
 1st Qu.:5.100   1st Qu.:2.800   1st Qu.:1.600   1st Qu.:0.300
 Median :5.800   Median :3.000   Median :4.400   Median :1.300
 Mean   :5.861   Mean   :3.055   Mean   :3.811   Mean   :1.216
 3rd Qu.:6.400   3rd Qu.:3.325   3rd Qu.:5.100   3rd Qu.:1.800
 Max.   :7.900   Max.   :4.400   Max.   :6.900   Max.   :2.500
 NA's   :18      NA's   :18      NA's   :11      NA's   :11
```

mice 包中的函数 md.pattern ()可以以列表方式返回在数据集中每一个变量中的缺失值的信息。

```
> md.pattern(iris.mis)
    Petal.Length Petal.Width Sepal.Length Sepal.Width
100            1           1            1           1  0
 13            1           1            0           1  1
 14            1           1            1           0  1
  7            0           1            1           1  1
  8            1           0            1           1  1
  1            1           1            0           0  2
  2            0           1            0           1  2
  2            0           1            1           0  2
  2            1           0            0           1  2
  1            1           0            1           0  2
              11          11           18          18 58
```

上例中显示共有 58 个缺失值，其中变量 Petal.Length、Petal.Width、Sepal.Length 和 Sepal.Width 各有 11、11、18 和 18 个缺失值。这种列表看上去不仅不美观，理解起来也比较费事。如果我们想要更直观地了解缺失值的分布情况，VIM 包能给予必要的帮助。

```
install.packages ("VIM")                                    #安装 VIM
library (VIM)                                               #加载 VIM
mice_plot <- aggr(iris.mis, col=c('green','red'),
                    numbers=TRUE, sortVars=TRUE,
                    labels=names(iris.mis), cex.axis=.7,
                    gap=3, ylab=c("Missing data","Pattern"))
```

执行结果如图 5-2 所示，可以看出每一个变量数据缺失的分布情况，如 Sepal.Length 有 12%的缺失。

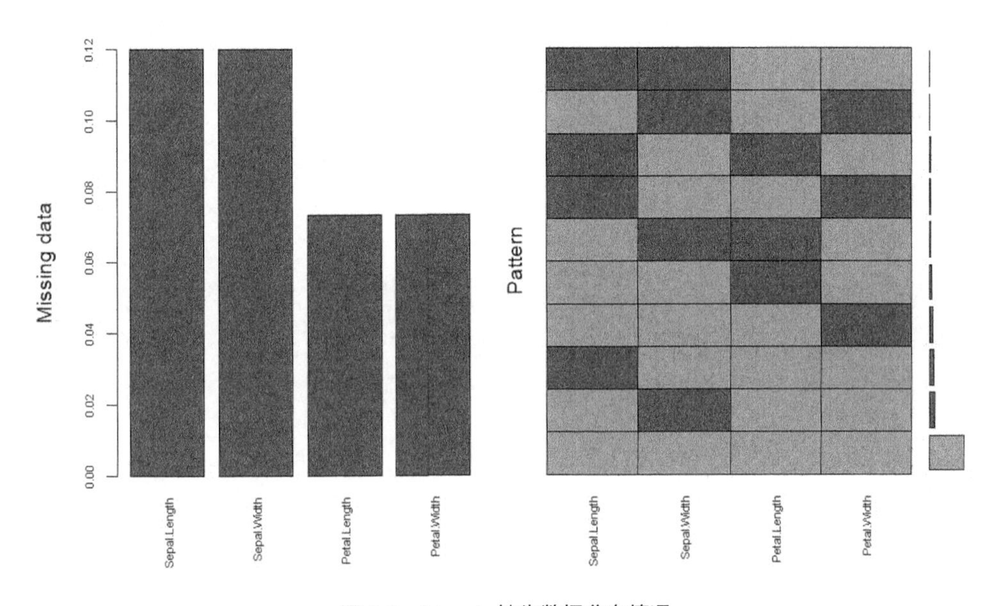

图 5-2　iris.mis 缺失数据分布情况

现在可以使用 mice ()函数完成补全。如需了解函数调用的细节，可以使用?mice 参考帮助信息。

```
#调用 mice()函数，参数：数据集 iris.mis，采用 5 次补全数据集，最大迭代次数 50 次
#使用 PMM 方法，随机种子设为 500
imputed_Data <- mice (iris.mis, m=5, maxit = 50, method = 'pmm',
seed = 500)
```

再次检查补全的效果：

```
> summary (imputed_Data)
Multiply imputed data set
```

```
Call:
mice(data = iris.mis, m = 5, method = "pmm", maxit = 50, seed = 500)
Number of multiple imputations:  5
Missing cells per column:
Sepal.Length  Sepal.Width Petal.Length  Petal.Width
          18           18           11           11
Imputation methods:
Sepal.Length  Sepal.Width Petal.Length  Petal.Width
       "pmm"        "pmm"        "pmm"        "pmm"
VisitSequence:
Sepal.Length  Sepal.Width Petal.Length  Petal.Width
           1            2            3            4
PredictorMatrix:
             Sepal.Length Sepal.Width Petal.Length Petal.Width
Sepal.Length            0           1            1           1
Sepal.Width             1           0            1           1
Petal.Length            1           1            0           1
Petal.Width             1           1            1           0
Random generator seed value:  500
```

下面对返回的预测矩阵 PredictorMatrix 稍做说明：其中的每一行代表缺失变量的名称标签，如果该行对应的一列元素值为 1，说明列变量被用于预测。从上面的结果可以看到，对任何一个变量，其余 3 个变量都被用于它的缺失值预测。

```
> imputed_Data$imp$Sepal.Width                    #检查 Sepal.Width 的补全结果
      1   2   3   4   5
12  3.4 3.8 3.1 3.1 3.0
33  3.8 3.0 3.6 3.4 3.5
35  3.4 3.2 3.2 3.8 3.6
…
122 2.3 2.5 2.7 2.7 2.7
139 2.8 2.7 2.5 3.2 3.2
```

因为在调用 mice ()函数时，设置了 $m = 5$，也就是五个补全数据集，所以我们看到了五列结果。如果只想取其中之一来补全，需要使用 complete ()函数。例如，取五个数据集中的第三个：

```
> completeData <- complete (imputed_Data,3)
```

再来检查一下补全数据与原始数据的差异，以 Sepal.Length 为例，得出偏差的百分比：

```
> summary ((iris$Sepal.Length-completeData$Sepal.Length)/
iris$Sepal.Length)
```

```
      Min.    1st Qu.     Median       Mean    3rd Qu.       Max.
-0.1600000  0.0000000  0.0000000 -0.0009387  0.0000000  0.1578947
```

上面的执行结果显示了偏差百分比的统计值。可以看出，补全的最大偏差大约为 ± 16%。关于 mice 包的更多使用方法可以通过如下的帮助页面获取：

```
help (package = "mice")
```

习　　题

5-1　执行下面的代码：

```
x <- 1:12
y <- matrix (x, nrow=3)
```

请问，is.array (x)和 is.array (y)的值分别是什么？dim (x)和 dim (y)的值分别是什么？

5-2　怎样把一个整型数向量 ***x*** 倒转赋给 ***y***？也就是让 ***y*** 的第一个元素等于 ***x*** 的最后一个元素，依次类推。

5-3　如何取一个 6 行 5 列的矩阵最中间的 2 行 3 列的 6 个元素组成一个新矩阵？

5-4　设计一个函数，检查输入参数是否是一个方阵。如果是，则返回其对角线元素组成的向量，否则返回−1。

5-5　对于一个 $m \times n$（$m>n$）的矩阵，线性方程 $\boldsymbol{Ax}=\boldsymbol{b}$ 是一个超定方程，给定这样的矩阵 $\boldsymbol{A}$ 和向量 $\boldsymbol{b}$，编写一个函数求出方程的最小二乘解 $\boldsymbol{x}^*=(\boldsymbol{A}^{\mathrm{T}}\boldsymbol{A})^{-1}\boldsymbol{A}^{\mathrm{T}}\boldsymbol{b}$。

5-6　用函数 data.frame ()创建一个数据框，第一列名为 letters，包含从 a～h 这 8 个字母，第二列名为 numbers，包含数字 1～8。对这个数据框执行 as.matrix ()会发生什么？

5-7　执行下面这两条语句会产生什么样的结果？如果有区别，解释原因。

```
df <- data.frame (x <- rep(1:3, 4), y <- seq (0.1,0.3,0.1))
df1 <- data.frame (x = rep (1:3, 4), y = seq (0.1, 0.3, 0.1))
```

5-8　生成一个列表，包含 26 个字母、数字 0～9 和因子 1～3。

5-9　加载 R 的基础数据集 iris，用 write.csv ()把数据集保存到一个 CSV 文件中。使用 Excel 修改文件，把某些属性改为 NA。下载并安装 rio 包，加载 rio，导入刚才保存的文件到一个新的数据框。比较两个数据框，查看是否存在差异。

5-10　给定一个数据框 df，执行 df[is.na(df)] <- 0 会产生什么结果？

5-11　导入题 5-9 保存的文件后，使用 mice 包对缺失数据补全，比较补全结果和实际值的差别。

6

第 6 章　绘图与数据可视化

Visualizations act as a campfire around which we gather to tell stories.

——Al Shalloway

常言道，一图胜千言。人类非常善于利用视觉去观察所在的世界。无论是远古时期原始人在岩壁上涂抹的壁画，还是大型现代化宽体客机驾驶舱内复杂的液晶仪表盘，人们都清楚地意识到视觉所能发挥的作用，并充分地利用了视觉的处理能力。也可以说，数据可视化简化了数据本身的复杂性，把庞杂的数据所蕴含的隐藏关系转换成易于人类理解的形式并展示出来。在图形的帮助下，人们可以洞察规律，寻获见解，并决定应该采取的针对性行动。在很多情况下，使用可视化的图表工具能让数据更加客观、更具说服力，所以人们在各类报表和说明性文件中，都用直观的图表来展现数据，这样使数据更简洁、可靠。在大数据时代，很多人都已经认识到可视化图表对数据分析与挖掘的重要性。可视化图表不仅能够承载大量的数据信息，还能够将数据分类展示，整合有关联性的数据信息，这对大数据的价值发现极其重要。

本章，首先通过泛型函数 plot ()介绍 R 语言中处理图形的一般方法，探讨在 R 语言中如何创建所需要的图形，以及如何保存这些图形。然后介绍修改图形中的一些基本属性的方法，包括设置图形的标题、坐标轴、标签、颜色、线条、符号和文本标注。与此同时，还会简要介绍几个与重要的图形应用有关的包，包括如何制作三维图和动态图。本章我们讨论的这些问题与其他软件中的绘图方法存在一些相似之处，如果读者已经有了 Python 或 MATLAB 中的绘图经验，学习本章内容就会变得更加轻松。已经掌握了绘图知识的读者，可以有选择地阅读本章的内容。限于篇幅，在一些示例中使用的函数未加详细说明，读者可以使用帮助命令去了解它们的具体使用方法。本章介绍的一些方法在第 7 章中还将得到实际应用。

本章的主要内容包括：

（1）基本图形函数；

（2）图形参数的基本概念和参数选择；

（3）几种常用的描述统计图形的绘制技术；

（4）动态图形的制作方法。

特别说明，在 R 的应用中，可视化是一个非常活跃的领域，因此有大量的 R 社区开发者正在不断地贡献各种与绘图功能相关的包，以扩展可视化的方法和应用场景。在本书中，我们只会介绍有限的几个绘图包，一旦读者掌握了这些基本的绘图功能，就为继续学习更加复杂的工具打下了基础。

6.1 基本图形与绘图函数

在本节，我们将介绍 R 语言中基础的绘图工具——plot ()函数。plot ()函数是一个泛型函数，对于不同的对象，它会分配不同的具体实现方式。但是，由于使用了相同的接口，用户不必关心其中的细节，可以直接调用它来生成自己感兴趣的图形。

6.1.1 基础图形的创建

R 语言有非常丰富的绘图功能，可以给很多数据分析应用中的可视化任务提供足够强大的支持。和很多其他软件一样，在 R 语言中，最基础、也是最简单的 *x-y* 平面绘图函数就是前面章节中提到过的用于绘制 R 对象的泛型函数 plot ()。plot ()函数的基本句法如下：

```
plot (x, y, main…)
```

函数 plot ()的参数很多，一些绘图细节将在后续内容中逐步介绍，表 6-1 只给出了最基本的参数说明。

表 6-1　plot ()函数的基本参数说明

参　数	说　明
x	需要绘制图形中点的 *x* 轴坐标
y	图形中点的 *y* 坐标。如果 *x* 的结构合适（如 *x* 是一个向量），*y* 则成为一个可选项
main	可选项。图形的标题，用 main=字符串的方式指定

在绘制简单的散点图时，实际上使用的是 plot.default ()方法。首先从一个非常简单的例子出发：给定一些点的坐标，来看看调用 plot ()函数后会发生什么。可以用以前学过的方式在 *x-y* 平面上生成任意的点。

```
x <- 1:20                                  #x 坐标
y <- x^2                                   #y 坐标
plot (x, y, main = "y = x^2")              #调用 plot ()，标题设为 y = x^2
```

在执行完上述命令后，控制台弹出了一个新的窗口，在这个新窗口里已经按照给定坐标绘制出了刚才生成的点，如图 6-1 所示。这个非常简单的图形就是学习 R 语言绘图功能的起点——散点图，在本章接下来的部分会逐渐增加功能来绘制更加复杂的图形。

除了散点图外，还可以使用 plot ()函数得到许多其他的绘图类型。基本的绘图风格可以通过使用 type = 参数指定，具体参数如表 6-2 所示。

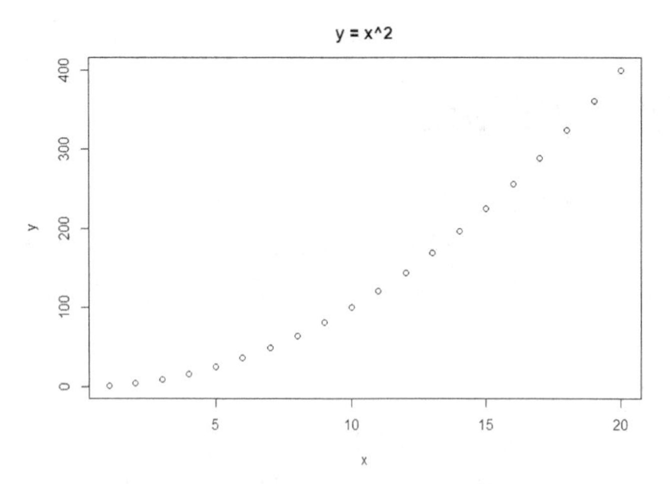

图 6-1　用 plot ()绘制平面中的散点图

表 6-2　plot ()中常用 type 参数说明

参　数	说　明
p	仅绘数据点，默认值
l	仅绘线段
b	绘线段与点
c	仅绘线段，但点的位置留出空白
o	绘线段与点，但线段会延伸到点内部
h	直方图风格，即带竖直密度线
s	绘阶梯图
S	其他特殊情况：和 s 的区别在于 *x-y* 轴的偏好不同，如果 *x*1<*x*2，画(*x*1，*y*1)到(*x*2,*y*2)时，“type = s”先横轴，后纵轴；S 正好相反
n	不绘制图形，用于指定标题、坐标轴名称的情况

例如，如果想把刚刚完成的散点图修改成折线图，可以将 plot()的参数 type（绘图类型）指定为“l”，代码如下，绘制的折线图如图 6-2 所示。

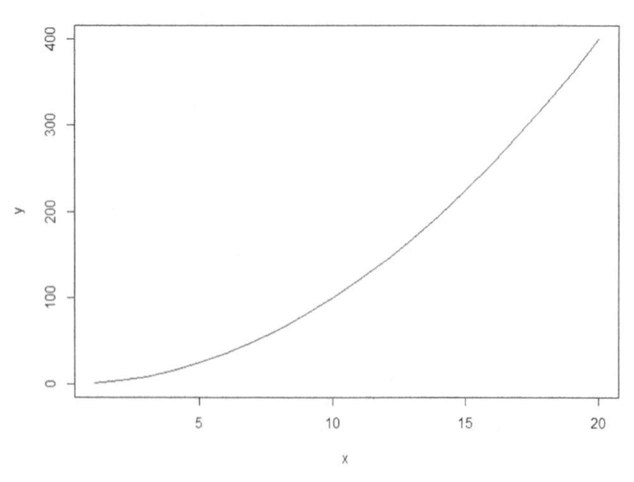

图 6-2　用 plot ()绘制平面中的折线图

```
x <- 1:20
y <- x^2
plot (x, y, type='l')
```

6.1.2　新增绘图窗口

每次调用 plot ()，现有的图形窗口都会被新的图形替代。如果不想出现这样的结果，则可以根据所使用的操作系统来执行下面的命令打开新的图形窗口。

（1）在 Linux 系统下，执行 x11 ()。

（2）在 Mac 系统下，执行 macintosh ()。

（3）在 Windows 下，执行 windows ()。

例如，假如分别绘制向量 *x* 和向量 *y* 的直方图，将它们并列排放，那么在 Windows 系统下，只需输入下面的命令：

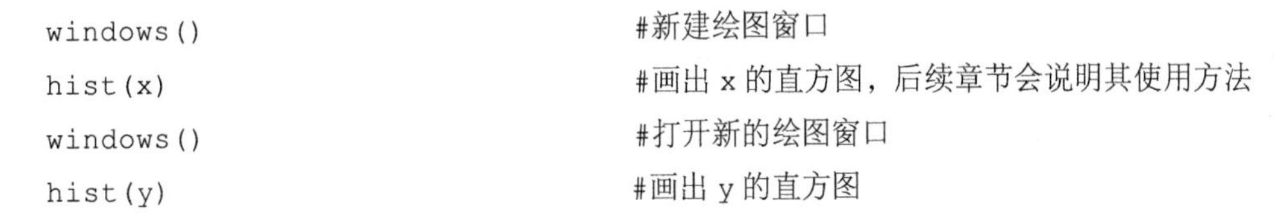

```
windows()                    #新建绘图窗口
hist(x)                      #画出 x 的直方图，后续章节会说明其使用方法
windows()                    #打开新的绘图窗口
hist(y)                      #画出 y 的直方图
```

通过调用 windows ()函数，hist (y)函数产生的图形会被绘制到新的窗口中，而不会覆盖原先已画好的 *x* 的直方图。这样，原先的图形就会被保留下来（见图 6-3）。

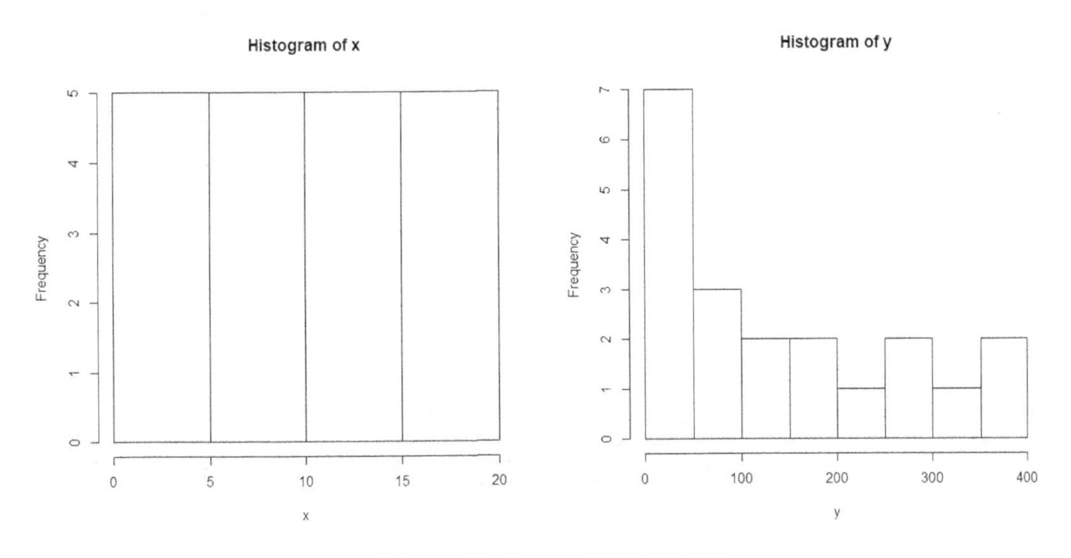

图 6-3　用 windows ()新建绘图窗口

6.1.3　导出图形

很多情况下，读者需要保存画出的图形以供后续使用，这就需要将图导出到文件。将画图的内容输出到文件，可以指定路径，不指定就输出到当前工作目录（在第 1 章中我们

学过用 getwd ()显示当前工作路径，用 setwd (dir)完成当前工作目录的设置)。

一种简单的做法就是在交互式的会话中选择保存的方式。以在 Windows 命令行终端运行 R 为例（见图 6-4），在图形窗口的“文件”菜单选项中选择“另存为”，就会出现可供选择保存的图形文件格式，如 Metafile、Postscript、PDF、PNG、BMP、TIFF 和 JPEG 等，其中在 JPEG 格式中，还可以选择不同的保存质量（RGui 中的文件菜单操作与此类似）。同样，在 RStudio 中也可以使用 Export 选项把图形导出到文件。

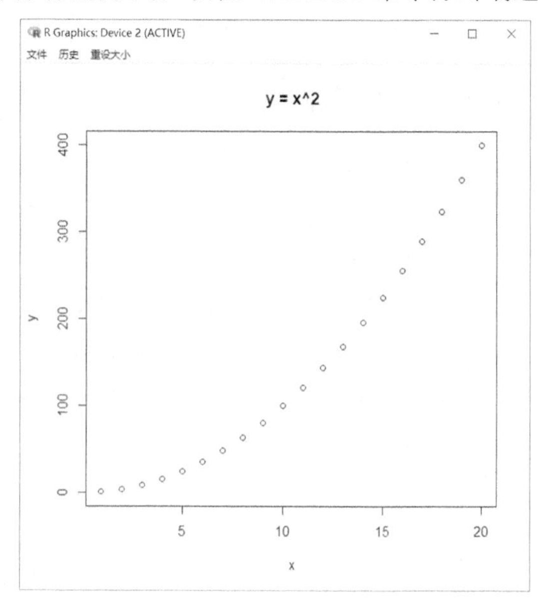

图 6-4 图形窗口中的文件选项

除了使用“另存为”的菜单选项，还可以在图形框中单击鼠标右键选择保存方式。例如，在 RGui 里，可以将鼠标光标移到图形窗口的任一区域，单击鼠标右键，根据弹出窗的提示（见图 6-5）来选择保存方式，如图元文件（*.emf）或 postscript 文件（*.eps）。

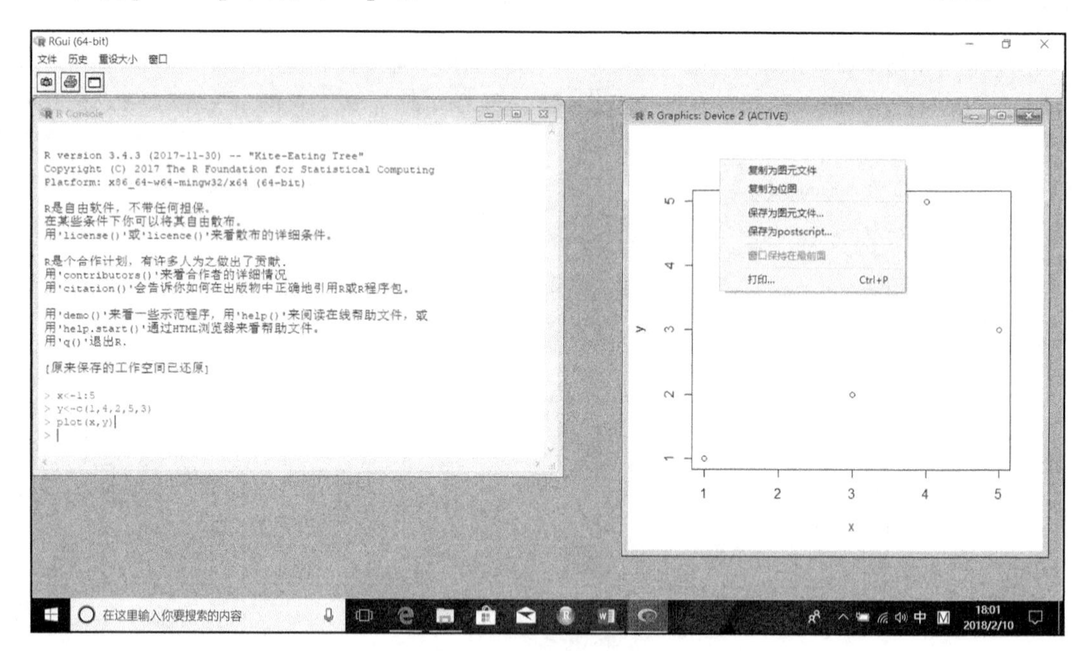

图 6-5 会话中保存图形

此外，还可以在代码中直接调用函数来保存图形为指定的格式。

例如，输出 PNG 格式的文件时，使用的是函数 png ()：

```
png("plot.png")                    #将图形保存到 plot.png 文件
x <- 1:20
y <- x^2
```

```
plot (x, y)
dev.off()                                    #调用本函数之前的所有图形都会被保存
```

除了 png ()外，其他可用的输出格式与所对应函数如下 。

（1）WMF: win.metafile ()，仅在 Windows 系统下使用 。

（2）PDF: pdf () 。

（3）JPEG: jpeg () 。

（4）BMP: bmp () 。

（5）TIFF: tiff () 。

（6）Postscript: postscript ()。

这些函数的用法和用途可以参考 CRAN 文档，或者使用帮助系统进一步了解。

6.2　调整绘图参数

plot ()函数看似简单，其实它提供了很多可设置的参数让用户能个性化地按需控制图形中的各种不同组成部分。通过设置参数可以对图形元素充分控制，使基于 R 语言的数据分析变得高效而又不失灵活。有的时候，用户可能还需要使用一些包来丰富自己的图形。

6.2.1　自定义特征

用户可以通过修改 plot ()函数的图形参数选项来自定义图形的多个特征，如字体、颜色、坐标轴、标题等。

第一种指定图形参数的方法是通过调用函数 par ()来指定图形参数的值。不加参数调用函数 par ()可以获取当前图形的参数列表。如果在调用时加入 no.readonly=TRUE 选项，则表示该参数列表的性质不是只读，即用户可以对其进行修改。例如，对图 6-1，可以先获取其参数，进行更改后再传到新的图中。

继续使用图 6-1 中的例子。假设想使用实心正方形而不是空心圆圈作为点的符号，并且想用虚线代替实线连接这些点，可以使用以下代码完成修改：

```
opar <- par (no.readonly = T)                #保存当前参数，性质不是只读
par (lty=2, pch=15)                          #设置新参数
x <- 1:20
y <- x^2
plot (x, y, type = "b")
par (opar)                                   #恢复原先的参数
```

第一条语句复制了一份当前的图形参数设置。第二条语句将默认的线条类型修改为虚线（lty=2）并把默认的点符号改为了实心正方形（pch=15）。最后，绘制图形（见图 6-6）并还原了初始设置。

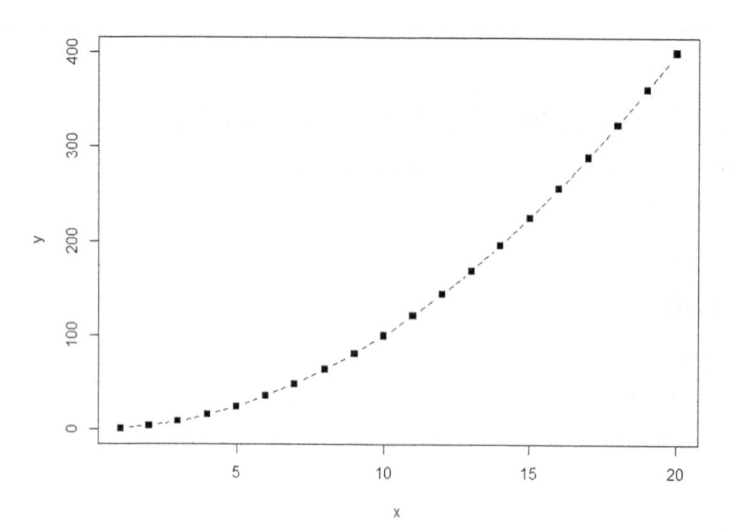

图 6-6 设置点和线的参数后绘制的图形

第二种指定图形参数的方法是为高级绘图函数直接提供 optionname=value 的键值对。在这种情况下，指定的选项仅对这幅图形本身有效。例如，可以通过下面的代码来生成与图 6-6 相同的图形：

```
x <- 1:20
y <- x^2
plot (x, y, type="b", lty=2, pch=15)
```

并不是所有的高级绘图函数都允许指定全部的图形参数。这就需要参考每个特定绘图函数的帮助信息（如使用?plot、?hist 或?boxplot 来查看帮助），以确定哪些具体的参数可以用这种方法设置。

6.2.2 调整符号与线条

用户可以使用图形参数来指定 plot ()函数绘图时使用的符号和线条类型。相关参数如表 6-3 所示。

表 6-3 符号与线条类型

参　数	说　明
pch	指定绘制点时使用的符号
cex	指定符号的大小。cex 是一个数值，表示绘图符号相对于默认大小的缩放倍数。默认大小为 1，1.5 表示放大为默认值的 1.5 倍，0.5 表示缩小为默认值的 50%等
lty	指定线条类型
lwd	指定线条宽度。lwd 是以默认值的相对大小来表示的（默认值为 1）。例如，lwd=2 将生成一条两倍于默认宽度的线条

选项“pch=”用于指定绘制点时使用的符号。使用的值和对应的符号如图 6-7 所示。

对符号 21 ~ 25，还可以指定边界颜色（col=）和填充色（bg=）。

选项“lty=”用于指定想要的线条类型，可用的值如图 6-8 所示。

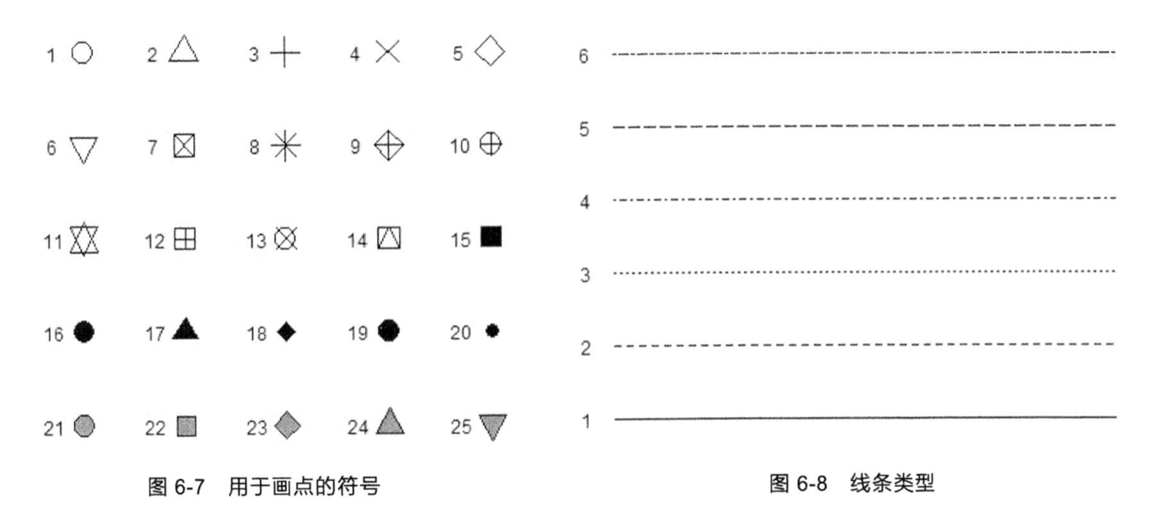

图 6-7　用于画点的符号

图 6-8　线条类型

在下面的示例中，将绘制一幅图形，设置其线条类型为点线，宽度为默认宽度的两倍，点的符号为实心三角形，大小为默认符号大小的两倍，画出的图形如图 6-9 所示。

```
x <- 1:20
y <- x^2
plot (x, y, type="b", lty=4, lwd=2, pch=17, cex=2)
```

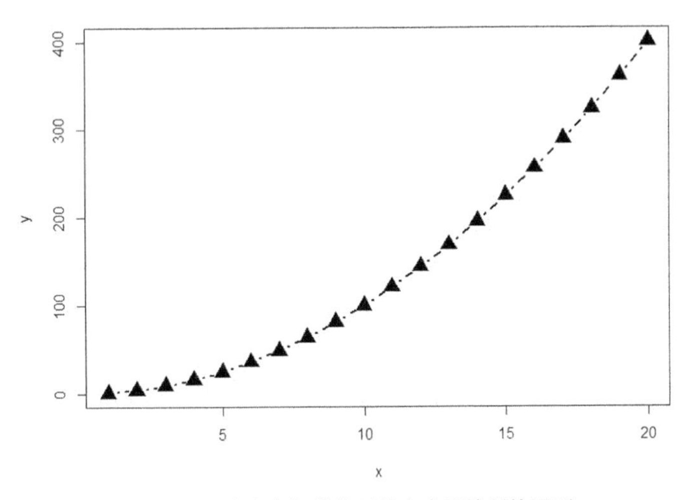

图 6-9　改变点与线的形状宽度后绘制的图形

6.2.3　调整颜色

颜色可以让图形带有更多的信息，让图形更具有表现力。R 提供了丰富的颜色，可以让用户按照需要自主选择。在 plot ()函数中，可以通过适当的参数设置来改变绘制图形的颜色，包括坐标轴、标题、前景及背景等的颜色，调整颜色的具体参数如表 6-4 所示。

表 6-4　颜色参数

参　　数	说　　明
col	绘图颜色
col.axis	坐标轴刻度颜色
col.lab	坐标轴名称颜色
col.main	图形标题颜色
col.sub	副标题颜色
fg	图形前景色
bf	图形背景色

R 语言提供了不同的方式来代表颜色，以满足不同的用户习惯。具体来说，用户可以通过选择颜色下标、颜色名称、十六进制的颜色值、RGB 值或 HSV 值来指定颜色。例如，col=1、col="white"、col="#FFFFFF"、col=rgb (1,1,1)和 col=hsv (0,0,1)都是表示白色的等价方式。函数 rgb ()可基于红、绿、蓝三色值生成颜色，而 hsv ()则基于色调、饱和度、明度值来生成颜色。

颜色设置方法包括表 6-5 所列的几种。

表 6-5　颜色设置方法

方　　法	示　　例
数字下标	col=1
名称	col="white"
十六进制值	col="#FFFFFF"
标准化 RGB/HSV 值	col =rgb (1,1,1)/ hsv (0,0,1)

R 当前版本所支持的颜色名称已达 600 余种，使用 colors ()函数可以列出数字与对应的名称。

```
> colors ()
  [1] "white"              "aliceblue"          "antiquewhite"
  [4] "antiquewhite1"      "antiquewhite2"      "antiquewhite3"
  [7] "antiquewhite4"      "aquamarine"         "aquamarine1"
 [10] "aquamarine2"        "aquamarine3"        "aquamarine4"
 [13] "azure"              "azure1"             "azure2"
 [16] "azure3"             "azure4"             "beige"
 [19] "bisque"             "bisque1"            "bisque2"
 [22] "bisque3"            "bisque4"            "black"
 [25] "blanchedalmond"     "blue"               "blue1"
…
```

用户如果想了解默认调色板的信息，可以输入指令 palette ()：

```
> (pal = palette ())
[1] "black"   "red"     "green3"  "blue"    "cyan"    "magenta" "yellow"
[8] "gray"
```

也可以通过代码用饼图画出调色板中的颜色，效果如图 6-10 所示。

```
par (mar = c(1,2,1,2))                          #设置边界
pie (rep(1, length(pal)), labels = sprintf("%d (%s)", seq_along(pal),
  pal), col = pal)
```

如果参数中给定了调色板中颜色的数量，使用 rainbow ()函数返回的是一个由连续颜色组成的向量，可以分别用于画出不同的颜色，如图 6-11 所示。

```
plot (
  1:25,
  cex  = 3,                                     #符号大小
  lwd  = 3,                                     #线宽
  pch  = 1:25,                                  #使用什么符号
  col  = rainbow(25),                           #颜色
  bg   = c(rep(NA, 20), terrain.colors(5)),     #后 5 个填充背景色
  main = "plot(1:25, pch = 1:25, ...)"
)
```

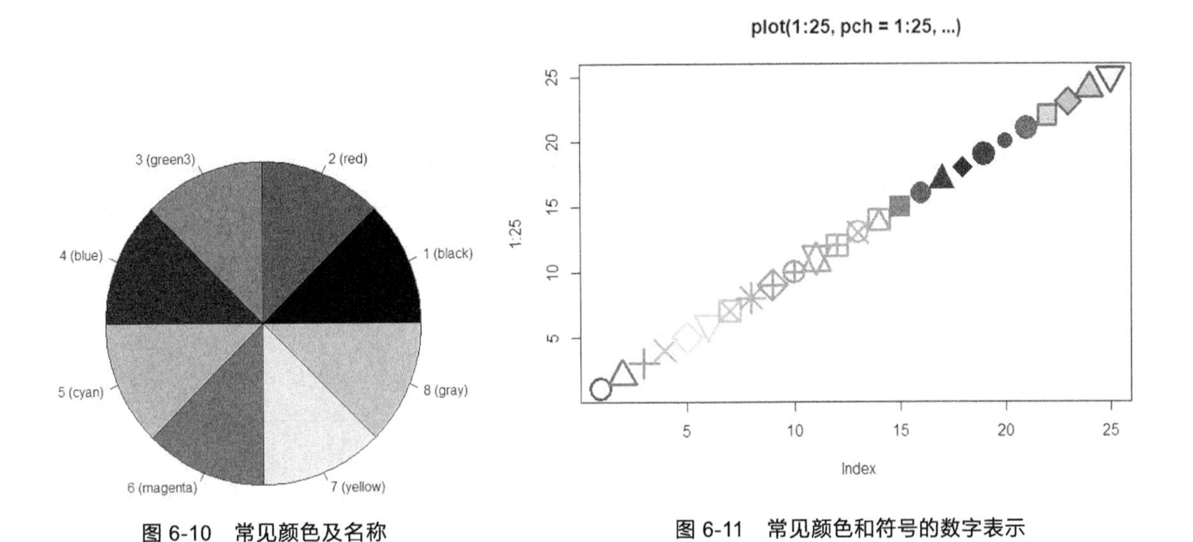

图 6-10　常见颜色及名称

图 6-11　常见颜色和符号的数字表示

6.2.4　调整标签与标题文本

函数 title ()用于在图形中添加标签。函数中的前四个参数同样可用于大多数高阶画图函数，它们必须属于字符或表达式类型。如果参数使用的是表达式类型，则可以产生上下标、

希腊字母或分数等数学符号（表 6-6 中给出了最基本的数学标注）。

表 6-6　数学标注

句　法	效　果
x %+-% y	$x \pm y$
x %/% y	x/y
x %*% y	$x \times y$
x%.%y	$x \cdot y$
x[i], x^2	x_i, x^2
paste (x, y, z)	xyz
sqrt (x), sqrt (x, y)	$\sqrt{x}, \sqrt[y]{x}$
x == y, x != y, x %~~% y	$x = y, x \neq y, x \approx y$
x < y,　x <= y, x > y, x >= y	$x<y, x \leqslant y, x>y, x \geqslant y$
x %=~% y	$x \cong y$
x %==% y	$x \equiv y$
x %prop% y	$x \propto y$
x %~% y	$x \sim y$
plain (abcABC)	abcABC
bold (abcABC)	**abcABC**
italic (abcABC)	*abcABC*
bolditalic (abcABC)	***abcABC***
symbol (abcABC)	$\alpha\beta\chi$ABX
list (x, y, z)	x, y, z
x %in% y	$x \in y$
x %notin% y	$x \notin y$
alpha - omega, Alpha - Omega	$\alpha - \omega, A - \Omega$
infinity	∞
32*degree	32°
frac (x, y)	$\frac{x}{y}$
sum (x[i], i==1, n)	$\sum_{i=1}^{n} x_i$
prod (plain (P)(X==x), x)	$\prod_{x} P(X = x)$
integral (f(x)*dx, a, b)	$\int_a^b f(x)\mathrm{d}x$
lim (f(x), x %->% 0)	$\lim_{x \to 0} f(x)$

函数 title ()的使用句法如下：

```
title (main = NULL, sub = NULL, xlab = NULL, ylab = NULL,line = NA, outer =
```

```
FALSE, ...)
```

标签与标题参数有两类，分别如下。

（1）标题/副标题：title/sub 。

（2）坐标轴标题：xlab/ylab。

下面的代码生成的标题和标签如图 6-12 所示。

```
x <- 1:20
y <- x^2
plot (x, y, ann=FALSE , col="tomato")
title (main="标题", col.main="red",
      sub="副标题", col.sub="brown",
      xlab="x 坐标轴", ylab="y 坐标轴",
      col.lab="navy", cex.main=2,cex.sub=1.25,font.sub=3)
```

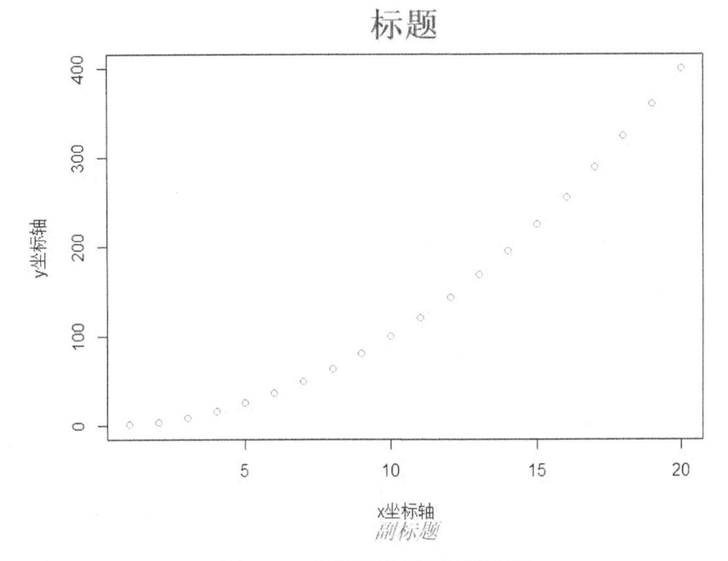

图 6-12　使用颜色显示标题标签

设置参数 ann=FALSE 来禁用 plot ()函数设置所有标题和标签，否则 plot (x，y)的坐标轴标签“x”和“y”会与 title ()里的标题冲突。

可以定义标题和标签的字体，参数如表 6-7 所示。

表 6-7　字体设置方法

参　　数	说　　明
cex	基础缩放倍数
cex.axis	坐标轴刻度的缩放倍数
cex.lab	坐标轴标题的缩放倍数
cex.main	图形标题的缩放倍数

续表

参　数	说　明
cex.sub	图形副标题的缩放倍数
font	字体样式。1——常规，2——加粗，3——加斜，4——加粗加斜，5——符号字体
font.axis	坐标轴刻度的字体样式
font.lab/ main/ sub	坐标轴名称/标题/副标题名称的字体样式
ps	字体磅值。文字的最终大小为 cex × ps
family	字族。如 serif（衬线）、sans（无衬线）、mono（等宽）

6.3 其他自定义元素

本节将介绍一些更加复杂的图形自定义元素。有一些功能的实现还需要使用由 R 社区中其他开发者编写的包。这些包可以帮助初学者快速地掌握更多实用的技巧。

6.3.1 坐标轴

可以使用 axis ()函数来创建自定义的坐标轴，用以取代 R 中的默认坐标轴。其句法为：

```
axis (side, at=, labels=, pos=, lty=, col=, las=, tck=, ...)
```

参数说明如表 6-8 所示。

表 6-8　坐标轴参数说明

参　数	说　明
side	一个整数，表示在图形的哪边绘制坐标轴（1=下，2=左，3=上，4=右）
at	一个数值型向量，表示需要绘制刻度线的位置
labels	一个字符型向量，刻度线旁的标签，省略时默认使用 at 中的值
pos	坐标轴与另一坐标轴相交位置的值
lty	线条类型
col	线条与刻度的颜色
las	标签平行于（=0）或垂直于（=2）坐标轴

6.3.2 次要刻度线

前面所创建的图形都只拥有主刻度线，却没有标出次要刻度线。要创建次要刻度线，需要使用 Hmisc 包中的 minor.tick ()函数。如果尚未安装 Hmisc 包，可以按下面的脚本先安装好并载入这个包：

```
install.packages("Hmisc")            #安装包 Hmisc
```

```
library(Hmisc)                        #加载包 Hmisc
```

minor.tick ()函数的使用句法为：

```
minor.tick  (nx=n, ny=n, tick.ratio=n)
```

其中，参数 nx 和 ny 分别指定在 *x* 轴和 *y* 轴上每两条主刻度线之间通过次要刻度线划分得到的区间个数，tick.ratio 表示次要刻度线相对于主刻度线的比例大小。当前的主刻度线长度可以使用 par ("tck")获取。例如，下列语句将在 *x* 轴的每两条主刻度线之间添加五条次要刻度线，并在 *y* 轴的每两条主刻度线之间添加四条次要刻度线，次要刻度线的长度将是主刻度线的一半，其效果如图 6-13 所示。

```
x <- 1:20
y <- x^2
plot (x,y, type="b", xlim=c(0, 20), ylim=c(0, 400))  #用 lim 设置轴的范围
minor.tick (nx=5, ny=4, tick.ratio=0.5)              #画次要刻度线
```

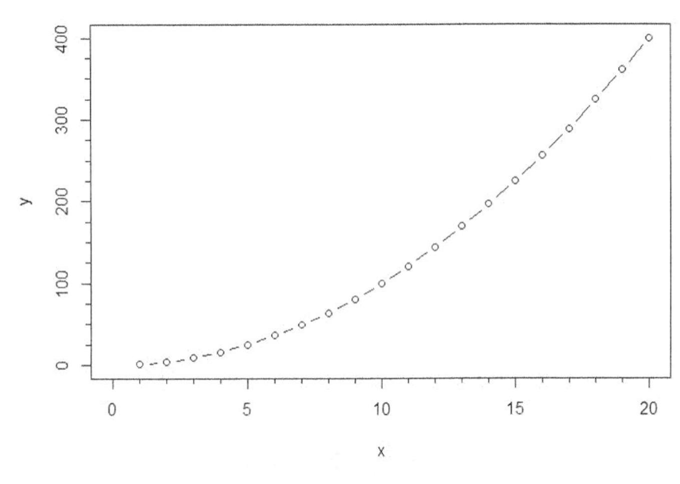

图 6-13　设置刻度线

6.3.3　网格线

画网格线可使用 abline ()函数，并分别用参数 h、v 指定网格线是竖直类型还是水平类型（函数的参数信息见表 6-9）。其基本调用形式如下：

```
abline (h=yvalues, v=xvalues)
```

表 6-9　abline ()的基本参数说明

参　数	说　明
a, b	分别表示直线的截距和斜率的数值
h	水平线的 *y* 轴坐标值
v	垂直线的 *x* 轴坐标值

续表

参　　数	说　　明
coef	给定截距和斜率的长度为 2 的向量
untf	指定是否对坐标系进行对数变换。设为 TRUE 时，进行对数变换。默认值为 FALSE
reg	该参数与 coef 参数一起使用，表示一个由 coef 指定的回归对象。如果 coef 向量的长度为 1，则表示一条过原点直线的斜率；长度大于等于 2，则头两个元素分别代表截距和斜率

在函数 abline ()中也可以指定其他图形参数，如线条类型、颜色和宽度。例如，如下代码绘制的图形如图 6-14 所示。

```
x <- 1:20
y <- x^2
plot (x, y, type="b", xlim=c(0, 20), ylim=c(0, 400))
abline (v=seq(0, 20, 1), h=seq(0, 400, 20), lty=2, col="grey")
```

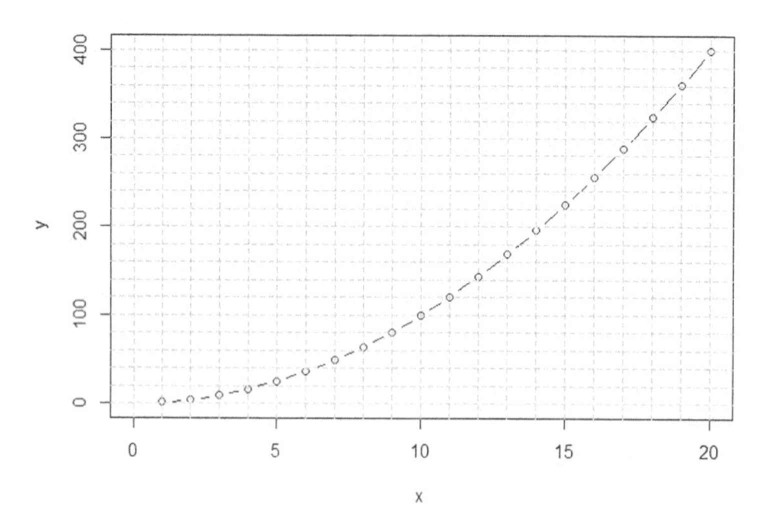

图 6-14　设置网格线

函数 abline ()除了能在图形中添加网格线外，还可以有其他调用形式。更完整的句法如下：

```
abline (a = NULL, b = NULL, h = NULL, v = NULL, reg = NULL, coef = NULL, untf
= FALSE, ...)
```

如果采用的是 abline (a=, b=)的参数形式，则可画出截距与斜率分别为 a 和 b 的一条直线。在后续章节中介绍的回归问题，通常会使用 abline ()画出参考线。可以尝试执行下面的代码，并改变参数值，看一看能画出什么样的图形。

```
#设置坐标系，给出 x 轴和 y 轴的范围
plot (c(-2,3), c(-1,5), type = "n", xlab = "x", ylab = "y", asp = 1)
#画出坐标轴
abline (h = 0, v = 0, col = "gray60")
```

```
text (1,0, "abline (h = 0)", col = "gray60", adj = c(0, -.1))
#画出整数网格线
    abline (h = -1:5, v = -2:3, col = "lightgray", lty = 3)
#画出给定截距、斜率的直线
abline (a = 1, b = 2, col = 2)
text (1,3, "abline (1, 2)", col = 2, adj = c(-.1, -.1))
```

6.3.4 叠加绘图

叠加绘图最简单的方法，就是使用绘图的参数 new=TRUE：

```
plot ( ... )
plot ( ... , new=TRUE)
```

在调用 plot(... , new=TRUE)时，记得用 axes=FALSE 将坐标轴、标签、标题隐藏，避免与原图冲突。

如果想要在图形上添加额外的点和线，则可使用 points ()函数与 lines ()函数，或者前面提到的参考线 abline ()函数。例如，用下列代码实现幂函数曲线、一条直线和两条参考线，如图 6-15 所示。

```
x <- 1:20
y <- (1:20)^2
plot (x, y, type="b")
#在原图上添加点
points (1:20, seq(1, 200, length.out=20), col="blue", pch=17)
#添加直线, lines (x,y)函数用线段连接 x, y 向量中给定坐标的点
lines (1:20, seq(1, 200, length.out=20), col="red")
abline (v=10, h=100, lty=2, col="purple")                    #添加参考线
```

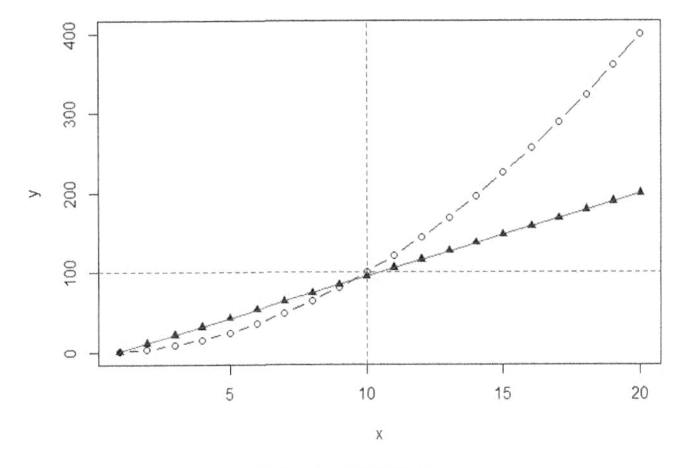

图 6-15　图形叠加

6.3.5 图例

当图形中包含的数据不止一组时，图例可以帮助读者辨别出每个条形、扇形区域或折线各代表哪一类数据。用户可以使用函数 legend ()来添加图例，其基本句法如下：

```
legend (x, y = NULL, legend, fill = NULL, col = par("col"), lty, lwd, pch,
          bty = "o", bg = par("bg"), text.col = par("col"),
          horiz = FALSE, title = NULL, inset = 0, ...)
```

函数的主要参数说明见表 6-10。

表 6-10 函数的主要参数说明

参数	说明
x, y	用于设置图例位置（左上角）的 *x*、*y* 坐标。也可以使用关键字 bottom、bottomleft、left、topleft、top、topright、right、bottomright、center 等表示在图中放置图例的位置。如果使用了上述关键字之一，还可以同时使用参数 inset=来指定图例从边缘向图形内侧移动的大小（以绘图区域大小的比例表示）
legend	标签组成的字符型向量
title	置于图例顶部的表示图例标题的字符串或长度为 1 的表达式
col/pch/lwd/lty	图例线条颜色/点样式/线宽/线型
bty/fill	盒型样式/颜色填充（用于条形图、箱形图或饼图）
bg	背景颜色
las	标签平行于（=0）或垂直于（=2）坐标轴
text.col	文本颜色
horiz	若为 TRUE，则会将图例水平放置

在图 6-15 中，如果想加上一些说明，可以使用下面的代码增加相应的图例。指定位置时使用的 *x* 和 *y* 坐标代表的是以图例边框左上角为原点的坐标，用到的仍是原图中数轴代表的坐标系（见图 6-16）。

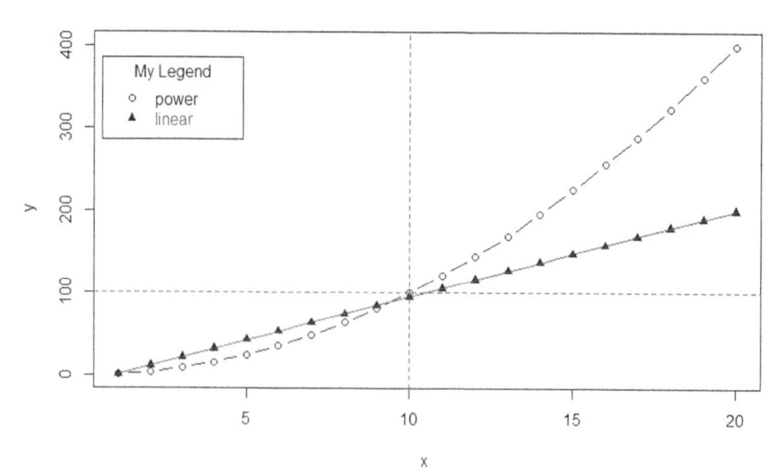

图 6-16 添加图例

```
leg.tex <- c("power","linear")
legend (x=0.5, y=385, leg.tex, col=c("black","blue"), pch=c(1,17),
text.col=c("black","red"), title="My Legend")
```

6.3.6　标注

将文字直接标注在图中，可以使需要表示的信息一目了然。用户可以通过函数 text ()和 mtext () 在图形上添加文字。text ()可用于在绘图区域内部添加文字，mtext ()则用于在图形的上、下、左、右等四个边界上添加文字（具体参数说明如表 6-11 所示）。两个函数的使用句法分别如下：

```
text (x, y = NULL, labels = seq_along(x$x), adj = NULL,
      pos = NULL, offset = 0.5, vfont = NULL, cex = 1, col = NULL, font = NULL, ...)

mtext (text, side = 3, line = 0, outer = FALSE, at = NA,
      adj = NA, padj = NA, cex = NA, col = NA, font = NA, ...)
```

表 6-11　参数说明

参　数	说　明
x、y	表示文字位置坐标的数值向量。x、y 坐标向量长度不同时则循环补齐
pos	指定文字相对于位置参数的方位。数字 1～4 分别表示位于指定坐标的下、左、上、右。当指定了 pos 时，还可同时指定参数 offset=作为偏移量，以相对于单个字符宽度的比例表示
side	用于指定在图形的哪一侧放置文本。数字 1～4 分别表示图形的下、左、上、右等方位。还可以指定参数 line 表示相对边界内移或外移文本，从 0 开始向外侧计数。如果要调整字符串的阅读方向，可使用参数 adj= 来设置：对平行于坐标轴的字符串，adj=0 表示向左或下方对齐，adj=1 表示向右或上方对齐

在标注中，依然可以使用表 6-6 提到的数学标注方式，例如，用“expression (y==x^2)”可以在图 6-17 中标注公式 $y = x^2$。

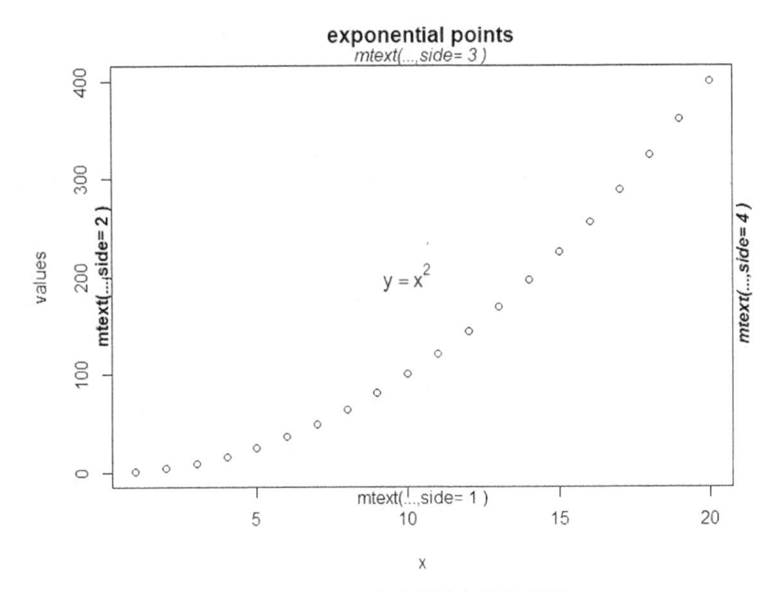

图 6-17　文字标注与边界标注

相关代码如下：

```
plot (1:20, (1:20)^2, main = "exponential points", xlab = "x",
ylab="values")
#使用 expression ()来标注公式，使用方法见表 6-6
text (10,200, expression(y==x^2), cex=1.2, col="blue")
for (s in 1:4)
    mtext(paste("mtext(...,side=", s ,")"), side = s, font=s)
```

6.4 描述性统计图

数据的基本分析还包括获得这些数据的描述性统计信息，如最大值、最小值、不同值的频率分布等。R 语言提供了用于将描述性统计信息以图形方式表示出来的函数。下面分别介绍 R 中柱状图、饼图、直方图、箱形图的绘制方法。此外，还将介绍绘制三维散点图的函数，帮助用户获得对三维对象的认识。

6.4.1 柱状图

柱状图通过一组垂直或水平的条柱来表示分类变量的分布情况（频数）。可使用 R 中的函数 barplot ()画柱状图，其使用方法如下：

```
barplot (height)
```

更一般的使用方式如下：

```
barplot (height, width = 1, space = NULL, names.arg = NULL, beside = FALSE,
        horiz = FALSE, density = NULL, angle = 45, ...)
```

其中，参数 height 是一个向量或一个矩阵，其他可选参数请参考表 6-12 中的说明。

表 6-12 barplot ()常用参数说明

参数	说明
height	向量或矩阵。如果是向量，数值表示构成柱状图的条柱的高度；如果是矩阵，当参数 beside 设为 FALSE 时，每一个条柱对应于矩阵 height 的一列，列中的元素数值指定了堆叠成一个条柱的各个子条柱的高度；如果 height 是矩阵但是 beside 设为 TRUE，每一列中的子条柱并列放置而不是堆叠起来
width	可选项。表示条柱宽度的向量，默认为 1
space	可选项。用于表示每一个条柱左侧的空白大小（用平均条柱宽度的比例表示）。如果 height 是一个矩阵且 beside 设为 TRUE，默认值为 c(0,1)（第一个数值表示组内的空白，第二个表示组间的空白），其他情况的默认值为 0.2
names.arg	可选向量。标在每一个条柱或每一组条柱下面的标签。默认为 NULL
beside	逻辑值。设为 FALSE 时，height 的每一列被描绘成堆叠的条柱；设为 TRUE 时，每一列则被并列放置。默认为 FALSE
horiz	逻辑值。设为 FALSE 时，条柱从左到右垂直排列；设为 TRUE 时，则从上到下水平排列。默认为 FALSE
density	描述条柱阴影线密度的向量。默认为 NULL

下面将根据泰坦尼克号乘客的存活情况进行绘图。数据已包含在 R 语言自带的数据集中。首先，用 data (Titanic)加载数据集，然后输出 Titanic 查看数据。Titanic 数据集是一个四维数组，通过对四个变量进行交叉，得到 2201 个观察结果。变量和变量的取值如表 6-13 所示。

表 6-13　Titanic 数据集变量说明

变　量　名	取 值 说 明
Class	1st、2nd、3rd、Crew
Sex	Male、Female
Age	Child、Adult
Survived	No、Yes

其中，Class 表示船舱等级（一等、二等、三等和船员），Survived 表示是否获救（No 表示遇难，Yes 表示存活）。

```
> data (Titanic)                           #加载 Titanic 数据集
> Titanic                                  #显示 Titanic
, , Age = Child, Survived = No

     Sex
Class  Male Female
  1st     0      0
  2nd     0      0
  3rd    35     17
  Crew    0      0

, , Age = Adult, Survived = No

     Sex
Class  Male Female
  1st   118      4
  2nd   154     13
  3rd   387     89
  Crew  670      3

, , Age = Child, Survived = Yes

     Sex
Class  Male Female
  1st     5      1
```

```
  2nd   11    13
  3rd   13    14
  Crew   0     0

, , Age = Adult, Survived = Yes

      Sex
Class  Male Female
  1st    57   140
  2nd    14    80
  3rd    75    76
  Crew  192    20
```

如果用户需要看到总的获救人数和遇难人数，最直观的方式就是用柱状图来表示。

```
> mat <- apply (Titanic, 4, sum)      #对 Titanic 数据集第 4 个变量应用 sum 函数
> mat                                 #显示求和结果
  No  Yes
1490  711
> barplot (mat, main="存活情况", names = c("遇难","存活"))      #画柱状图
```

其中，调用 apply (Titanic, 4, sum)的目的是将 Titanic 数据集的第四个变量，也就是存活情况分别进行求和，画出的柱状图如图 6-18 所示。

如果想进一步了解什么性别的乘客在泰坦尼克号沉船事故中丧生概率更大，可以用 barplot ()绘制层叠柱状图，并用 col 选项为绘制的条柱添加颜色，相关代码如下，其中的参数 legend 为图例提供了条柱各层的标签（见图 6-19）。

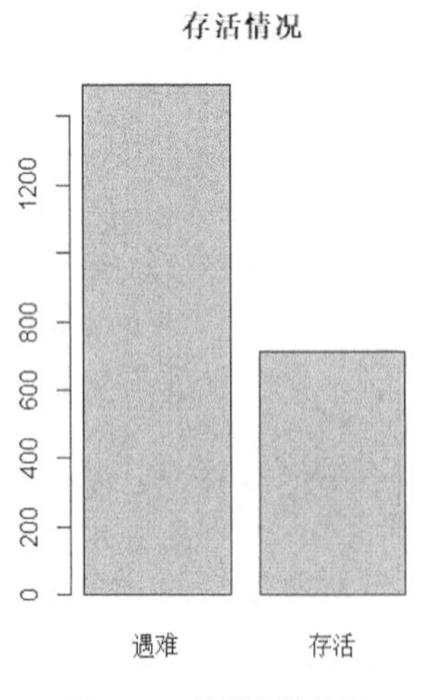

图 6-18　简单的柱状图

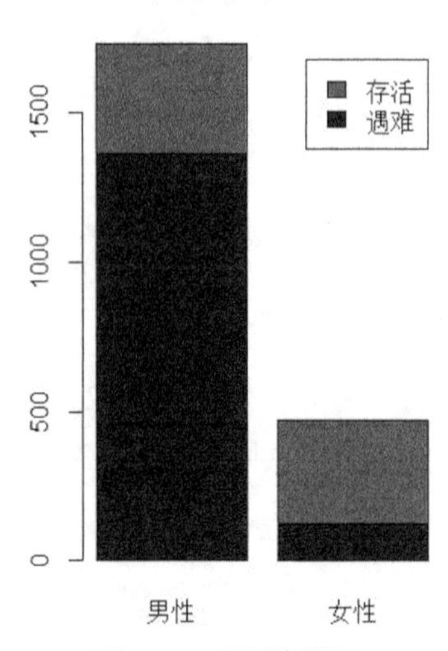

图 6-19　层叠柱状图

```
> mat <- apply (Titanic, c(4,2), sum)
> mat
        Sex
Survived Male Female
     No 1364   126
     Yes 367   344
> barplot (mat, col = c("red","green"), legend = c("遇难","存活"), main="性别
和存活情况", names = c("男性","女性"))
```

6.4.2 饼图

对一般的用户来说，类似饼图这种形式的统计图并不值得推荐，因为相对于面积，人们直觉上对长度的判断更精确。也许由于这个原因，R 中画饼图时的选项与其他统计软件相比显得较为有限。在 R 语言中可用 pie ()函数创建饼图，其调用形式如下：

```
pie (x, labels=, ...)
```

其基本参数说明如表 6-14 所示。

表 6-14　pie ()函数的基本参数说明

参　数	说　明
x	一个由非负数值组成的向量，表示饼图每一个区域的面积
labels	表示每一个区域标签的表达式或字符串
radius	饼图的半径，默认值为 0.8。注意，饼图被绘制在边界从-1 ~ 1 的正方形盒子里
clockwise	逻辑值，表示饼图按顺时针或逆时针方向绘制。默认值为 FALSE，表示按逆时针方向绘制

例如，可以用饼图来看一下泰坦尼克号上不同舱位的乘客和船员的比例，结果如图 6-20 所示。

```
pie (apply (Titanic, 1, sum), c("一等舱","二等舱","三等舱","船员"))
```

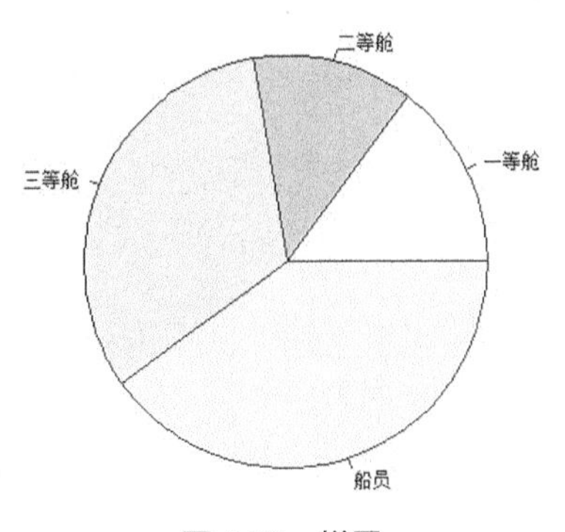

图 6-20　饼图

6.4.3 直方图

直方图使用离散化的方法对变量进行分组统计。一般来说，系统会先在 *x* 轴上将取值范围划分为一定数量的组，然后在 *y* 轴上显示相应组中的频数，来展示连续型变量的分布。在 R 中可以使用如下函数创建直方图：

```
hist (x, freq=TRUE, breaks=, ...)
```

其中，freq 参数的默认值是 TRUE，指定纵轴表示的是频数，freq=FALSE 则表示根据概率密度绘制图形；breaks 用于指定横轴上分组的个数（参数的有关信息可参考表 6-15）。在定义直方图中横轴的单元时，默认将生成等距切分。

表 6-15　hist ()函数基本参数说明

参　数	说　明
x	需要绘制直方图的数值向量
freq	逻辑值，当且仅当 breaks 为等间距时默认值为 TRUE。设为 TRUE 时，绘制的是频数直方图；设为 FALSE 时，则绘制频率直方图
breaks	可以是下列情况之一：给定直方图小格划分点的向量；计算划分点的函数；一个表示直方图小格数的数值；表示计算小格数算法名称的字符串；计算小格数的函数
right	逻辑值，设为 TRUE 时表示直方图的每一个小格为左开右闭。默认值为 TRUE

在下面的示例中，首先生成 1000 个呈正态分布的随机数：

```
> x <- rnorm (1000, mean = 0, sd = 1)
> x
   [1] -0.058379508  0.661524269 -0.514879136 -0.649888662  0.000997673
   [6]  0.025241062 -1.380564055 -1.964151751 -0.302847404 -2.329017579
    ...
 [991] -0.056736434  0.608844048  1.633418924  0.361943459 -3.123785972
 [996]  1.398768646  1.108649487 -0.844232875  0.429845247 -0.609980180
```

然后，根据这 1000 个随机数分别生成频数直方图和频率直方图。

```
par (mfrow = c(1,2))                    #在一行中显示两张图
hist (x)
hist (x, freq=F)                        #设置 freq=F，表示画的是频率图
lines (density(x), lwd=2)               #添加估计的核密度线
```

图 6-21 左侧是频数直方图，而右侧的密度曲线是一种核密度估计，核密度估计是用于估计随机变量概率密度函数的一种非参数方法。虽然其数学细节本书不做讨论，但从总体上讲，核密度图不失为一种用来观察连续型变量分布的有效方法。绘制核密度图使用 density ()函数即可。

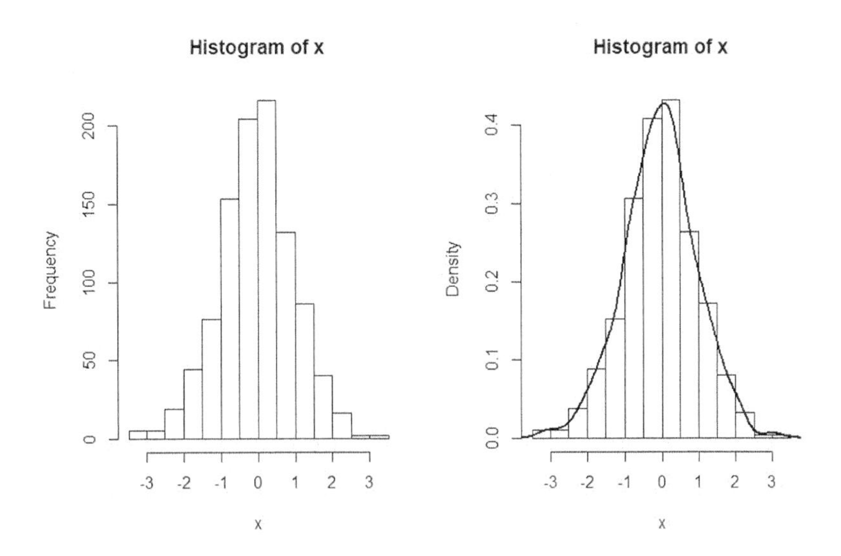

图 6-21　直方图

6.4.4　箱形图

箱形图（Box-plot）也被称为盒须图、盒式图或箱线图，是一种用来表示一组数据分散状况的统计图，之所以如此命名就是因为其主要部分的形状如同一个箱子。箱形图可以通过绘制出一个连续型变量的五数总括，即最小值、下四分位数（第 25 百分位数）、中位数（第 50 百分位数）、上四分位数（第 75 百分位数）以及最大值，概括性地描述该连续型变量的分布信息。在 R 中可以使用 boxplot ()函数创建箱形图。

函数 boxplot ()的最简单调用句法如下：

```
boxplot (x, ...)
```

更一般的形式则是：

```
boxplot (x, ..., range = 1.5, width = NULL, outline = TRUE)
```

其基本参数可以参考表 6-16。

表 6-16　boxplot ()基本参数说明

参　数	说　明
x	一个数值向量或是一个包含数值向量的列表，用于指定生成箱形图所需的数据
range	决定上下虚线从箱盒中延伸的范围。默认值为 1.5，即从箱盒延伸至四分间距的 1.5 倍，超出上下虚线则为离群点
width	表示箱形相对宽度的向量
outline	逻辑值，设为 FALSE 时，不画出离群点。默认值为 TRUE

函数 boxplot ()的返回值是一个 S3 类型的对象，包括了数据统计的相关信息，例如，属

性 stats 就含有与五数总括对应的数值，属性 out 记录了离群点。

下面对刚才形成的 1000 个正态分布的随机变量绘制箱形图，如图 6-22 所示。

```
fig <- boxplot (x, main="箱形图")
paras <- c("最小值", "下四分位数", "中位数", "上四分位数", "最大值")
text (1.25, fig$stats, paras, pos=4)
```

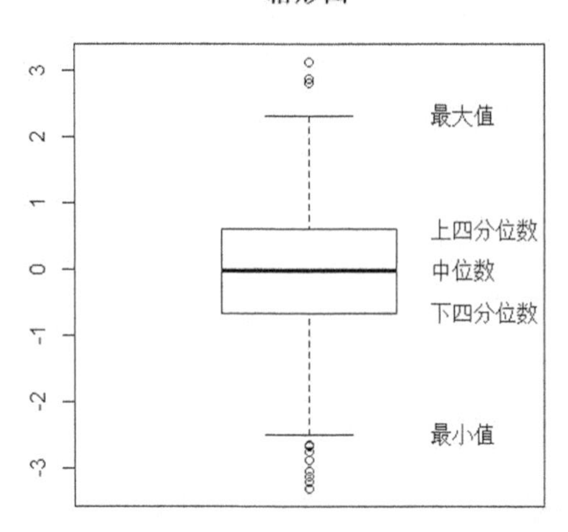

图 6-22　箱形图

在图 6-22 中，用圆圈标出的点为离群点。把第一四分位数（即下四分位数）记为 Q_1，第三四分位数（即上四分位数）记为 Q_3，如果一个点的数值 x 满足 $x < Q_1 - 1.5(Q_3 - Q_1)$，或 $x > Q_3 + 1.5(Q_3 - Q_1)$，那么这个点就被默认为离群点。

6.4.5　三维绘图

可以先安装与三维绘图相关的一些包来获得所需功能，如 scatterplot3d 包和 rgl 包。

1. scatterplot3d 包

首先，需要执行下面的语句来安装包：

```
install.packages ("scatterplot3d")
```

绘制三维散点图使用下列形式：

```
scatterplot3d ()
```

散点图和散点图矩阵展示的都是二元变量关系，如果想一次性对三个定量变量的交互关系进行可视化，可以使用 scatterplot3d ()函数绘制三维散点图，格式如下：

```
scatterplot3d (x, y, z)
```

其中，x 被绘制在水平轴上，y 被绘制在竖直轴上，z 被绘制在透视轴上。图 6-23 所示是一个用 scatterplot3d ()画螺旋线的例子，对应代码如下：

```
library (scatterplot3d)
z <- seq (-10, 10, 0.01)
x <- cos (z)
y <- sin (z)
scatterplot3d (x, y, z, highlight.3d=TRUE)
```

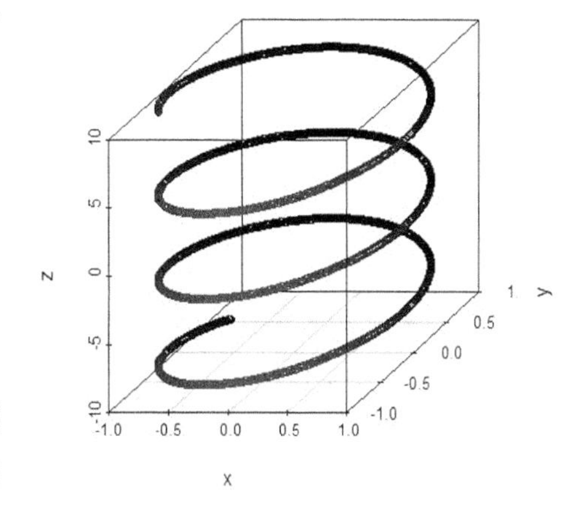

图 6-23　scatterplot3d ()绘制的散点图

scatterplot3d ()函数提供的参数选项可用于设置图形符号、坐标轴、颜色、线条、网格线、突出显示和角度等，这些内容都留给读者自己去学习和探索。

2. rgl 包

scatterplot3d ()函数只能画出静态的三维图像，如果能对三维散点图进行交互式操作，那么图形的实用性更好。R 语言提供了一些旋转图形的功能，可以从多角度观测绘制的数据点。rgl 包中的 plot3d ()函数可以创建交互的三维散点图，并且可以通过鼠标对图形进行旋转，函数句法如下：

```
plot3d (x,y,z)
```

其中，x、y 和 z 是数值型向量，代表着各个点，还可以添加 col 和 size 选项来分别控制点的颜色和大小。下面将对 R 自带的 iris 数据集进行三维绘图。

首先，加载 iris 数据集：

```
> attach (iris)
> iris
    Sepal.Length Sepal.Width Petal.Length Petal.Width    Species
1            5.1         3.5          1.4         0.2     setosa
2            4.9         3.0          1.4         0.2     setosa
3            4.7         3.2          1.3         0.2     setosa
4            4.6         3.1          1.5         0.2     setosa
5            5.0         3.6          1.4         0.2     setosa
6            5.4         3.9          1.7         0.4     setosa
...
148          6.5         3.0          5.2         2.0  virginica
149          6.2         3.4          5.4         2.3  virginica
150          5.9         3.0          5.1         1.8  virginica
> levels (Species)                             #可以直接访问其属性
[1] "setosa"     "versicolor" "virginica"
```

使用 attach ()命令激活 iris 数据集，使之成为当前的数据集。也可以使用 data ()函数加载数据集，但是两种方法访问属性的方式略有区别，下面给出了具体的示例。

```
> data(iris)
> dim(iris)
[1] 150   5
> levels(iris$Species)                    #需要加上数据集名称才能访问其属性
[1] "setosa"     "versicolor" "virginica"
```

在 levels ()中，可以直接调用 iris 的一个属性 Species。对前三个属性进行三维绘图：

```
library (rgl)
a<-Species
levels (a)<-c ('Green', 'Red', 'Blue') #为不同种类的花画不同的颜色
plot3d (Sepal.Length,Sepal.Width,Petal.Length,col=a,size=10)
```

在图 6-24 中，可以使用鼠标进行旋转和缩放等操作，通过选择恰当的角度，从图中可以很直观地看出不同的鸢尾花种类和前三个测量结果变量之间的关系。我们还可以使用 rgl 包的函数以类似于 MATLAB 的方式来绘制三维曲面图。下面代码生成的图形如图 6-25 所示。

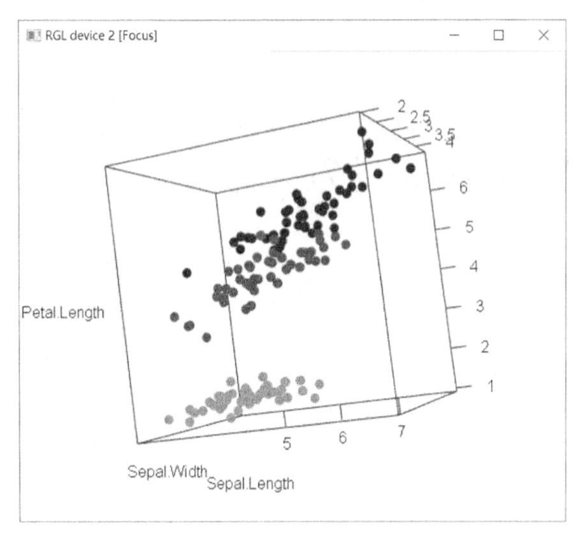

图 6-24　plot3d ()绘制的散点图

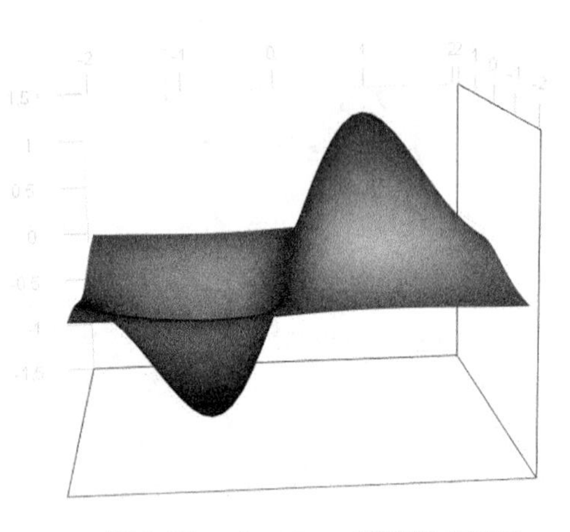

图 6-25　rgl.surface ()绘制的曲面图

```
points <- seq (-2, 2, length=40)
#创建网格
XY <- expand.grid(X=points,Y=-points)
#设置 Z 函数
Zf <- function(X,Y)
{
   2./exp((X-.5)^2+Y^2)-2./exp((X+.5)^2+Y^2);
```

```
}
#填充曲面
Z <- Zf (XY$X, XY$Y)
zlim <- range (Z)
zlen <- zlim[2] - zlim[1] + 1

jet.colors <-   #该函数在 grDevices 包中
     colorRampPalette (c ("#00007F", "blue", "#007FFF", "cyan",
                  "#7FFF7F", "yellow", "#FF7F00", "red", "#7F0000"))
colorzjet <- jet.colors (50)  #50 个不同的颜色
require (rgl)
open3d ()
rgl.surface (x=points, y=matrix(Z,40),
          coords=c (1,3,2),z=-points,
          color=colorzjet[findInterval (Z, seq(min(Z), max(Z),
 length=50))])
axes3d ()
```

6.5　动态图形

如果能够显示出相关的因素是如何随着时间变化并相互影响，那么就能帮助人们更好地理解所关注对象的演化规律。此外，以平面的方式显示高维图形本身就会遇到一些麻烦，如果再加上一个时间维度，会让图形带来更多理解上的困难。因此，把时间从图形中抽取出来，减少图形自身的复杂度，以用户更加熟悉的动态演化过程的形式去揭示时间起到的作用，对数据可视化更有帮助。R 语言支持多种方式生成动图，我们在此只介绍两种简单的实现方法。

6.5.1　保存为 GIF 格式

最简单的方式是按时间顺序生成一组所需的静态图形，并把这些图形分别保存在文件中，再使用 ImageMagick 或在线工具 Animated GIF maker 等软件把这些文件转换成 GIF 格式图形。转换时可以指定图形切换的时间间隔，并按照需要指定动态特性。例如，可以执行下面的代码：

```
#设置工作目录
setwd ('~/Documents/R/Images/')          #需要保存很多图形文件，放在特殊目录下
frames <- 50                             #需要一次画出 50 幅图，数量可以改变
for (i in 1:frames)
{
#创建图形文件的文件名，以不同数量的 0 开头，目的是让文件名的排序与生成顺序一致
    if (i < 10)                          #序号为个位数
        name <- paste ('000', i, 'plot.png', sep='')
```

```
    if (i < 100 && i >= 10)              #序号为十位数
        name <- paste ('00', i, 'plot.png', sep='')
    if (i >= 100)                        #序号为百位数
        name <- paste ('0', i, 'plot.png', sep='')
    x <- seq (0, i, 1)
#不同参数二项式分布的概率密度
    f.3 <- dbinom (x, size=i, prob=.3)
    f.7 <- dbinom (x, size=i, prob=.7)
#把图形保存到当前工作目录下指定名字的 PNG 格式文件中
    png (name)
    plot (x, f.3, type='h', xlim = c(0, frames), ylim = c(0,.7), ylab ='pro
bability',   main = paste('Binomial density with n = ', i), col = 'red')
lines (x, f.7, type='h', col='blue')
    text (45, .6, 'p = .3', col='red')
    text (45, .6, 'p = .7', col='blue', pos=1)
    dev.off ()
}
```

上述代码中最重要的部分是 png ()函数，其作用是，在调用 dev.off ()之前，将生成的图形以 PNG 格式保存在当前的工作目录下（还可以选择其他的保存格式，如 JPEG、BMP 和 TIFF 等，所使用的函数形式也非常类似）。在生成了 50 个 PNG 文件之后，可以用 ImageMagick 软件把保存的 PNG 文件转换成一个 GIF 文件，所需的操作只是在图形保存的目录下以操作系统终端的命令行形式执行如下命令即可：

```
> magick convert *.png -delay 3 -loop 0 binom.gif
```

在第 1 章介绍过如何进入 Windows 10 命令行终端，这里的做法相似：同时按下⊞和 R 键，在“运行”窗口中输入“cmd”并按 Enter 键，就可以打开一个终端。在终端上把目录切换到正确的目录下，再执行“magick convert”命令，就可以在目录中发现新建的 binom.gif 文件。用适当的软件打开这个文件，可以查看二项式分布概率密度随参数改变的动态效果（见图 6-26）。请注意，如果需要使用 ImageMagick 等软件，一定要了解版本兼容的问题，因为版本不兼容可能会引发一些困扰。例如，在新版本的 ImageMagick 软件（ImageMagick-7.0.7-27-Q16-x64）中，已经不

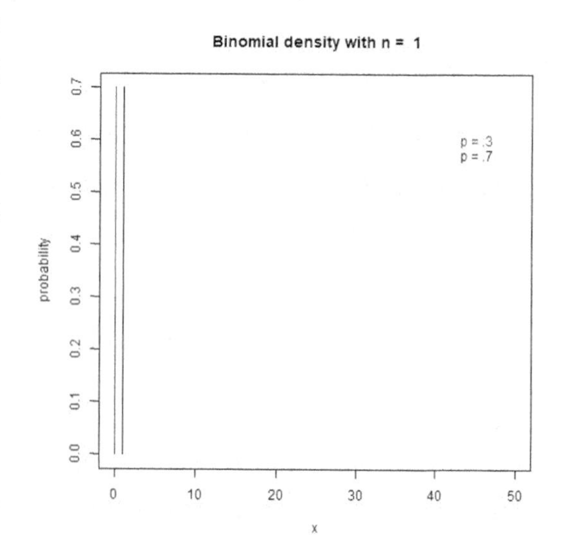

图 6-26　二项式分布概率密度和参数的关系

再含有可执行文件 convert.exe，所有的功能都可以用 magick.exe 实现，这样做是为了避免和 Windows 系统自带的同名文件发生冲突。所以在转换文件格式时需要使用"magick convert"命令。

6.5.2　gganimate 包

在 R 语言中，针对不同应用画出各式各样的动态图对用户来讲是一个非常有意思的挑战，也是很多 R 社区开发者共同努力的目标。因此，普通的用户可以站在前人的肩膀上，只要编写简单的代码就能够绘制效果出色的动态图形。在 R 环境下，已经有很多画动态图的包可供用户选择，这里仅使用 ggplot2 包的扩展形式 gganimate 包来举例说明。在 ggplot2 包中，绘图是按照不同图层来实现的，图层之间使用符号"+"连接。由于采用的是数据与具体的绘图操作分离的思想，ggplot ()函数仅仅起到对图形的初始化作用，包括指定数据来源，而实际的画图任务则由一系列 geom 函数完成。本书不对 ggplot2 包的功能做过多讨论，有兴趣的读者在完成 ggplot2 包的安装、载入后，可以通过帮助系统进一步了解其主要函数的用法。

要使用 gganimate 包，需要先安装它，在这之前，还要预先安装 devtools 包。下面的代码给出了操作过程：

```
install.packages ("devtools")                          #安装 devtools
devtools::install_github ("dgrtwo/gganimate")          #安装 gganimate
```

此外，因为画图时还要用到 tidyverse 和 dslabs 包的一些功能以及数据，所以也要安装这两个包。这两个包比较简单，直接使用 install.packages()就可以安装好。

函数 gganimate ()用于显示一个 ggplot2 对象 p 的动画，其默认调用形式如下：

```
gganimate (p = last_plot (), filename = NULL, saver = NULL, title_frame = TRUE, ...)
```

调用函数时，若参数名 filename 不为空，则按照 saver 选项的格式（如"mp4"或"gif"）保存到文件名所指定的文件；否则只显示而不保存。逻辑型参数 title_frame 指明是否要在每一幅图形的标题后加上当前的 frame 值。

一般来说，在使用 gganimate ()生成动画时可以遵照下列步骤进行。

（1）准备数据。数据既可以是时间序列，也可以是带有顺序属性的数据框。

（2）按照时间或者其他顺序依次生成多幅 ggplot 图形组成的对象 p。在调用 ggplot ()函数时，参数 frame 决定了按照什么条件绘制一幅图形。

（3）得到动画效果。调用 gganimate ()函数生成动画，也可以将动态图形保存到指定文件中。

先看上述过程的一个简单示例。前面在介绍数据编辑器时曾经使用过一个数据集 airquality，该数据集包含了美国纽约市在 1973 年 5 月到 9 月一段时间内的空气质量记录。如果想观察气温按月变化的情况，用户可以采用一种直截了当的做法，即按月一张一张地画出气温在不同采集时间上的折线图，然后将这些图按照时间顺序连接起来。这样，用户就可以查看数据如何动态地随时间而演化。

```
library (gganimate)                    #加载所需的包
library (ggplot2)
aq <- airquality                       #使用 airquality 数据集
#按年-月-日整理日期
aq$date <-as.Date (paste (1973, aq$Month, aq$Day, sep = "-"))
#每一幅图按 Month 生成
p <- ggplot (aq, aes (date, Temp, frame=Month, cumulative = TRUE)) + geom_l
ine()
#显示 ggplot2 对象 p 的动画，并保存到指定名称的文件
gganimate (p, filename="aq_output.gif", title_frame = FALSE)
```

执行完上面的代码，就可以在当前工作目录中发现刚刚生成的文件 aq_output.gif。图 6-27 显示的就是这个动态图形的一部分。

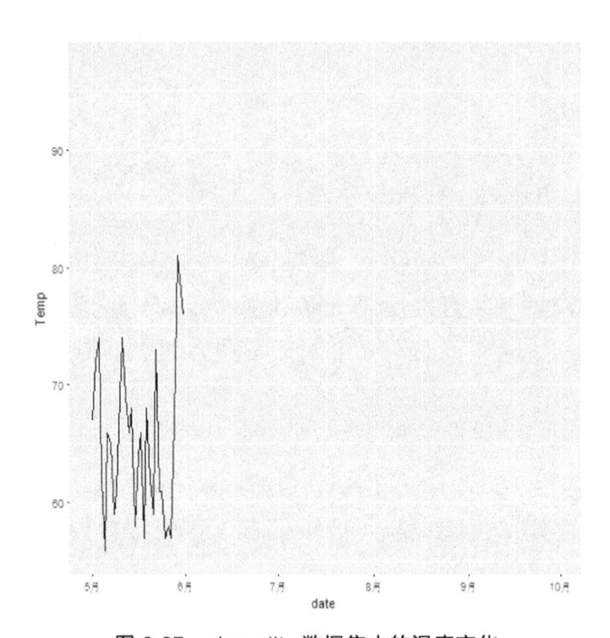

图 6-27 airquality 数据集中的温度变化

动态图形可以将一个复杂的动态过程用直观的方式展现出来，可以帮助用户理解现象和寻找规律，从而对数据分析起到重要的辅助作用。接下来看一个表现中心极限定理效果的例子。

```
library(gganimate)
library(ggplot2)
library(dplyr)
library(tidyr)
```

```
#生成 200000 个样本的标准指数分布的数据集
foo <- rexp (200000)

#创建一个空列表
bar <- list ()
#计数器
cnt <- 1:5000

#每次从数据集中抽取 200 个样本来计算均值，重复 5000 次，并将结果保存到列表中
for (i in cnt)
    bar[[i]] <- mean (sample (foo, size = 200))

#按两位小数四舍五入来减少用于频数统计的容器的数量，unlist()将列表转换为向量
baz <- round (unlist (bar), 2)

#创建交叉表来统计频数
boo <- xtabs (~baz)

#抽取容器的标签
nam <- names (boo)

#得到绘图所需使用的数据框
bee <- data_frame (sample = c (1:length (boo)),
                   mean = as.numeric (nam),
                   freq = as.numeric (boo))

#按 sample 序号，也就是均值从小到大，来绘制图形，以得到图形对象
clt <- ggplot (bee, aes (y = freq, x = mean, frame = sample)) +
       geom_bar (aes (cumulative = TRUE), stat = 'identity',
                 fill = 'darkblue', colour = 'darkblue') +
       geom_vline (xintercept = mean (foo), colour = "red", size = 1) +
       scale_x_continuous (limits = c (0.7, 1.3),
                   breaks = seq (from = 0.7, to = 1.3, by = 0.1)) +
      labs(title = '容器计数器值 =',x = '\n 采样均值', y = '频数\n') +
     theme (plot.title = element_text(size = 20),
          axis.text =  element_text (size = 20),
          axis.title = element_text (size = 20),
          axis.ticks = element_blank(),
```

```
          panel.grid.major = element_line (colour = 'gray80',
                                           size = 0.3),
          panel.background = element_blank())

#生成并保存动画
gganimate (clt, interval = 0.2, 'central-limit.gif')
```

在图 6-28 中，竖线表示的是 200000 个样本的总体均值。可以看出，5000 次抽样的结果中，200 个抽样样本的均值与频数的关系大体上符合中心极限定理所揭示的规律。

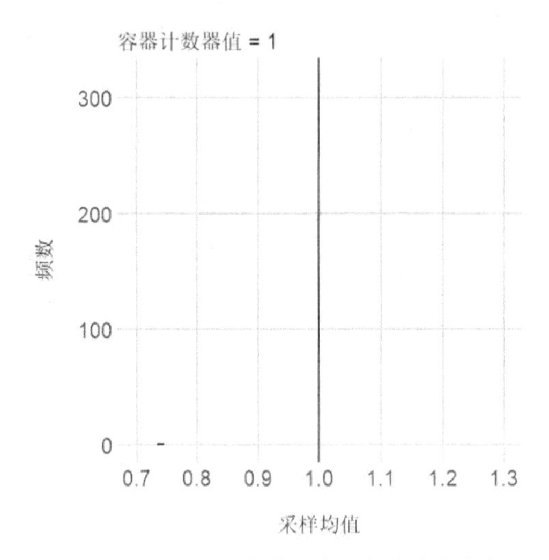

图 6-28　指数分布样本的均值与频数的变化

习　　题

6-1　绘制一个单位圆，并用不同的线型绘制它的外切正方形。

6-2　给题 6-1 中的图形加上标题、副标题、次要刻度线以及网格线。

6-3　给题 6-2 中的图形加上颜色、图例，并标出数学公式 $x^2 + y^2=1$。

6-4　调用函数把题 6-3 中的图形保存为 PNG 格式的文件。

6-5　加载数据集 iris，在同一张图中用 2×2 的布局画出四幅箱形图，每幅图分别显示 3 个品种鸢尾花的四个几何尺寸的分布。

6-6　下载并安装 ggplot2 包，执行下列语句。

```
library (ggplot2)
x <- seq (-10÷,10÷,0.5)
y <- x * sin (x/pi)
p <- ggplot () + geom_point (aes (x,y), colour='red', size = x)
p
p <- p + geom_line (aes(x,y), colour='blue', linetype=3, size=2)
```

```
p
```

使用帮助系统了解代码中所使用函数的用法，给代码加上注释。

6-7　提琴图与箱形图类似，但是它还能显示出数据在不同数值时的核概率密度。载入 ggplot2 包后，查阅帮助系统了解 geom_violin ()的用法，并用提琴图代替题 6-5 中的箱形图，绘制出 iris 中各品种的几何尺寸分布情况。

6-8　下面的语句能够在图形中显示出一个数字。

```
plot.new ()
text (.5, .5, 6, cex = 16)
```

下载 ImageMagick 软件，生成一个从 59 秒开始倒计时读秒的动态图形 GIF 文件。

7

第 7 章 统计与回归分析

Probability theory is nothing but common sense reduced to calculation.

——Pierre-Simon Laplace

人们在描述自己没有把握做出正确预判的偶然事件时总爱解释说“天有不测风云”。我们把因缺乏确定的模式而难以准确预测的情形称为随机性。在自然界、人类的生产实践、科学研究，以及日常生活中都不乏带有随机性的现象。在统计学中，通过给事件空间中每一个可能结果赋予一定的数值而得到随机变量，这样就可以使用定量的方式来研究随机问题，如完成所需要的概率计算。一个随机过程则定义为由一组随机变量组成的序列。事实上，随机性并不意味着完全的不可知，即使单一的随机事件无法预测，在获得了大量的观察结果之后，就会发现不同结果出现的频率特征具有规律性。一般我们使用概率分布来刻画随机变量总体上的特性。有时，还可以利用随机性的特点来度量一些复杂的特殊对象，如蒙特卡洛试验。

在本章中，我们将讨论如何对数据集进行统计分析，并且寻找具有随机性的数据之间存在的内在关系。我们把数据粗略地分成定性和定量两类，使用描述性统计的方法对数据进行度量。第 6 章介绍过的很多绘图方法都能在本章中找到具体的应用。我们还将讨论几种常见的概率分布模型和使用样本进行参数假设检验的最基本方法。此外，还会介绍回归分析中的基础知识，包括简单线性回归、多元线性回归和逻辑回归等模型及分析方法。在本章中，我们会使用到几个在 R 环境中内置的数据集，来分别介绍如何描述数据、验证假设和探索数据中隐藏的规律。R 自带大量的数据集，涵盖了多个学科的不同类型的统计数据，这些数据集可以帮助读者通过示例快速地了解 R 语言中有关的分析与处理函数以及它们的使用步骤。

本章重点介绍在 R 语言中与统计、概率分布，以及回归分析相关的一些知识，主要内容包括：

（1）定性数据与定量数据；

（2）数据的数值度量与描述性统计；

（3）常见的概率分布与假设检验；

（4）回归方法与回归分析。

作为应用数学的一个分支，概率理论研究的是不确定性问题。概率与统计为自然科学、工程及社会科学的研究提供了有力的支持，也是 R 语言应用的一个重要理论支柱。

7.1 定性数据与定量数据

在 R 环境中，有很多自带的基础数据集。在 R 控制台上，用户可以输入下面的指令：

```
> library (help ="datasets")
```

系统会弹出一个新的窗口（如图 7-1 所示），该窗口显示 R 所包含的基础数据集的信息，包括数据集的名称与简要说明。

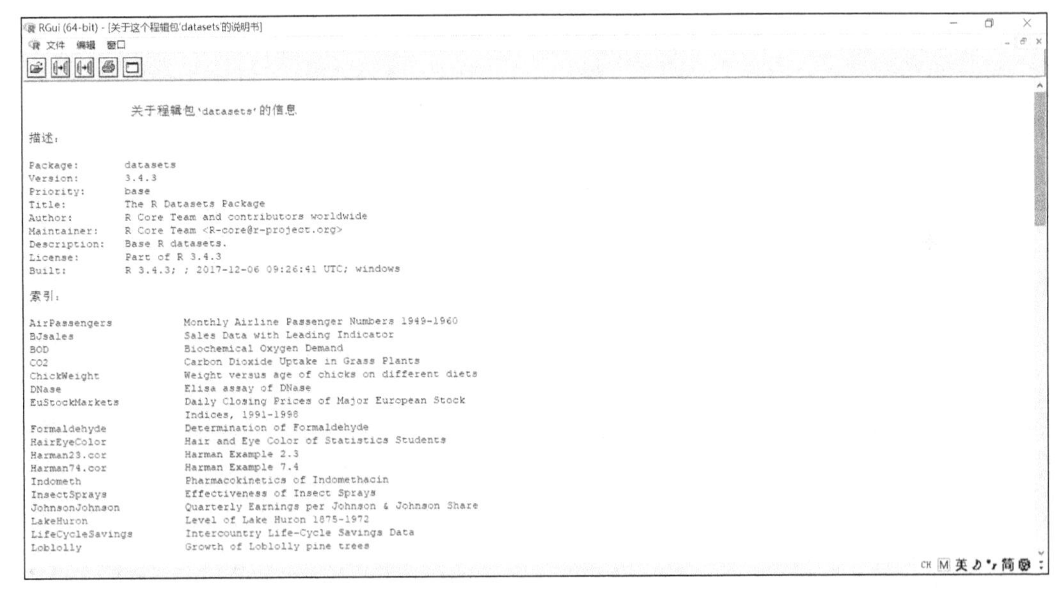

图 7-1 R 自带的基础数据集

本章会使用一些基础数据集来说明相关的 R 语言处理过程与步骤。这些数据集包括 iris（Edgar Anderson 的鸢尾花数据）、faithful（老忠实间歇式喷泉数据）和 mtcars（Motor Trend 汽车路测数据）等。数据集中的数据可分为定性数据和定量数据两种类型。

7.1.1 定性数据

如果一个样本的取值属于一组已知的且互不重叠的类型，那么就把这样的数据样本称为定性数据，也称为分类数据。定性数据的例子包括在各种登记表中所需填写的性别、国籍，去商场购物时服装的尺寸、鞋子的尺码，以及债券评级的不同等级。在前面讨论过的 iris 数据集中，鸢尾花分类信息就是一个定性数据的实际例子。

iris 数据集是 R 自带的内置数据集之一，可以直接访问数据集 iris，并且分别用 head () 或 tail ()函数来显示数据集的开头或结束部分。

```
> head(iris)
  Sepal.Length Sepal.Width Petal.Length Petal.Width Species
```

```
1          5.1       3.5          1.4        0.2  setosa
2          4.9       3.0          1.4        0.2  setosa
3          4.7       3.2          1.3        0.2  setosa
4          4.6       3.1          1.5        0.2  setosa
5          5.0       3.6          1.4        0.2  setosa
6          5.4       3.9          1.7        0.4  setosa
```

该数据集的最后一列是属性 Species，包含鸢尾花品种的分类。品种的名称分别用 setosa、versicolor、virginica 等不同级别的因子来表示，这就是一个定性数据的例子。

```
> iris$Species
  [1] setosa     setosa     setosa     setosa     setosa     setosa
  [7] setosa     setosa     setosa     setosa     setosa     setosa
 …
[145] virginica  virginica  virginica  virginica  virginica  virginica
Levels: setosa versicolor virginica
```

若需进一步了解数据集 iris 的信息，可以参考 R 有关文档。

```
> help (iris)
```

数据变量的频数分布是对数据在一组不重叠的类别中出现次数的概括。例如，在数据集 iris 中，species 变量的频数分布就是对每一种鸢尾花中样本数的概括。如果想了解具体的频数信息，可以运用 R 提供的 table ()函数。

```
species <- iris$Species                  #鸢尾花分类
species.freq <- table(species)           #使用 table()函数
```

在数据集中，各品种的鸢尾花的频数分布结果如下：

```
> species.freq
species
   setosa versicolor  virginica
       50         50         50
```

为了让上面显示出的信息具有更好的可读性，可以使用 cbind ()函数按照列的格式打印出结果（rbind ()函数与 cbind ()函数正好相反，它按行的方式组合数据）：

```
> cbind (species.freq)
         species.freq
setosa             50
versicolor         50
virginica          50
```

一个数据变量的相对频数分布指在一组不重叠的类别中的频数比例。频数与相对频数的关系可以表示为：相对频数=频数/样本总数。相对频数的计算非常简单，只需要在频数的基础上除以样本总数。例如，刚才已经得出 species 的频数，相对频数则可以用下面的代码得到：

```
> species.relfreq <- species.freq / nrow(iris)
> species.relfreq
species
    setosa versicolor  virginica
 0.3333333  0.3333333  0.3333333
```

实际上相对频数不需要保留小数点后这么多位，为了简洁，用户可以指定有效数字的位数，如只保留小数点后的两位：

```
> old <- options(digits=2)
> species.relfreq
species
   setosa versicolor  virginica
     0.33       0.33       0.33
> options(old)                              #恢复原先的选项
```

也可以使用前面介绍过的 cbind ()方法按列显示结果，这里不再赘述。

第 6 章介绍的柱状图可以用于频数信息的可视化。用户可以把在 iris 数据集里各种类的频数用条柱的高度表示出来，如图 7-2 所示。

```
> barplot(species.freq)                     #使用 barplot()函数画柱状图
```

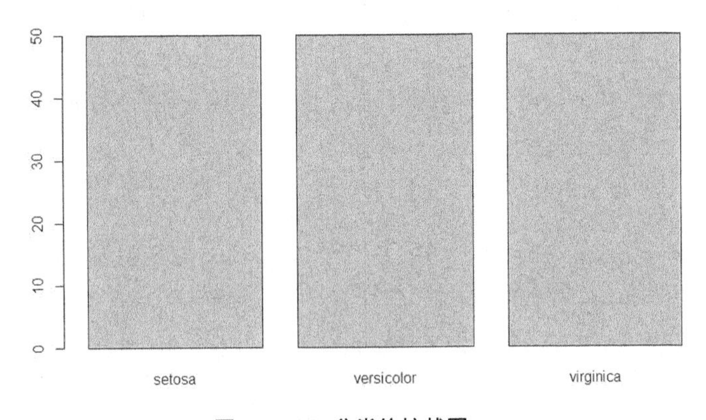

图 7-2　iris 分类的柱状图

此外，也可以使用饼图进行可视化显示。例如，iris 分类结果可以用饼图方式显示出来，如图 7-3 所示。

```
> pie(species.freq)                                 #使用 pie()函数画饼图
```

在画饼图时，用户可以自定义调色板来取代原先的颜色参数。在图 7-4 中，自定义了三个种类对应的颜色，分别用白、黄、蓝代替了图 7-3 中的默认值。

```
> colors = c("white", "yellow", "blue")
> pie(species.freq,                              #使用pie()函数画饼图
col=colors)                                      #设置自定义的调色板
```

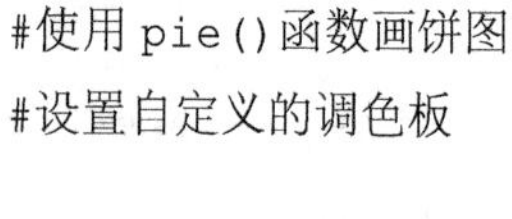

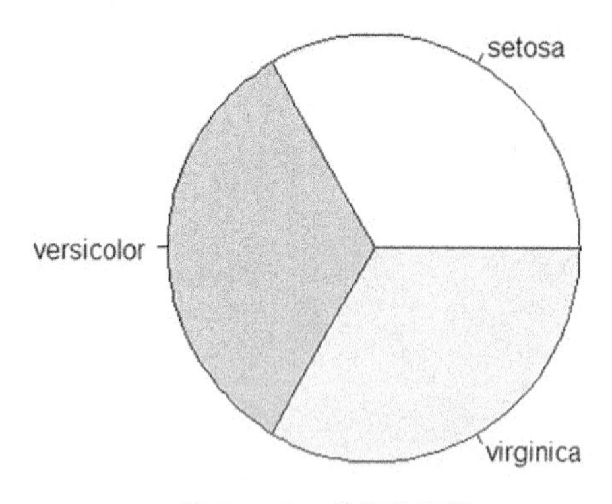

图 7-3 iris 分类的饼图

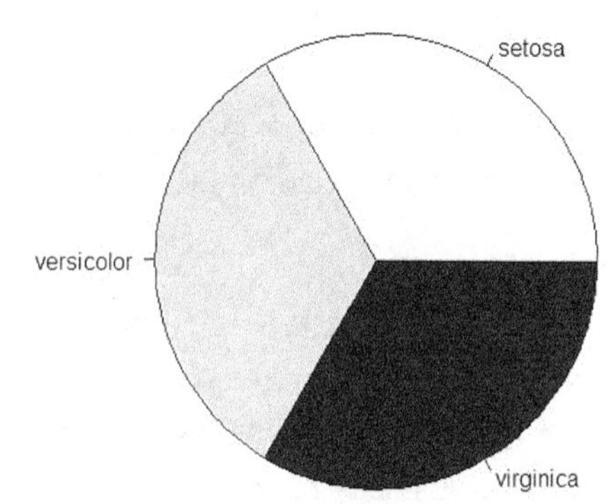

图 7-4 自定义颜色

在内置数据集 iris 中，鸢尾花按照所属的品种分类，每一类鸢尾花可以用不同属性的统计值来从整体上进行刻画，如用平均的花瓣和花萼的长度与宽度的测量值（单位为 cm）来表示每一类鸢尾花的特征。如果想知道哪一个种类的花萼最长，可以先求出每一个种类的平均花萼长度，再找出其中最大的一个。以 setosa 的花萼长度为例，可以分步骤得出花萼长度的平均值：

```
> species <- iris$Species                        #创建种类向量
> s_species <- species == "setosa"               #创建逻辑索引向量
#筛选子集
> s_iris <- iris[s_species, ]                    #设置子数据集
#计算子集的平均花萼长度
> options(digits=3)                              #设置三位有效数字
> mean (s_iris$Sepal.Length)
[1] 5.01
```

更为便捷的一种方式是用 tapply ()函数（把某一个函数按照索引分别应用于数组的每一个成员）一次性地计算出所有种类的花萼长度，而不是一个一个地求出结果。这样能很快知道 virginica 的花萼长度的平均值为 6.59cm，在三种类别中最长。

```
> tapply (iris$Sepal.Length, iris$Species, mean)
    setosa versicolor  virginica
      5.01       5.94       6.59
```

7.1.2 定量数据

定量数据也称为连续数据。与无法执行算术运算的离散型定性数据不同，定量数据的

值属于连续型数值，因此可以进行算术运算。在下文中举例时会用到 R 中的另外一个内置数据集——faithful，这是一组对美国黄石国家公园著名的老忠实间歇式喷泉喷发和等待时间的测量数据。老忠实间歇式喷泉是美国黄石国家公园第一个被命名的间歇喷泉，其特点是喷发有很强的规律性，每隔几十分钟就喷发一次，因此而得名 Old Faithful。首先用 head () 函数对数据进行预览：

```
> data (faithful)                           #加载数据集
> head (faithful)                           #显示数据集前几行
  eruptions waiting
1     3.600      79
2     1.800      54
3     3.333      74
4     2.283      62
5     4.533      85
6     2.883      55
```

数据集包括两种观测结果，分别是第一列的“eruptions”，表示喷泉间歇喷发的持续时间；第二列的“waiting”，表示到下一次喷发所需的等待时间。在这两个变量之间其实存在着相关性，后面会用绘制散点图的方式来继续观察。

数据变量的频数分布是对数据在不重叠的类别中出现次数的概括。对刚才提到的 faithful 数据集而言，喷发时间的频数分布就是根据喷发持续时间的某种分类进行概括。

求解过程分为以下步骤。

（1）使用 range ()函数得到喷发持续时间的范围。执行结果表明喷发持续时间在 1.6 ~ 5.1min。

```
> duration <- faithful$eruptions
> range(duration)
[1] 1.6 5.1
```

（2）把范围划分成不重叠的区间，这一步可以借助定义一系列等间距的划分点来实现。例如，首先把[1.6,5.1]转换成接近的区间[1.5,5.5]，然后以 0.5 的间隔得出划分点序列{1.5,2.0,2.5,...}。

```
> breaks <- seq (1.5, 5.5, by=0.5)       #以 0.5 为间隔的序列得到向量
> breaks
[1] 1.5 2.0 2.5 3.0 3.5 4.0 4.5 5.0 5.5
```

（3）使用 cut ()函数完成对喷发持续时间的分类。注意，在调用 cut ()划分时默认使用的是左开右闭的区间，而在这里用到的是左闭右开的区间划分方式，因此在函数中要设置参数 right = FALSE。

```
> duration.cut <- cut (duration, breaks, right=FALSE)
```

（4）使用前面介绍过的 table ()函数计算每一个子区间的频数。

```
> duration.freq <- table(duration.cut)
```

这样就可以得出喷发持续时间的频数分布情况：

```
> duration.freq
duration.cut
[1.5,2) [2,2.5) [2.5,3) [3,3.5) [3.5,4) [4,4.5) [4.5,5) [5,5.5)
    51      41       5       7      30      73      61       4
```

当然，更好的做法是直接使用函数 hist ()来得到频数分布的结果。在第 6 章，我们介绍了如何绘制直方图。直方图是用一组平行的竖条来显示一个定量变量的频数分布情况，每一个竖条的高度就代表该类中的变量的出现次数。具体来看，用 hist ()绘制喷发持续时间变量的直方图，如图 7-5 所示。

```
> hist (duration, right=FALSE)          #区间左闭右开，默认为闭
```

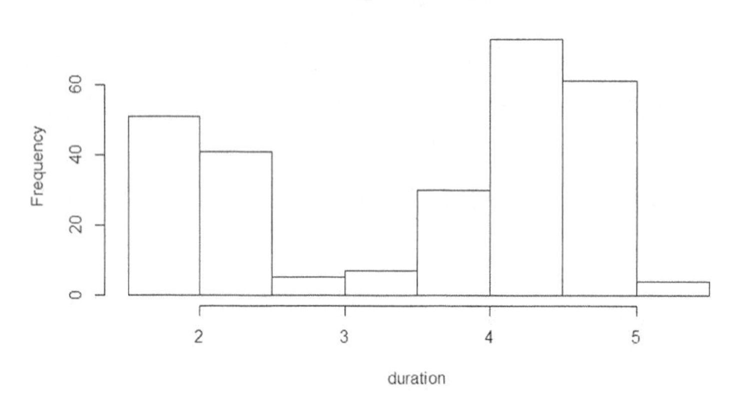

图 7-5　喷发持续时间的直方图

此外，还可以为直方图指定颜色和增加标题，让直方图带有更丰富的信息。使用不同颜色后，图 7-6 就比图 7-5 具有更好的可读性，频数信息更加一目了然。

```
colors <- c("red", "orange", "yellow", "green", "blue", "cyan",
 "violet", "pink")
hist (duration,                          #调用 hist()函数
      right=FALSE,                       #区间左闭右开
      col=colors,                        #调色板
      main="老忠实喷发次数",               #图形标题
      xlab="持续时间（分钟）",            #x 轴标签
      ylab = "频数")                     #y 轴标签
```

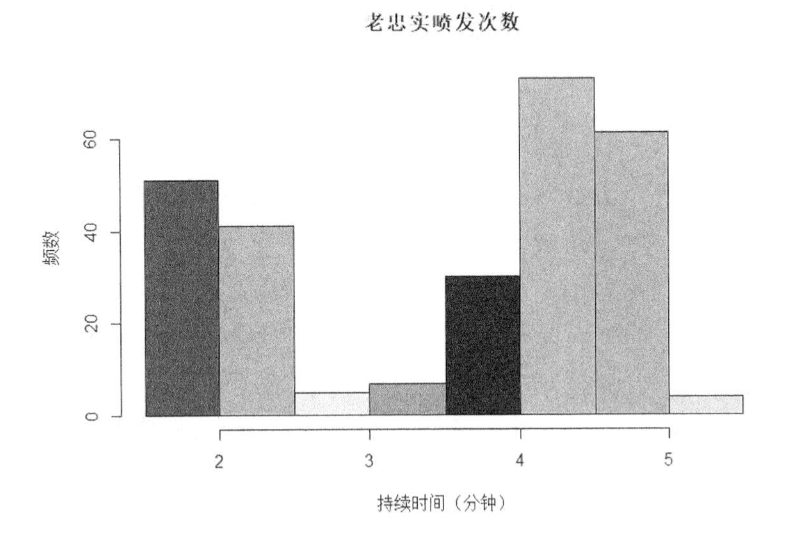

图 7-6　增加颜色信息的喷发持续时间直方图

与定性数据类似，还可以计算定量数据的相对频数分布。在完成频数分布计算的基础上，只需要使结果除以样本总数即可：

```
> duration.relfreq = duration.freq / nrow(faithful)
> duration.relfreq
duration.cut
   [1.5,2)    [2,2.5)    [2.5,3)    [3,3.5)    [3.5,4)    [4,4.5)    [4.5,5)    [5,5.5)
0.18750000 0.15073529 0.01838235 0.02573529 0.11029412 0.26838235 0.22426471 0.01470588
```

一个定量数据变量的累积频数分布则表示对低于某个给定水平的变量频数的概括。在 faithful 数据集中，变量 eruptions 的累积频数分布表示持续时间小于或等于一组给定指标的喷发次数。

函数 cumsum ()可以返回一个数值向量的累计和，例如：

```
> cumsum (1:10)                          #计算向量[1, 2, …,10]元素的累积和
 [1]  1  3  6 10 15 21 28 36 45 55
```

因此，直接应用函数 cumsum ()就能计算出累积频数分布值：

```
> duration.cumfreq <- cumsum (duration.freq)
> duration.cumfreq
[1.5,2) [2,2.5) [2.5,3) [3,3.5) [3.5,4) [4,4.5) [4.5,5) [5,5.5)
     51      92      97     104     134     207     268     272
```

一个定量数据的累积频数图也叫作 ogive，它是以图形的形式显示累积频数分布的变化曲线。以 faithful 数据集为例，累积频数图上的一点的横坐标表示的是喷发持续时间，纵坐标表示的就是在数据集中喷发持续时间小于该点横坐标数值的总的喷发次数。可以使用 plot ()

画出累积频数分布图：

```
cumfreq0 <- c (0, cumsum (duration.freq))
plot (breaks, cumfreq0,                          #绘制数据
      main="老忠实喷发持续时间",                   #图形标题
      xlab="持续时间（分钟）",                     #x 轴标签
      ylab="累积喷发频数")                         #y 轴标签
lines (breaks, cumfreq0)                         #添加数据点
```

结果如图 7-7 所示。

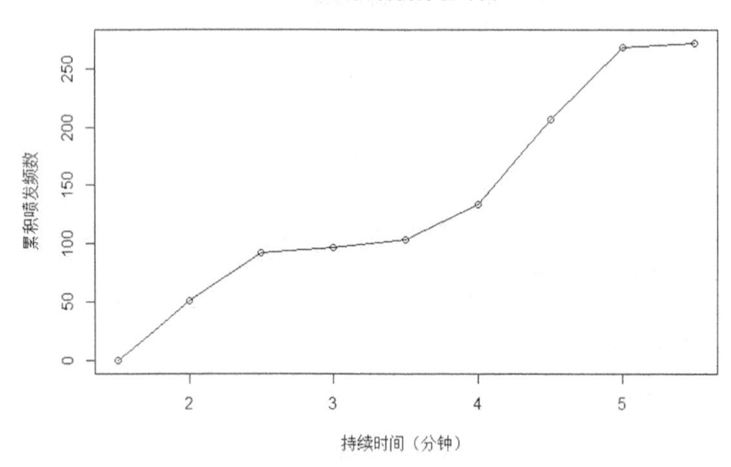

图 7-7　老忠实喷发持续时间的累积频数分布图

可以使用类似的方法画出相对累积频数图。除此之外，用户还可以利用 R 语言自带的函数 ecdf ()来先创建一个对象：先拟合函数 F，再把 F 画出来，而无须预先计算出累积频数的分布情况。在第 4 章我们介绍过 R 语言面向对象方法，很多类和对象使用的是 S3 体系，ecdf ()函数返回的就是一个 S3 对象，计算出经验累积分布后可以用泛型函数 plot ()、print ()和 summary ()等方法完成相应的后续操作。图 7-8 具体的绘图方法如下：

```
> duration <- faithful$eruptions
> F <- ecdf (duration)
> plot (F,  main="老忠实喷发持续时间",  xlab="持续时间（分钟）",
        ylab="累积喷发比例")
```

此外，R 语言还支持绘制茎叶图。茎叶图也称枝叶图，是把一个数值向量中的各个数字按不同位数分别进行比较，将数值中最重要的几位作为一个主干（茎），如果两数的主干相同，再将差异大的位数作为分枝（叶），标在主干的后面，这样就可以显示出每个主干后面有几个数值，每个数值分别是多少。与直方图不同，茎叶图保留了原始数据的基本信息，而直方图却只保留分段计数，但丢失了原始数据具体的数值。如果把茎叶图的茎和叶逆时针方向旋转 90°，就得到一个直方图，可以计算出各数据段的频数分别是多少。

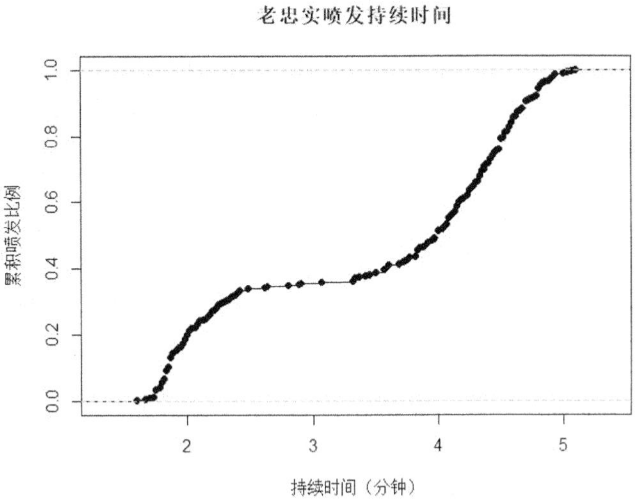

图 7-8　老忠实喷发持续时间的经验累积分布图

仍以 faithful 数据集为例，在下面的喷发持续时间茎叶图中，首先找到那些最大两位数值相同的持续时间，然后将其按行升序排列。调用函数 stem ()就可以实现这个效果。

```
> duration <- faithful$eruptions
> stem (duration)

  The decimal point is 1 digit(s) to the left of the |

  16 | 070355555588
  18 | 000022233333335577777777888822335777888
  20 | 00002223378800035778
  22 | 0002335578023578
  24 | 00228
  26 | 23
  28 | 080
  30 | 7
  32 | 2337
  34 | 250077
  36 | 0000823577
  38 | 2333335582225577
  40 | 0000003357788888002233555577778
  42 | 03335555778800233333555577778
  44 | 02222335557780000000023333357778888
  46 | 0000233357700000023578
  48 | 00000022335800333
  50 | 0370
```

从函数 stem ()执行结果可以看出小数点位于“|”左侧一位，所以相邻两个树干的间隔为 0.2 而非 0.1，这样可以降低树的高度。在树叶排列时按照升序排列，因此在最后一行“50 | 0370”中，0370 的第一个 0 表示的是 5.0，而 0370 的第二个 0 表示的是 5.1，因为两者之间还隔着 5.03 和 5.07；再看茎叶图的第一行，代表了从低到高升序排列的喷发持续时间：1.60、1.67、1.70、1.73、1.75、1.75、1.75、1.75、1.75、1.75、1.78 和 1.78 分钟。

在 faithful 数据集中有两个定量数据变量，分别是 eruptions 和 waiting。如果画出散点图，在散点图中分别以这两个观察值为 x 和 y 坐标显示数据点，就可以更直观地观察两个变量之间是否存在着某种依赖关系。

```
> duration <- faithful$eruptions                    #喷发持续时间
> waiting <- faithful$waiting                       #等待时间间隔
> head (cbind(duration, waiting))
     duration waiting
[1,]    3.600      79
[2,]    1.800      54
[3,]    3.333      74
[4,]    2.283      62
[5,]    4.533      85
[6,]    2.883      55
```

直接调用 plot ()函数就可以画出散点图：

```
duration <- faithful$eruptions                      #喷发持续时间
waiting <- faithful$waiting                         #等待间隔
plot (duration, waiting,                            #绘图变量
xlab="喷发持续时间",                                  #x 轴标签
      ylab="等待时间")                                #y 轴标签
```

从图 7-9 可以判断，两个变量之间确实存在着相关性，后面我们还可以进一步定量得出这种关系。

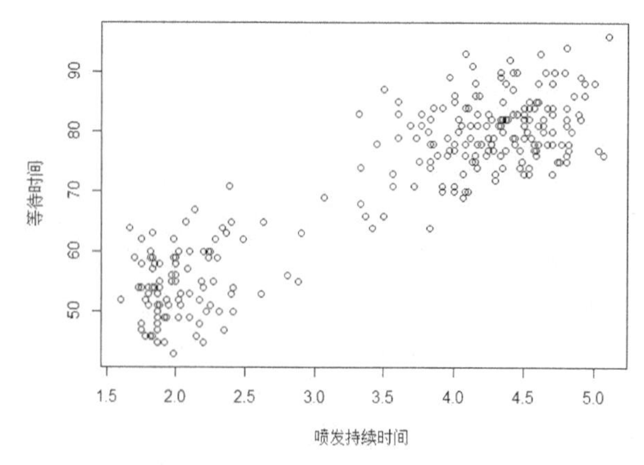

图 7-9　老忠实数据集的散点图

7.2　数据的数值度量

我们使用均值、中位值、四分位数、方差、标准差等数值度量来描述数据变量的基本统计信息。箱形图可以形象地表达数据的主要数值度量信息。

7.2.1　均值

观测样本的均值，等于数据值的和与数据个数的比值，是对数据值的中心位置的数值度量。如果数据的规模为 n，其样本均值定义为：

$$\bar{x} = \frac{1}{n}\sum_{i=1}^{n} x_i$$

在 R 语言中，函数 mean ()返回的是一个数值向量的均值。例如，可以用 mean ()来计算老忠实喷发持续时间的均值：

```
> duration <- faithful$eruptions      #喷发持续时间
> mean (duration)                      #调用 mean ()函数
[1] 3.487783
```

7.2.2　中位值

一个变量的中位值指对数据排序后处在中间位置的数值，是对数据值中心位置的序数的度量。在 R 语言中，函数 median ()用于返回中位值。

```
> median (duration)                    #调用 median ()函数
[1] 4
```

也就是说，喷发持续时间的中位值是 4 分钟。

7.2.3　四分位数

对一个观测变量而言，存在以下三个四分位数。第一四分位数也称下四分位数，表示在升序排列的数据中划分的前四分之一（25%）的数据值。第二四分位数是中位值，划分的是 50%的数据。第三四分位数也称上四分位数，划分的是前 75%的数据。R 语言的函数 quantile ()可以返回所有的四分位数。

```
> quantile (duration)                  #调用 quantile ()函数
     0%     25%     50%     75%    100%
1.60000 2.16275 4.00000 4.45425 5.10000
```

也就是说，喷发持续时间的前三个四分位数分别是：2.16275、4.00000 和 4.45425 分钟。

7.2.4 百分位数

观测数据的第 n 个百分位数指在升序排列的数据中划分前 n%的数据的值。在 R 语言中调用 quantile ()时指定百分比的参数就可以返回所需的结果。

```
> #使用参数表明调用 quantile ()函数得到的是百分位数
> quantile (duration, c(.33, .58, .96))
    33%      58%      96%
2.41700 4.15000 4.83572
```

老忠实间歇式喷泉喷发持续时间的前 33%、58%和 96%的百分位数分别是 2.41700、4.15000 和 4.83572 分钟。

7.2.5 变化范围

观测变量的变化范围指最大值与最小值之间的差异，表示的是对整个数据值分散程度的度量。R 语言提供的 max ()和 min ()函数可以间接地得出变化范围。例如，下面代码计算出喷发持续时间的变化范围是 3.5 分钟。

```
> max (duration) - min(duration)          #调用 max ()和 min ()函数
 [1] 3.5
```

7.2.6 四分位距

四分位距是一个观测变量上下四分位数之差，反映出数据值中间部分的分散程度。R 语言的函数 IQR ()用于计算出四分位距值。

```
> IQR (duration)                          #调用 IQR ()函数
[1] 2.2915
```

第 6 章介绍过箱形图，适用于直观地表示出四分位数和四分位距。在图 7-10 中以并置放置的形式画出喷发时间和等待时间间隔的箱形图。

```
par (mfrow=c(1,2))                        #显示多幅图，用 1 行 2 列排列方式
boxplot (faithful$eruptions)
boxplot (faithful$waiting)
par (mfrow=c(1,1))                        #恢复原先的参数设置
```

针对数据应用的需求，R 语言提供了 summary ()函数。对数据集使用 summary ()函数，就可以得到对数据的一些统计描述。

```
> summary (faithful)
```

```
  eruptions       waiting
Min.   :1.600  Min.   :43.0
1st Qu.:2.163   1st Qu.:58.0
Median :4.000   Median :76.0
Mean   :3.488  Mean   :70.9
3rd Qu.:4.454   3rd Qu.:82.0
Max.   :5.100  Max.   :96.0
```

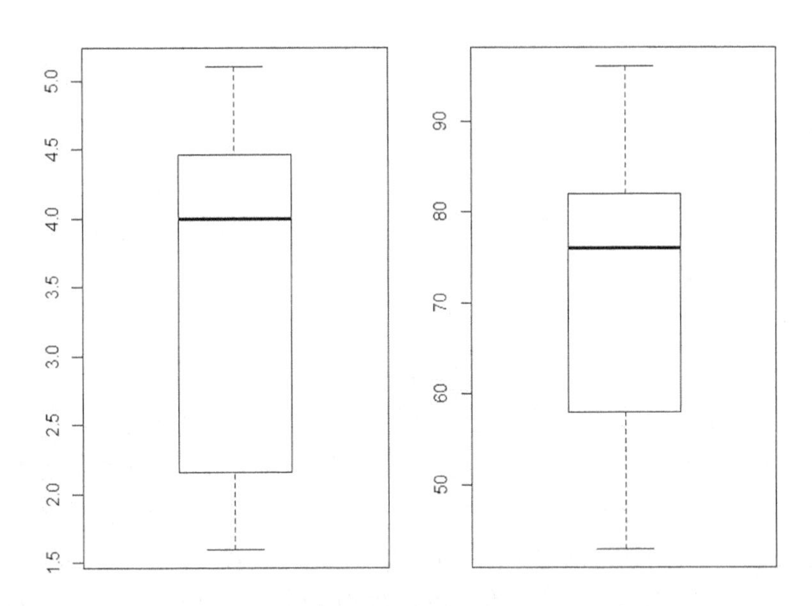

图 7-10 老忠实喷发持续时间与等待时间的箱形图

7.2.7 方差与标准差

方差是数据相对于其均值的分散程度的一个数值度量。样本方差的定义如下：

$$s^2 = \frac{1}{n-1}\sum_{i=1}^{n}(x_i - \bar{x})^2$$

R 语言的 var ()函数计算给定数值向量的方差。观测变量的标准差是其方差的平方根，用函数 sd ()得到。通过下面计算可知，老忠实喷发持续时间的方差是 1.3027，标准差是 1.1414。

```
> var (duration)                    #调用 var ()函数
[1] 1.3027
> sd (duration)                     #调用 sd ()函数
[1] 1.1414
```

7.2.8 协方差

在数据集中，两个变量 x 和 y 的协方差用于度量两者之间的线性相关度。如果协方差为正数，表明变量之间存在正相关关系；如果协方差为负数，表明两者之间是负相关关系。

样本协方差用样本均值来定义：

$$s_{xy} = \frac{1}{n-1}\sum_{i=1}^{n}(x_i - \overline{x})(y_i - \overline{y})$$

应用 cov ()函数可以计算出两个向量的协方差，例如，在老忠实数据集中，变量 eruptions 和 waiting 的协方差就是 13.978。

```
> cov (duration, waiting)              #调用 cov ()函数
[1] 13.978
```

7.2.9 相关系数

两个变量的相关系数等于它们的协方差除以各自标准差的乘积。相关系数实质是对两个变量线性相关性的规范化度量。把变量 x 和 y 的样本标准差和协方差分别记作 s_x、s_y 和 s_{xy}，它们的相关系数定义如下：

$$r_{xy} = \frac{s_{xy}}{s_x s_y}$$

当相关系数接近 1 时，则表示变量之间线性正相关，在散点图上表现为散点几乎沿着一条斜率为正的直线分布。当相关系数接近-1 时，则表示变量之间线性负相关，散点几乎落在一条斜率为负的直线附近。如果相关系数为 0，则表示变量之间线性相关性很弱。在图 7-9 中，我们已经发现，老忠实间歇性喷泉的喷发持续时间与等待时间之间存在很强的线性相关性，现在就可以用定量的方式进一步了解这种相关性。调用 R 语言的 cor ()函数就可以计算出它们的相关系数。

```
> cor (duration, waiting)              #调用 cor ()函数计算相关系数
[1] 0.901
```

因为相关系数 0.901 已经相当接近 1，所以喷发持续时间与等待时间呈线性正相关。

7.3 概率分布与假设检验

概率分布描述了一个随机变量的值如何分布。例如，我们知道一个抛硬币试验的所有可能的结果序列服从二项式分布，在一个充分大的样本空间中样本的均值与正态分布相似。在理论上人们对这些分布的特征已经非常了解，因此可以使用已知概率分布对样本空间的总体进行统计推论。本节将介绍统计研究中几种最常见的概率分布。

R 语言提供了一组函数，分别以 d、p、q 和 r 开头，后面跟着的是分布名称（表 7-1 中列出了一些常见分布的名称），用于返回一个给定参数的随机分布的概率密度、累积概率密度、分位数和按给定分布生成的（伪）随机数。以正态分布为例，从表 7-1 查到其名称为 norm，所对应的函数及参数默认值具有下列形式：

```
dnorm (x, mean = 0, sd = 1, log = FALSE)
pnorm (q, mean = 0, sd = 1, lower.tail = TRUE, log.p = FALSE)
qnorm (p, mean = 0, sd = 1, lower.tail = TRUE, log.p = FALSE)
rnorm (n, mean = 0, sd = 1)
```

表 7-1　常见分布名称

分　布	R 语言名称	参　数
Beta 分布	beta	shape1、shape2
二项式分布	binom	size、prob
柯西分布	cauchy	location、scale
χ^2 分布	chisq	df
指数分布	exp	rate
F 分布	f	df1、df2
Gamma 分布	gamma	shape、scale
几何分布	geom	prob
逻辑分布	logis	location、scale
对数正态分布	lnorm	meanlog、sdlog
正态分布	norm	mean、sd
泊松分布	pois	lambda
t 分布	t	df
均匀分布	unif	min、max
威布尔分布	weib	shape、scale

7.3.1　二项式分布

二项式分布是一种离散概率分布，描述在 n 次独立试验中的结果。假定每次试验可以有两种结果，要么成功，要么失败。如果一次试验成功的概率为 p，在 n 次独立试验中取得 x 次成功结果的概率如下（其中，$x = 0,1,2,\cdots,n$）：

$$f(x) = \binom{n}{x} p^x (1-p)^{n-x}$$

假设在一次考试中有 10 道多元选择题，每道题有 4 种可能的答案，其中只有一个答案是正确的。如果某个学生以随机方式回答了所有的问题，现在来看一看不及格（答对 5 道题及以下）的概率是多少。既然 4 个选项中只有一个正确，如果随机选择，回答正确的概率是 1/4=0.25，那么只答对 5 题的概率可以用函数 dbinom ()求出。

```
> dbinom (5, size=10, prob=0.25)
[1] 0.0584
```

要求出随机做答时不及格的概率，可以等价地求出答对少于或等于 5 题的概率。当参数 x=0、1、2、3、4、5 时，分别调用函数 dbinom()再对结果求和，可知：

```
> dbinom (0, size=10, prob=0.25) + dbinom (1, size=10, prob=0.25) +
  dbinom (2, size=10, prob=0.25) + dbinom (3, size=10, prob=0.25) +
  dbinom (4, size=10, prob=0.25) + dbinom (5, size=10, prob=0.25)
[1] 0.9803
```

更简单的方法是直接调用二项式分布的累积概率函数 pbinom ()。注意：累积概率函数的默认参数 lower.tail=TRUE，意味着返回的是下尾值：

```
> pbinom (5, size=10, prob=0.25)                #返回 P(x <= 5)的单侧概率
[1] 0.9803
```

可以看出，仅仅依靠运气，在考试中取得好成绩的可能性是极低的。

7.3.2 泊松分布

泊松分布是在一个区间内独立事件出现次数的概率分布。假定每个区间平均发生概率为 λ，在一个给定区间内出现 x 次事件的概率密度函数为：

$$f(x)=\frac{\lambda^{x}\mathrm{e}^{-\lambda}}{x!}$$

其中 $x=0,1,2,3,\cdots$。

例如，如果一个班上平均每节课有 5 位同学举手提问，现在想知道在某次课堂上有超过 12 名同学提问的概率是多少。因为现在知道在这节课上发生了有多于 12 名同学举手提问的事情，不妨先根据泊松分布的概率公式计算出 $x\leqslant 11$ 的累积概率。调用 R 语言的函数 ppois ()得出泊松分布累积概率的下尾结果，再用 1 减去这个值就知道 $x\geqslant 12$ 的概率；或者在 ppois ()中直接设置参数 lower.tail=FALSE 来指定计算上尾概率值。

```
> ppois (11, lambda=5)                          #下尾
[1] 0.9945
> ppois (11, lambda=5, lower.tail=FALSE)        #上尾
[1] 0.0055
```

7.3.3 连续均匀分布

连续均匀分布是在 a～b 的连续区间中随机选择数值的概率分布。连续均匀分布的概率密度函数的定义如下：

$$f(x)=\begin{cases}\dfrac{1}{b-a} & a\leqslant x\leqslant b\\ 0 & x<a \,\|\, x>b\end{cases}$$

例如，如果用户想在区间[1,5]中随机选取 10 个数，可以调用 runif ()函数返回 10 个随机值：

```
> runif (10, min=1, max=5)
 [1] 2.907 3.241 3.983 3.288 2.213 1.992 2.032 3.735 3.002 3.076
```

7.3.4　指数分布

指数分布表示一系列随机重复发生的独立事件的到达时间的分布。假设到下一个事件发生的平均等待时间为 μ，指数分布的概率密度函数如下：

$$f(x)=\begin{cases}\dfrac{1}{\mu}\mathrm{e}^{-x/\mu} & x\geqslant 0\\ 0 & x<0\end{cases}$$

图 7-11 中画出不同 μ 对应的指数分布概率密度曲线，生成曲线的代码如下。

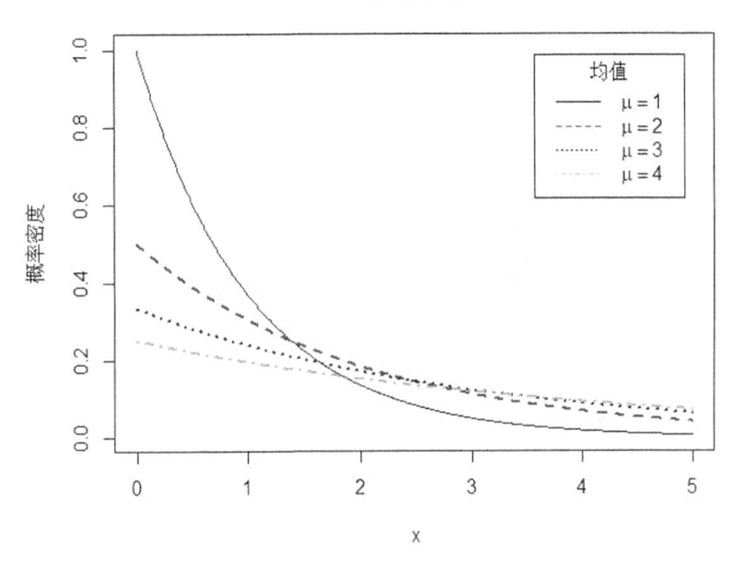

图 7-11　指数分布概率密度

```
x <- seq (0, 5, 0.01)                                    #变量范围为 0~5
dmu <- c (1, 2, 3, 4)                                    #均值分别为 1、2、3、4
colors <- c ("black", "red", "blue", "orange")   #颜色分别为黑、红、蓝、橙
#使用 expression()显示希腊字母，如表 6-7 所示
labels <- c (expression(mu==1),expression(mu==2), expression(mu==3),
             expression(mu==4))
plot (x, dexp(x,1), type="l", lty=1, col=colors[1], xlab="x",
      ylab="概率密度", main="分布比较")
for (i in 2:4)
{  #在原图上增加曲线，注意 dexp()的参数是到达速率，而非到达时间的均值
```

```
    lines (x, dexp(x,1/dmu[i]), lwd=2, lty=i, col=colors[i])
}
legend ("topright", inset=.05, title="均值",  labels, lwd=1,
        lty=c(1, 2, 3, 4), col=colors)
```

把上面代码中的 dexp () 替换为 pexp ()函数，就可以画出指数分布累积概率密度图，如图 7-12 所示。

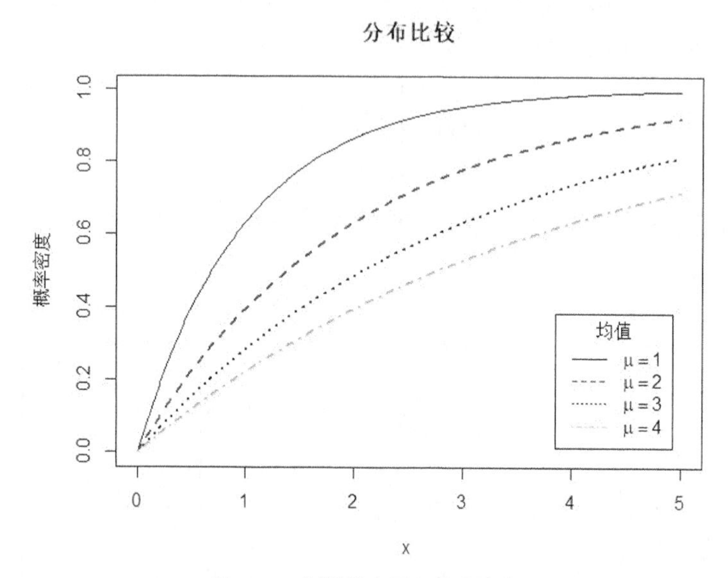

图 7-12　指数分布累积概率密度

例如，在一个超市里，一名顾客结账的平均处理时间为三分钟，如何计算一名顾客结账所需时间少于两分钟的概率呢？根据假设知道，处理速度为平均处理时间的倒数 rate=1/3，调用 pexp ()函数即可算出结果。

```
> pexp (2, rate=1/3)                    #累积概率分布，下尾的单侧概率
[1] 0.4866
```

7.3.5　正态分布

正态分布用下列概率密度函数定义，其中 μ 是均值，σ 是方差：

$$f(x)=\frac{1}{\sigma\sqrt{2\pi}}\mathrm{e}^{-(x-\mu)^2/2\sigma^2}$$

如果随机变量 X 服从正态分布，通常记为 $X\sim N(\mu,\sigma^2)$。一个均值为 0，方差为 1 的特殊正态分布叫作标准正态分布，记作 $N(0,1)$。图 7-13 画出了在不同方差下均值为 0 的正态分布概率密度函数分布。

中心极限定理表明，从一个均值为 μ，方差为 σ^2 的总体中抽取样本规模为 n 的样本，当 n 充分大时，样本均值的抽样分布近似服从一个均值为 μ，方差为 σ^2/n 的正态分布。中心极限定理对原分布并没有要求，不一定需要服从正态分布，可以是任何形式的分布，既

可以是离散的分布，也可以是连续的分布。

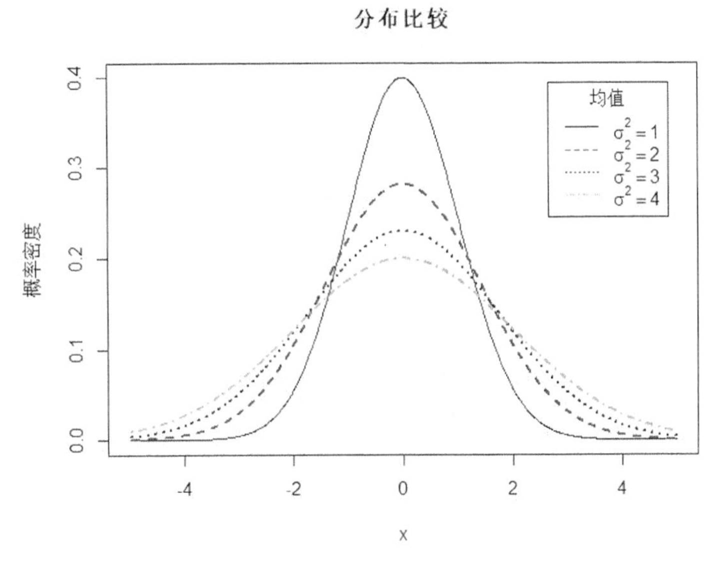

图 7-13　正态分布概率密度

例如，假设在一次考试中，全班的成绩符合正态分布，平均值是 71 分，标准差是 12.8。计算一下，考试成绩在 85 分以上的概率是多少。前面已经使用过一些分布的累积概率函数，对于正态分布，函数 pnorm ()可以通过设置参数 lower.tail=FALSE，也就是计算上尾概率求出所需结果。

```
> pnorm (85, mean=71, sd=12.8, lower.tail=FALSE)      #上尾累积概率
[1] 0.137
```

7.3.6　χ^2分布

如果$X_1, X_2, \cdots, X_n$是 n 个具有标准正态分布的独立变量，那么其平方和$V = X_1^2 + X_2^2 + \cdots + X_n^2$满足具有 n 个自由度的χ^2分布，其中均值为 n，方差为 $2n$。χ^2分布的概率密度如图 7-14 所示。

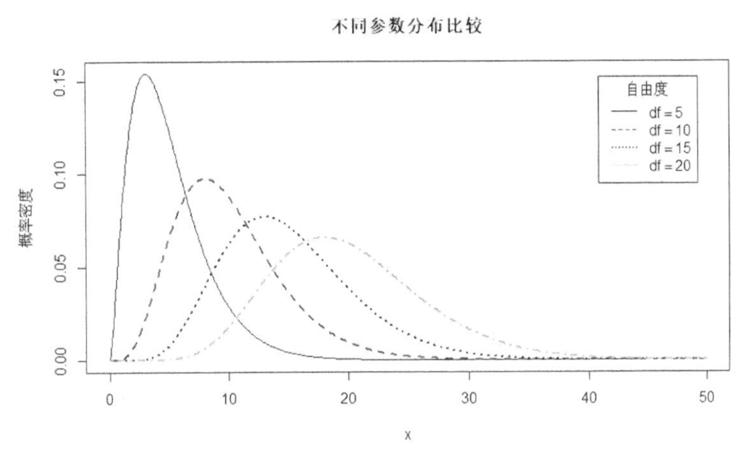

图 7-14　χ^2分布概率密度

例如，如果需要求自由度为 5 的χ^2分布的 95%的值，可以直接调用 qchisq ()函数。

```
> qchisq (.95, df=5)                    #自由度等于 5
[1] 11.0705
```

7.3.7 *t* 分布

假设随机变量 *Z* 服从标准正态分布，另一随机变量 *V* 服从自由度为 *m* 的χ^2分布，进而假设*Z*和 *V* 彼此独立，则下面的度量 *t* 服从自由度为 *m* 的 *t* 分布：

$$t = \frac{Z}{\sqrt{V/m}} \sim t(m)$$

图 7-15 显示了几个不同自由度的 *t* 分布的概率密度。

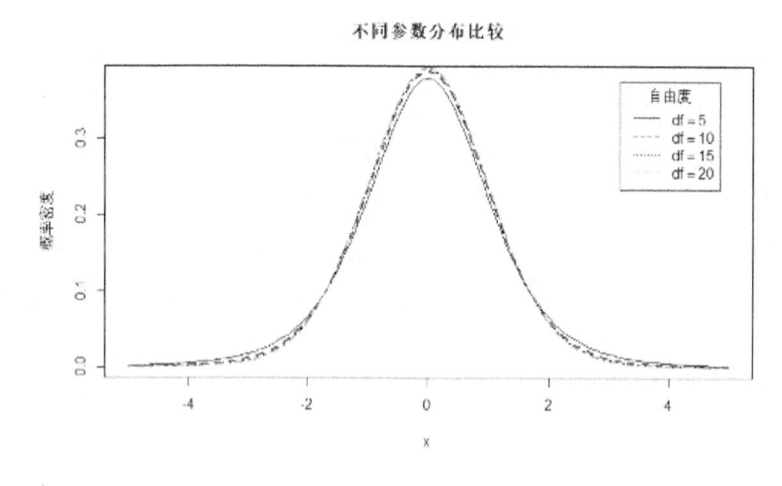

图 7-15 *t* 分布概率密度

可以用 qt ()函数求出给定参数的百分位数。

```
> qt (c(.025, .975), df=5)                    #自由度等于 5
[1] -2.5706  2.5706
```

就是说，对于一个自由度为 5 的 *t* 分布，2.5%的位值和 97.5%的位值分别是−2.5706 和 2.5706。

7.3.8 统计假设检验

统计学中的假设检验是根据假设由样本推断总体的一种方法。首先，需要得到一个对于总体的某种统计关系上的一般性假设；其次根据对命题证伪的需要提出一个与上述假设相反的零假设；然后再根据样本对原假设与零假设进行对比。这种比较依赖于一个预先设置的阈值，叫作显著性水平（一般把显著性水平设为 5%）。最后，需要根据阈值进行判断：样本数据是否反映出零假设很有可能发生（超过显著性水平）。这样，根据对零假设发生的可能性与显著性水平的比较就能够决定接受或拒绝原假设。

假设检验是人们所依赖的一种决策机制。若零假设为真时错误地拒绝了该零假设，这种以真为假的错误被定义为第一类错误。犯第一类错误的概率叫作显著性水平，以希腊字母α表示。第二类错误是指未能拒绝一个无效的零假设，也就是犯了以假为真的错误。犯第二类错误的概率记为β，把 $1-\beta$ 称为假设检验的能力。接下来，我们将按步骤介绍在 R 语言中实现假设检验的方法。

1. **下尾检验**

对于样本总体均值的一个零假设可以表示为 $\mu \geqslant \mu_0$，其中μ_0是真实的样本总体均值μ的一个下界。用样本均值、样本规模和总体标准差σ来定义假设检验计算的检验统计量 z:

$$z = \frac{\overline{x} - \mu_0}{\sigma / \sqrt{n}}$$

那么当 $z \leqslant z_\alpha$ 时，下尾检验的零假设就会被拒绝，其中 z_α 等于 $100(1-\alpha)\%$的正态分布百分位数。

例如，假设有一个制造商声称所生产的灯泡平均寿命高达 10 000 小时。在检验 30 个灯泡样本中，发现平均寿命只有 9900 小时。假定已知样本总体的标准差是 120 小时。给定 5%的显著性水平，那么应该接受还是拒绝制造商的这一说法？不妨先按照制造商的说法，该假设等价于 $\mu \geqslant 10\,000$，计算一下检验统计量：

```
> xbar <- 9900                              #样本均值
> mu0 <- 10000                              #假设的均值
> sigma <- 120                              #总体标准差
> n <- 30                                   #样本规模
> z <- (xbar-mu0)/(sigma/sqrt(n))           #定义检验统计量
> z
[1] -4.564355
```

接下来计算 5%显著性水平的临界值：

```
> alpha <- .05                              #显著性水平
> z.alpha <- qnorm (1-alpha)                #百分位数
> -z.alpha                                  #临界值
[1] -1.644854
```

根据计算结果，检验统计量-4.5644 小于临界值-1.6449，因此，在 5%的显著性水平上应该拒绝平均寿命超过 10 000 小时的宣传。

如果不使用临界值，另一种做法则是利用pnorm ()函数计算下尾的检验统计量的p值（统计量的概率大小），假如这一值小于 5%的显著性水平，就应拒绝 $\mu \geqslant 10\,000$ 的假设。

```
> pval <- pnorm(z)
> pval                                      #下尾 p 值
```

```
[1] 2.5052e-06
```

2. 上尾检验

一个针对总体均值的上尾检验的零假设可以表示成 $\mu \leqslant \mu_0$，其中 μ_0 是假设总体均值 μ 的一个上界。还是以样本均值 $\bar{x}$、样本规模 n 和实际的总体标准差 σ 来定义检验统计量 z：

$$z = \frac{\bar{x} - \mu_0}{\sigma\sqrt{n}}$$

那么当 $z \geqslant z_\alpha$ 时，上尾检验的零假设就会被拒绝，其中 z_α 是 $100(1-\alpha)\%$ 的正态分布百分位数。

假设有一个食品商在曲奇包装的标签上称每一块曲奇最多含有 2 克的饱和脂肪酸。在 35 块样本中，发现平均饱和脂肪酸含量为 2.1 克。假定已知总体标准差为 0.25 克，那么在 5%的显著性水平上，应该拒绝还是接受食品的标签？首先，假设等价于 $\mu \leqslant 2$，计算检验统计量：

```
> xbar <- 2.1                              #样本均值
> mu0 <- 2                                 #假设的均值
> sigma <- 0.25                            #总体标准差
> n <- 35                                  #样本规模
> z <- (xbar-mu0)/(sigma/sqrt(n))          #定义检验统计量
> z
[1] 2.366432
```

然后，计算对应 5%显著性水平的临界值：

```
> alpha <- .05
> z.alpha <- qnorm (1-alpha)
> z.alpha                                  #临界值
[1] 1.644854
```

检验统计量 2.366 大于临界值 1.645，因此在 5%的显著性水平上，可以拒绝宣传的每一块曲奇只含有 2 克的饱和脂肪酸。类似地，还可以使用替代做法，就是用函数 pnorm ()计算上尾 p 值，如果该值小于显著性水平，那么就拒绝假设。

```
> pval <- pnorm (z, lower.tail=FALSE)
> pval                                     #上尾 p 值
[1] 0.008980239
```

3. 双尾检验

上面所介绍的例子只选择了单侧检验，现在介绍双尾检验的情况。以均值为例，一个对总体均值的双尾检验可以表述为：

$$\mu = \mu_0$$

即总体均值等于假设均值。可以用样本均值、样本规模和总体方差来定义一个检验统计量 z：

$$z = \frac{\bar{x} - \mu_0}{\sigma / \sqrt{n}}$$

设 $d/2$ 为标准正态分布的 $100(1-\alpha/2)$ 百分位数，那么当 $z \leqslant d/2$ 或 $z \geqslant d/2$ 时，就会拒绝原先的零假设。

现在举例说明双尾假设检验的步骤。在南极洲发现了一群企鹅，去年它们的平均体重是 15.4 千克。假设在今年的 35 只样本中，测量到的平均体重只有 14.6 千克。如果已知总体标准差为 2.5 千克。那么在 5%的显著性水平下，能否拒绝企鹅平均体重与去年相同的假设？

首先，需要计算检验统计量：

```
> xbar <- 14.6                              #样本均值
> mu0 <- 15.4                               #假设值
> sigma <- 2.5                              #总体标准差
> n <- 35                                   #样本规模
> z <- (xbar-mu0)/(sigma/sqrt(n))           #检验统计量
> z
[1] -1.8931
```

然后计算对应于 5%显著性水平的临界值。

```
> alpha <- .05
> z.half.alpha <- qnorm (1-alpha/2)
> c (-z.half.alpha, z.half.alpha)
[1] -1.9600  1.9600
```

从计算结果可知，检验统计量−1.8931 位于临界值 −1.9600～1.9600 之间。因此，在 5%的显著性水平下，无法拒绝这群企鹅平均体重与去年一样的假设。

4. **总体方差未知的情况**

在前面的假设检验中，都假定已知总体方差。在实际中，可能无法预先得知总体信息，这时只能依赖抽样的结果。如果总体参数未知，就只能用样本方差来代替总体方差完成假设检验中的计算。以关于总体均值下尾的一个零假设为例，把零假设表述为：

$$\mu \geqslant \mu_0$$

其中，μ_0 是对真实总体均值的一个假定的下界。用样本均值、样本规模和样本标准差定义一个假设统计量 t：

$$t = \frac{\bar{x} - \mu_0}{s / \sqrt{n}}$$

当$t \leqslant -t_\alpha$时（其中t_α是自由度为$n-1$的学生t分布的$100(1-\alpha)$百分位数），应拒绝原先的零假设。此外，和前面的做法一样，还可以用p值取代临界值，调用 pt ()函数来计算检验统计量的下尾p值。如果结果小于给定的（如 5%）显著性水平，那么就要拒绝原假设。

5. 第二类错误

受抽样样本的数量、偏差和决策依据的限制，人们在假设检验中可能犯的错误不仅限于刚才所讨论的第一类错误。在假设检验中，第二类错误是指未能拒绝一个无效的零假设，也就是犯了以假为真的错误。避免第二类错误的概率称为假设检验的能力，记为$1-\beta$。现在用一个关于样本总体均值的下尾检验的例子来说明这种情况。

假定零假设声称总体均值μ大于给定的一个假设值μ_0：

$$\mu \geqslant \mu_0$$

若现在采集到一些随机样本，如果基于这些样本得出结论认为不需要拒绝上述假设，而在实际情况中总体均值确实小于μ_0，人们就犯了第二类错误。假定已知总体方差σ^2，根据中心极限定理，对于规模充分大的样本，其均值的总体服从正态分布。因此可以计算样本均值的范围使对于它的零假设不会被拒绝，然后再得到对第二类错误概率的估计。

假设一个制造商声称一种灯泡的平均使用寿命超过 10 000 小时。如果真实的平均使用寿命只有 9 950 小时，总体方差为 120 小时。假设现在已掌握 30 个灯泡的样本，如何计算在 5%的显著性水平下，犯第二类错误的概率是多少？

首先，计算均值的标准误$SEM = \sigma / \sqrt{n}$：

```
> n <- 30                                #样本规模
> sigma <- 120                           #总体方差
> sem <- sigma / sqrt(n)                 #均值的标准误
> sem                                    #标准差
[1] 21.909
```

然后，计算零假设$\mu \geqslant 10000$被拒绝时样本均值的下界：

```
> alpha <- .05                           #显著性水平
> mu0 <- 10000                           #假设下界
> q <- qnorm (alpha, mean=mu0, sd=sem)
> q
[1] 9964
```

因此，只要在假设检验时样本均值大于 9 964 小时，零假设就不会被拒绝。这样，如果真实的总体均值为 9 950 小时，可以计算样本均值达到 9 964 小时的概率，由此可知犯第二类错误的概率是多少。

```
> mu <- 9950                                              #假设为真实的均值
> pnorm (q, mean=mu, sd=sem, lower.tail=FALSE) #用 SEM 作为标准差，求上尾
[1] 0.26196
```

计算结果表明，如果灯泡的样本一共是 30 个，实际灯泡的平均使用寿命为 9950 小时，当总体方差为 120 小时的时候，对于零假设 $\mu \geqslant 10000$，在 5%的显著性水平下，犯第二类错误的概率是 26.2%。换句话说，假设检验的能力只有 73.8%。

7.4　回归分析

回归分析是一种简单的数据处理方式。给定一组变量，如果在变量之间存在某种确定的关系，用户可以使用回归分析来揭示这种数量关系，并且用得出的自变量与因变量之间的回归关系去预测一个未知的因变量值。由于回归分析可以帮助用户理解变量之间的依赖性，并且构成了其他数据分析方法的基础，R 语言实现了主要的回归分析功能，让用户可以方便地进行回归分析工作。这一节主要介绍简单线性回归、多元线性回归和逻辑回归。

7.4.1　简单线性回归

在回归分析中，如果一个自变量和一个因变量之间存在较强的线性相关关系，这就是一元线性回归分析。反之，如果在线性回归分析中有两个或两个以上的自变量，则为多元线性回归分析。在简单的一元线性回归中两个变量之间的关系用一个线性模型表示：

$$y = \alpha + \beta x + \varepsilon$$

在选择参数α和β时，要求参数能使所有样本的误差项ε的平方和最小，由此通过求解一个最优化问题（如使用最小二乘法求解）就可以得出简单线性回归的预测方程。这种预测方程能根据变量 x 的值求出 y 的拟合值 $\hat{y}$。

$$\hat{y} = \alpha + \beta x$$

在散点图 7-9 中就已经看出，faithful 数据集在等待时间与喷发持续时间之间存在线性相关。如果使用线性回归模型预测，可以估计从上一次间歇式喷泉喷发后等待一段时间（如 80 分钟）开始的下一次喷发的持续时间。

R 语言提供了函数 lm ()，用于求解线性模型。在调用 lm ()函数的时候，用户可以使用符号“~”指定一个表示自变量和因变量依赖关系的公式，并且提供求解模型所需的数据集。在这里，得出的模型将保存在一个新的变量 eruption.lm 中。

```
> #公式：因变量 eruptions ~~自变量 waiting，数据集 faithful
> eruption.lm <- lm (eruptions ~ waiting, data = faithful)
```

在计算完成后，可以使用 coefficients ()函数显示所得到的回归方程中的系数。

```
> coeffs <- coefficients (eruption.lm)
> coeffs                                        #一元线性回归的参数：截距、斜率
(Intercept)     waiting
-1.87401599   0.07562795
```

如果想直观地了解回归效果，可以把数据集中的数据以散点的形式画出来，同时也画出回归结果，即一条代表自变量与因变量关系的直线。还可以在图 7-16 中查看回归结果与实际数据之间的差异，并发现数据点几乎均匀地分散在直线的两侧。

```
plot (eruptions ~ waiting, faithful,            #绘图变量
      col = "blue",                             #绘图参数
      main = "老忠实线性回归结果",                #标题
      xlab = "等待时间",                         #x 轴标签
      ylab = "持续喷发时间")                      #y 轴标签
fit <- lm (eruptions ~ waiting, data=faithful)
abline (fit, col="red")                         #画出回归模型
```

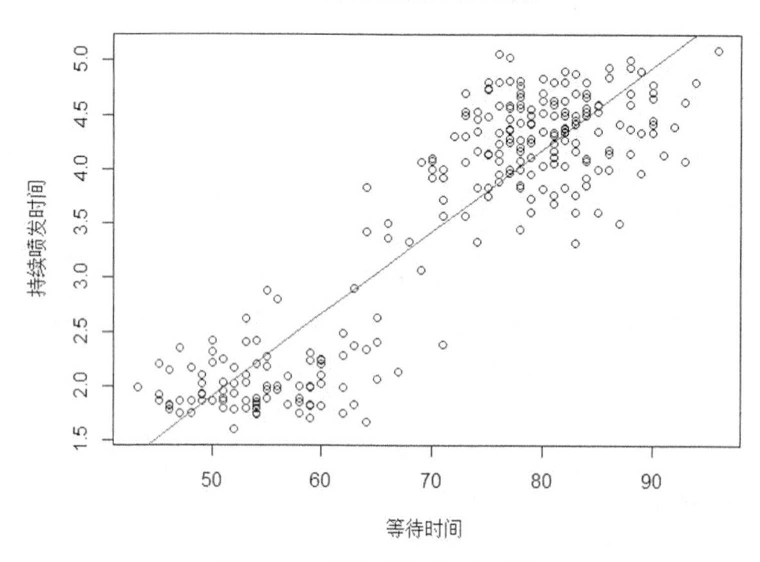

图 7-16　回归预测模型与实际数据

根据回归模型，用户就可以使用预测方程来计算给定等待间隔时对喷发持续时间的预测值。

```
> waiting <- 80                                   #等待时间
> duration <- coeffs[1] + coeffs[2]*waiting      #使用回归方程预测
> duration
(Intercept)
     4.1762
```

利用刚才得出的简单线性回归模型可知，如果等待时间为 80 分钟，估计下一次喷发会持续 4.1762 分钟。R 语言的另一种做法是把参数（等待时间）封装到一个新的数据框之中，

```
> newdata <- data.frame(waiting=80)              #封装参数
```

再调用函数 predict ()进行预测。predict ()是一个泛型函数，在后续内容中我们还会多次使用它。

```
> predict(eruption.lm, newdata)                    #调用 predict()
     1
4.1762
```

评价线性模型效果的一个指标叫作判定系数。线性回归模型的判定系数是因变量拟合值方差与实际观测值方差的比值。如果把因变量的观测值记作 y_i，其均值记作 $\bar{y}$，而把预测值记为 $\hat{y}_i$，判定系数 r^2 可以表示为：

$$r^2 = \frac{\sum(\hat{y}_i - \bar{y})^2}{\sum(y_i - \bar{y})^2}$$

对简单线性回归来说，判定系数的数值等于相关系数的平方，用于度量因变量的分散程度中可由自变量解释部分所占的比例，以此来判断统计模型的解释能力。一般而言，判定系数越接近 1，说明模型的拟合度越好。以下是在 faithful 数据集中得出的简单线性回归模型的判定系数。

因为已经把线性回归模型保存在变量 eruption.lm 中，所以可以直接查看其属性 r.squared：

```
> summary(eruption.lm)$r.squared        #属性 r.squared 代表判定系数
[1] 0.81146
```

读者可以在 R 的帮助文档中找到关于属性 r.squared 的更多说明。

```
> help(summary.lm)
```

假定在线性回归模型中的误差项 ε 独立于 x，并且服从一个均值为 0 且方差为常数的正态分布。可以通过检验一个零假设 $\beta = 0$ 来确定 x 和 y 之间是不是存在着显著的关系（斜率为 0 就意味着两个变量完全不相干）。以 faithful 为例，在 5%的显著性水平上线性回归模型中的变量是否有着显著的关系。已保存的变量 eruption.lm 包含了用户所需要的信息，因此使用 summary ()函数可以查看到显著性检验的 F-统计量。

```
> summary (eruption.lm)

 Call:
lm(formula = eruptions ~ waiting, data = faithful)

Residuals:
    Min      1Q  Median      3Q     Max
-1.2992 -0.3769  0.0351  0.3491  1.1933

Coefficients:
```

```
              Estimate Std. Error t value Pr(>|t|)
(Intercept) -1.87402    0.16014   -11.7   <2e-16 ***
waiting      0.07563    0.00222    34.1   <2e-16 ***
---
Signif. codes:  0 '***' 0.001 '**' 0.01 '*' 0.05 '.' 0.1 ' ' 1

Residual standard error: 0.497 on 270 degrees of freedom
Multiple R-squared: 0.811,      Adjusted R-squared: 0.811
F-statistic: 1.16e+03 on 1 and 270 DF,  p-value: <2e-16
```

因为 p 值（p-value <2e-16）明显比 0.05 小得多，所以可以拒绝零假设 $\beta = 0$。也就是说，在数据集 faithful 的线性回归模型中的变量之间确实存在着显著的关系。

继续假设在线性回归模型中的误差项 ε 独立于 x，并且服从一个均值为 0 的常数方差的正态分布。给定一个 x，对因变量均值 $\bar{y}$ 的区间估计称作置信区间。例如，在数据集 faithful 中，观察如何找到对应 80 分钟等待时间的平均喷发持续时间的 95%的置信区间。

```
> eruption.lm <- lm (eruptions ~ waiting, faithful)      #求解线性模型
> newdata <- data.frame(waiting=80)     #使用数据框，为调用 predict 做准备
```

可以调用 predict ()函数，把参数设为 newdata，同时设置参数 interval 的类型为“confidence”，并使用默认值 0.95 的置信水平。

```
> predict (eruption.lm, newdata, interval="confidence")
     fit    lwr    upr
1 4.1762 4.1048 4.2476
```

80 分钟等待时间对应的喷发持续时间预计为 4.1762 分钟，其平均喷发持续时间的 95%的置信区间在 4.1048～4.2476 分钟。

假设误差项服从均值为 0 的常数方差的正态分布，如果给定变量值，x 对因变量 y 的区间估计就称为预测区间。在数据集 faithful 中，针对变量值等待时间为 80 分钟来求因变量喷发持续时间的 95%的预测区间。继续使用 predict ()函数，不过这一次把参数 interval 设为“predict”。

```
> predict (eruption.lm, newdata, interval="predict")
     fit    lwr    upr
1 4.1762 3.1961 5.1564
```

也就是说等待时间为 80 分钟时，持续喷发时间的 95%的预测区间在 3.1961～5.1564 分钟。

简单线性回归的残差指因变量的实际观测值与模型拟合值之间的差异，即 $y - \hat{y}$。可以用函数 resid ()来得出保存下来的变量 eruption.lm 中的残差。

```
eruption.res <- resid (eruption.lm)
```

然后就可以用 eruption.res 来画图，如图 7-17 所示。

```
plot (faithful$waiting, eruption.res,
    ylab="残差", xlab="等待时间",
    main="老忠实喷发持续时间")
abline (0, 0)                                        #添加水平线
```

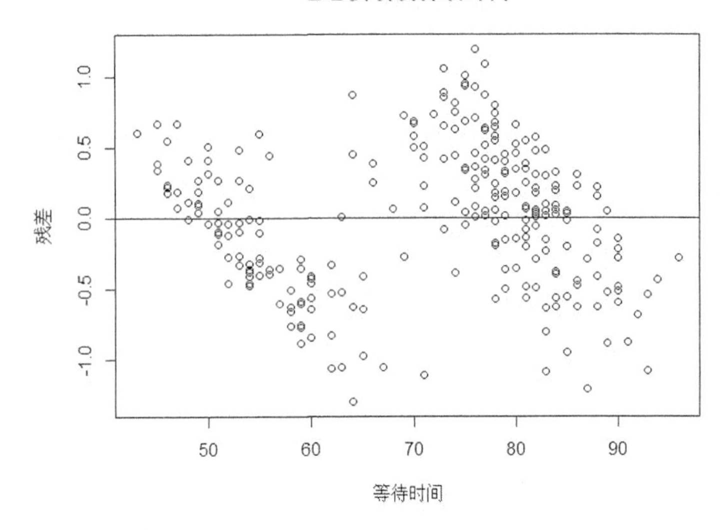

图 7-17　残差图

标准化残差就是残差值除以标准差。用户可以直接调用 rstandard ()函数来计算标准化残差。

```
eruption.stdres <- rstandard (eruption.lm)
```

使用 plot ()函数画出的标准化残差图如图 7-18 所示。

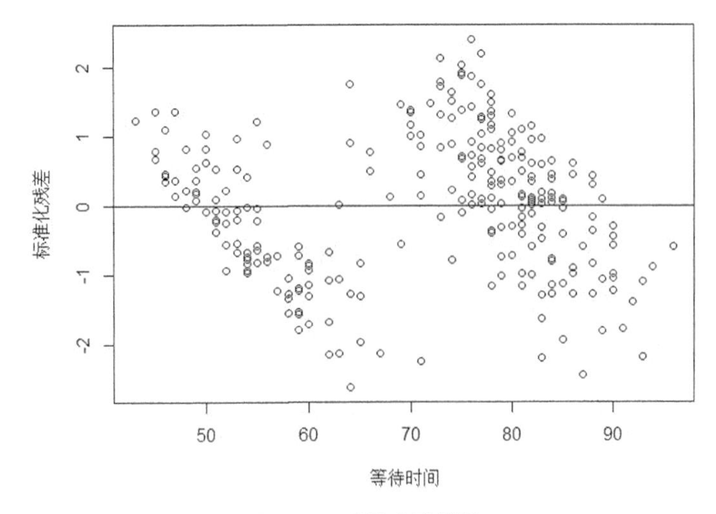

图 7-18　标准化残差图

```
> plot (faithful$waiting, eruption.stdres,
        ylab="标准化残差", xlab="等待时间",
        main="老忠实喷发持续时间")
> abline(0, 0)                                   #添加水平线
```

QQ 图可用于直观验证一组数据是否来自于某个给定的分布，或者验证两组数据是否来自同一分布。根据所讨论的分布计算出每个数据点的理论预期值，如果数据确实遵循假定的分布，那么在 QQ 图上的点将大致散落在一条直线上。正态概率图就是一种把数据集与正态分布进行比较的图形化工具。例如，可以通过比较线性回归模型的标准化残差来检验残差是否真正地符合正态分布规律。在得到标准化残差之后，调用函数 qqnorm ()，加上 qqline，就可以完成比较（如图 7-19 所示，标准化残差与理论非常接近）。

```
> qqnorm (eruption.stdres,
          ylab="标准化残差", xlab="正态得分",
          main="老忠实喷发持续时间")
> qqline (eruption.stdres)                      #理论上的正态分布线
```

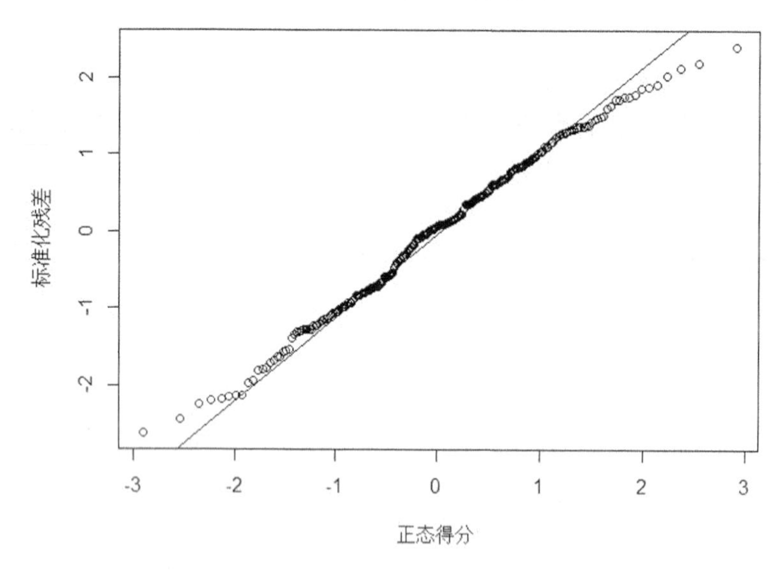

图 7-19　正态分布 QQ 图

7.4.2　多元线性回归

在多元线性回归中，使用多于一个自变量来预测因变量的值。多元线性回归模型描述了一个因变量 y 与一组自变量 $x_1, x_2, \cdots, x_n$（n>1）之间的线性关系，可以用线性模型表示为

$$y = \alpha + \sum_{k} \beta_k, x_k + \varepsilon$$

其中，α和 $\beta_k(1 \leqslant k \leqslant n)$是参数，$\varepsilon$是误差项。

机器学习标准包 mlbench 包含很多在机器学习领域中广为研究的数据集。这里以 BostonHousing 为例介绍与多元线性回归有关的操作。首先，安装并加载包：

```
install.packages  ("mlbench")
library(mlbench)
```

然后，加载并查看数据集的有关信息：

```
> data (BostonHousing)                              #加载数据集
> dim (BostonHousing)                               #查看维度信息
[1] 506  14
> head (BostonHousing)                              #预览数据集
     crim zn indus chas   nox    rm  age    dis rad tax ptratio      b lstat medv
1 0.00632 18  2.31    0 0.538 6.575 65.2 4.0900   1 296    15.3 396.90  4.98 24.0
2 0.02731  0  7.07    0 0.469 6.421 78.9 4.9671   2 242    17.8 396.90  9.14 21.6
3 0.02729  0  7.07    0 0.469 7.185 61.1 4.9671   2 242    17.8 392.83  4.03 34.7
4 0.03237  0  2.18    0 0.458 6.998 45.8 6.0622   3 222    18.7 394.63  2.94 33.4
5 0.06905  0  2.18    0 0.458 7.147 54.2 6.0622   3 222    18.7 396.90  5.33 36.2
6 0.02985  0  2.18    0 0.458 6.430 58.7 6.0622   3 222    18.7 394.12  5.21 28.0
```

该数据集涵盖了在美国波士顿市 1970 年人口普查中得到的 506 个普查地带的房价信息。因为波士顿房价数据集比前面用到的鸢尾花和老忠实间歇式喷泉数据集要复杂一些，所以我们首先通过 str ()函数来了解它的数据结构。

```
> str (BostonHousing)                               #查看结构
'data.frame':    506 obs. of  14 variables:
 $ crim    : num  0.00632 0.02731 0.02729 0.03237 0.06905 ...
 $ zn      : num  18 0 0 0 0 0 12.5 12.5 12.5 12.5 ...
 $ indus   : num  2.31 7.07 7.07 2.18 2.18 2.18 7.87 7.87 7.87 7.87 ...
 $ chas    : Factor w/ 2 levels "0","1": 1 1 1 1 1 1 1 1 1 1 ...
 $ nox     : num  0.538 0.469 0.469 0.458 0.458 0.458 0.524 0.524 0.524 0.52
4 ...
 $ rm      : num  6.58 6.42 7.18 7 7.15 ...
 $ age     : num  65.2 78.9 61.1 45.8 54.2 58.7 66.6 96.1 100 85.9 ...
 $ dis     : num  4.09 4.97 4.97 6.06 6.06 ...
 $ rad     : num  1 2 2 3 3 3 5 5 5 5 ...
 $ tax     : num  296 242 242 222 222 222 311 311 311 311 ...
 $ ptratio: num  15.3 17.8 17.8 18.7 18.7 18.7 15.2 15.2 15.2 15.2 ...
 $ b       : num  397 397 393 395 397 ...
 $ lstat   : num  4.98 9.14 4.03 2.94 5.33 ...
```

```
$ medv    : num  24 21.6 34.7 33.4 36.2 28.7 22.9 27.1 16.5 18.9 ...
```

原始数据包括 14 个指标变量，其中的 medv 是希望回归的目标变量。除 chas 为因子外，其余变量都是数值型，这 14 个数据变量的含义在表 7-2 中一一列出。

表 7-2　波士顿房价指标

指 标 名	说　明
crim	按镇分布的人均犯罪率
zn	居住区域超过 25 000 平方英尺的比例（1 英尺 = 0.3048 米）
indus	在每个镇中非零售商业用地的比例
chas	与查尔斯河有关的哑数据（1 表示河流范围，0 为其他）
nox	一氧化氮浓度（parts per 10 million）
rm	每户平均房间数
age	在 1940 年前修建的户主居住的单位数
dis	到 5 个波士顿就业中心的加权距离
rad	到达放射状高速公路方便程度的指数
tax	每 1 万美元的全额房产税率
ptratio	每个镇的小学师生比
b	1000(B – 0.63)^2，其中 B 是每个镇的黑人比例
lstat	低收入人口比例
medv	以千美元为单位的户主居住房屋的价格中位值

medv 作为因变量，其余的指标作为自变量，可以建立如下一个多元线性回归模型：

$$median.value = \alpha + \sum_i \beta_i \times indicator_i + \varepsilon$$

在线性回归中，一般使用最小二乘算法选择参数α和β，这样对于数据集来说预测值与实际值误差项ε的平方和最小。这样得到的模型叫作多元线性回归预测模型。使用该模型就可以对给定的一组自变量值 $x_i(1 \leqslant i \leqslant n)$，计算因变量$y$的估计值：

$$\hat{y} = \alpha + \sum_k \beta_k x_k$$

与一元线性回归一样，可以使用 lm ()函数计算得出模型并保存在变量 Boston.lm 中，再用保存的多元线性回归模型做预测。

```
Boston.lm <- lm (medv ~ . ,                        #回归公式，因变量 medv，.表示其余变量
                  data=BostonHousing)        #指定数据集
```

检查一下所得到的回归模型：

```
> summary (Boston.lm)
```

```
Call:
lm(formula = medv ~ ., data = BostonHousing)

Residuals:
    Min      1Q  Median      3Q     Max
-15.595  -2.730  -0.518   1.777  26.199

Coefficients:
              Estimate Std. Error t value Pr(>|t|)
(Intercept)  3.646e+01  5.103e+00   7.144 3.28e-12 ***
crim        -1.080e-01  3.286e-02  -3.287 0.001087 **
zn           4.642e-02  1.373e-02   3.382 0.000778 ***
indus        2.056e-02  6.150e-02   0.334 0.738288
chas1        2.687e+00  8.616e-01   3.118 0.001925 **
nox         -1.777e+01  3.820e+00  -4.651 4.25e-06 ***
rm           3.810e+00  4.179e-01   9.116  < 2e-16 ***
age          6.922e-04  1.321e-02   0.052 0.958229
dis         -1.476e+00  1.995e-01  -7.398 6.01e-13 ***
rad          3.060e-01  6.635e-02   4.613 5.07e-06 ***
tax         -1.233e-02  3.760e-03  -3.280 0.001112 **
ptratio     -9.527e-01  1.308e-01  -7.283 1.31e-12 ***
b            9.312e-03  2.686e-03   3.467 0.000573 ***
lstat       -5.248e-01  5.072e-02 -10.347  < 2e-16 ***
---
Signif. codes:  0 '***' 0.001 '**' 0.01 '*' 0.05 '.' 0.1 ' ' 1

Residual standard error: 4.745 on 492 degrees of freedom
Multiple R-squared:  0.7406,    Adjusted R-squared:  0.7338
F-statistic: 108.1 on 13 and 492 DF,  p-value: < 2.2e-16
```

与简单的一元线性回归判定系数相似，多元线性回归的判定系数定义为因变量拟合值的方差与实际值方差之比。把因变量的观测值记作 y_i，样本均值记作 $\overline{y}$，预测值记作 $\hat{y}_i$，则可以通过下列公式计算判定系数：

$$r^2 = \frac{\sum(\hat{y}_i - \overline{y})^2}{\sum(y_i - y)^2}$$

现在可以查看在数据集 BostonHousing 中，多元线性回归的判定系数是多少。由于线性模型的结果已经保存在对象 Boston.lm 里，可以直接访问它的属性 r.squared：

```
> summary (Boston.lm)$r.squared
[1] 0.7406427
```

数据集 BostonHousing 多元线性回归的判定系数是 0.7406427。

假设多元线性回归模型的误差项 ε 独立于自变量 $x_i(1 \leqslant i \leqslant n)$，并且服从一个均值为 0，方差为常数的正态分布。可以确定在因变量 y 和任何一个自变量 $x_i(1 \leqslant i \leqslant n)$ 中是否存在着显著性关系。一般情况下，人们使用显著性水平 5%来判断模型中变量间的统计显著性。

前面已经得出并保存线性模型的结果，用 summary ()来检查线性模型的内容，可以查看各个自变量的 t 值：例如，因为 crim、zn、chas1 和 nox 等的 p 值都小于 0.05，在统计意义上这些变量都对 mdev 的线性回归具有显著性。

给定一组变量值 $x_i(1 \leqslant i \leqslant n)$，因变量的均值 $\bar{y}$ 的区间估计叫作置信区间。以数据集波士顿房价为例，给定一组人造变量值 crim=0.03，zn=90，indus=2，chas=0，nox=0.5，rm=7，age=15，dis=6，rad=3，tax=400，ptratio=15，b=400，lstat=5（注意，这里的 chas 数据是一个因子，因此需要使用 as.factor ()表示），如果要求得 95%的置信区间，其做法还是与简单线性回归一样，继续使用 predict ()函数，将参数 interval 设为"confidence"，使用默认值 0.95 的置信区间即可。

```
> #使用数据框存储给定的自变量
> newdata <- data.frame (crim=0.03, zn=90, indus=2, chas=as.factor(0), nox=
0.5, rm=7, age=15, dis=6, rad=3, tax=400, ptratio=15, b=400, lstat=5)
> #指定模型、自变量数据框和置信区间，调用 predict
> predict (Boston.lm, newdata, interval="confidence")
      fit      lwr      upr
1 32.41192 30.46838 34.35547
```

从上面的结果可以看出，对于给定参数的 95% 置信区间估计在 30.468～34.355 之间。假设多元线性预测模型的误差项服从 0 均值常数方差的正态分布，如果把 predict ()函数的参数 interval 置为"predict"，就可以得到对于给定自变量值对应的因变量 y 的区间的估计，其默认值仍是 0.95。

```
> predict (Boston.lm, newdata, interval="predict")
      fit      lwr      upr
1 32.41192 22.88796 41.93589
```

所以，给定参数情况下的因变量预测区间在 22.888～41.936 之间。

7.4.3 逻辑回归

逻辑回归的本质是一个二分类算法，用来预测一组给定自变量的二分类输出。可以把逻辑回归看成一种输出分类型数据的特殊形式线性回归（使用对数概率作为自变量）。简而言之，它通过拟合一个 logit 函数预测一件事情发生的概率。通常，人们使用逻辑回归来预测一个因变量取二分类值 0 或 1 的概率。假定自变量 $x_i(1 \leqslant i \leqslant n)$、$\alpha$和 $\beta_i(1 \leqslant i \leqslant n)$ 为参数，

而 $E(y)$是因变量 y 的预测值，那么逻辑回归方程是：

$$E(y)=1/(1+\mathrm{e}^{-(\alpha+\sum_k \beta_k x_k)})$$

例如，在 R 内置数据集 mtcars 中，变量 am 表示汽车的传动类型（0 =自动，1 =手动）。使用逻辑回归，可以根椐汽车的发动机马力（hp）和重量（wt）等数据来推出某一型号汽车属于手动类型的概率：

$$P(Manual\ Transmission)=1/(1+\mathrm{e}^{-(\alpha+\beta_1 hp+\beta_2 wt)})$$

这是一种广义线性模型，是对线性回归模型的推广。在用来表示逻辑回归的模型中，自变量的线性组合和因变量通过某种非线性函数形式联系在一起。系数α和 $\beta_i(1\leqslant i\leqslant n)$可以通过对数据集应用极大似然法来确定。得出模型参数后，对给定的自变量 $x_i(1\leqslant i\leqslant n)$，用户可以用模型估计因变量 y 取值为 1 的概率：

$$\hat{P}(y=1\,|\,x_1,\cdots,x_n)=1/(1+\mathrm{e}^{-(\alpha+\sum_k \beta_k x_k)})$$

数据集 mtcars 的例子：假设给定 120 马力的发动机和 2800 磅的重量，现在用逻辑回归预测模型计算这辆车属于手动类型的概率。首先，调用 R 语言的广义线性模型函数 glm()来表示传动类型（am）、马力（hp）和重量（wt）之间关系的公式，这样就生成了一个二项式分布类型的广义线性模型（多元逻辑回归则需要使用多项式分布）。

```
#因变量 am，自变量 hp 和 wt，数据集 mtcars，二项式分布
am.glm <- glm (formula=am ~ hp + wt, data=mtcars, family=binomial)
```

然后，把测试数据封装到数据框 newdata 中：

```
newdata <- data.frame (hp=120, wt=2.8)
```

最后，调用函数 predict ()来执行对广义线性模型 am.glm 和 newdata 等参数的预测。在选择预测类型时，则需要设置选项 type="response"以得到预测概率。

```
> predict (am.glm, newdata, type="response")
      1
0.64181
```

现在知道，对 120 马力的发动机和 2800 磅的重量来说，该车属于手动传输类型的预测概率大约是 64%。

同样，可以确定在逻辑回归模型中因变量 y 和任何一个自变量 $x_i(1\leqslant i\leqslant n)$之间是否存在显著性关系。如果零假设 β_i=0（$1\leqslant i\leqslant n$）成立，那么在逻辑回归模型中 x_i 就在统计上不显著。在一般情况下还是用 5%的显著性水平作为判断一个自变量在回归模型中是否显著的标准。以数据集 mtcars 为例，用广义线性模型 glm ()函数得到逻辑回归模型 am.glm，现在使用 summary ()来查看自变量 hp 和 wt 的 p 值大小：

```
> summary (am.glm)

Call:
glm(formula = am ~ hp + wt, family = binomial, data = mtcars)

Deviance Residuals:
    Min        1Q    Median       3Q       Max
-2.2537   -0.1568   -0.0168   0.1543   1.3449

Coefficients:
            Estimate Std. Error z value Pr(>|z|)
(Intercept)  18.8663     7.4436    2.53   0.0113 *
hp            0.0363     0.0177    2.04   0.0409 *
wt           -8.0835     3.0687   -2.63   0.0084 **
---
Signif. codes:  0 *** 0.001 ** 0.01 * 0.05 . 0.1   1

(Dispersion parameter for binomial family taken to be 1)

    Null deviance: 43.230  on 31  degrees of freedom
Residual deviance: 10.059  on 29  degrees of freedom
AIC: 16.06

Number of Fisher Scoring iterations: 8
```

显然，两个变量 hp 和 wt 的 p 值 0.0409 和 0.0084 都小于 0.05，也就是说它们都没有在逻辑回归模型中表现为统计不显著，即这一模型的统计显著性得到了确认。为了评价逻辑回归的分类效果，可以生成一个混淆矩阵，也就是检查根据回归预测模型得出的分类预测值与实际分类是否一致：如果实际为 0，但是预测值为 TRUE，被称为假阴性；反之，如果实际为 1，但是预测值为 FALSE，称作假阳性。这两种情况都说明对于某些自变量，回归模型预测不准确。以 mtcars 为例，已经知道如何得到手动传动类型与马力、重量之间关系的逻辑回归模型，现在使用 $\hat{y} > 0.5$ 作为手动传动的分类依据。

```
#逻辑回归模型
am.glm <- glm (formula=am ~ hp + wt, data=mtcars, family=binomial)
predict <- predict (am.glm, type = 'response')
```

生成混淆矩阵的代码和运行结果如下。

```
> #混淆矩阵
> table (predict > 0.5, mtcars$am)
```

```
        0  1
  FALSE 18  1
  TRUE   1 12
```

混淆矩阵的行表示模型的预测值，列表示数据集中的实际类型。在第一列 am 实际为 0 的 19 个车型中，逻辑回归模型预测为 FALSE，即 predict 值不大于 0.5 的有 18 个；第二列对应于在数据集中 am 实际等于 1 的模型，模型判断为 TRUE 的有 12 个。可以看出在数据集 mtcars 中，前面使用的逻辑回归预测模型在大多数情况下能够得到正确的分类。用户也可以选择数据集的一部分用于模型的选择，而把剩余的数据作为测试对象，检查逻辑回归模型的推广能力。例如，可以选择 mtcars 的前 22 条数据作为训练使用，而用后 10 条数据用来测试。

```
#设置训练集和测试集
train <- mtcars[1:22,]
test <- mtcars[23:32,]
#设置迭代次数<=100
am.glm <- glm (formula=am ~ hp + wt, data=train, family=binomial(link='logi
t'), control=list(maxit=100))
#用模型来预测
predict <- predict (am.glm, data.frame(test),type = 'response')
```

如果模型选择不合理，或者训练数据不充分，可能会出现模型不收敛以及结果过拟合的现象。在得出模型预测值后，可以观察到如下新的混淆矩阵。

```
> table (predict > 0.5, test$am)

       0 1
  FALSE 3 3
  TRUE  0 4
```

这样就能判断对于未观测到的数据来说，回归模型是否可以做出准确的预测。很显然，模型的预测质量和用于训练与测试的数据有很大的关系。

习　题

7-1　R 语言包括一个名为 stackloss 的基础数据集，请加载该数据集，用 str ()、head () 和 tail ()等函数探索该数据集，并得出每一个变量的均值、分位数、方差、标准差以及两两之间的协方差。

7-2　画出 stackloss 数据集中各变量的直方图、箱形图和散点图。

7-3　使用帮助系统了解画图函数 pairs ()的用法，使用该函数对数据集的变量画图。

7-4　以 stackloss 数据集中的 stack.loss 为因变量，分别得出对其他三个自变量的线性回归模型。

7-5　使用多元线性回归，得到 stackloss 中 stack.loss 对其他三个变量的多元线性回归模型。给定自变量的值，使用题 7-4 中简单线性回归模型和多元线性回归模型分别做出预测，计算各自的 95%置信区间。

7-6　使用帮助系统查阅 anova ()函数的用法，使用该函数分析并比较在题 7-4 和题 7-5 中得到的模型的性能。

7-7　在 ggplot2 包中有一个数据集 diamonds，执行下列代码探索数据集中的数据：

```
library ("ggplot2")
data (diamonds)
str (diamonds)
View (diamonds)
ggplot (diamonds, aes (x=price, y=carat)) + geom_point ()
ggplot (diamonds, aes (x= price, y= carat, color=clarity, size=cut)) +
        geom_point()
```

从可视化结果中可以得出什么结论？使用帮助系统了解函数 geom_smooth ()的用法。选择不同的 method 和 formula 参数实现平滑化，并分析所得到的结果。

8 第8章　统计机器学习

If you can't explain it simply, you don't understand it well enough.

——Albert Einstein

《战国策》中有一个典故，说的是“方以类聚，物以群分”的道理。在统计机器学习中，聚类和分类是两种典型的应用。这里所讲的聚类和分类不是指事物自发地聚集在一起或者自觉地分开，而是指人们根据对研究对象的属性和特征的分析，使用算法将它们聚成不同的类别或者划分到不同的类型。聚类和分类分别属于机器学习中的无监督学习和有监督学习。机器学习与基于规则的推理不同，它是一个以数据为基础的归纳学习模式和规律的过程。例如，邮件服务器需要根据一封邮件的 HTML 标签等关键词来将该邮件判别为垃圾邮件或正常邮件；医生需要根据病人心脏的一系列检验数据来诊断其是否患有某种疾病；银行的信贷部门则要根据申请人的收支状况和信用记录来决定是否能向他发放贷款等。一般来说，机器学习会利用大量数据通过一些算法寻找适当的模型来完成上述任务。在聚类和分类时所依据的数据称为特征，如刚才提到的 HTML 标签的类型和取值，心脏的检验数据，申请人的收支状况和信用记录等。我们所用到的特征值往往不止一种数据，多种特征数据就构成了一个特征空间中的向量。在分类时，假设已知类别的个数，每一个类别对应一个唯一的标签，这样就可以根据样本的具体类别为该样本加上标签。例如，将一封邮件标记为垃圾邮件，某个具体的病人没有患上一种疾病，可以发放贷款给申请人等。上面所列举的例子都是只包含是否两种类别的二分类问题，分类问题还可以推广到多分类问题（本章只讨论二分类问题）。聚类与分类不同，聚类的样本数据没有标签，人们仅仅根据诸多样本之间的相似程度来将样本分为几个类别（或者叫簇），并且期望在每个类别的内部，样本之间的相似程度尽可能大，而不同的类别之间，样本的相似程度尽可能小。

对无监督学习，首先需要确定聚类判别的依据。我们可以使用点到点之间的相似度，也可以使用点集的连续性作为判别标准。依据聚类依据的不同，人们开发了不同的聚类算法。在有监督的学习领域中，首先会根据已知的数据集通过学习得到一个训练好的分类器，然后再用这个分类器去预测未知数据。例如，采集到 1000 封邮件作为训练数据集，并且已经通过人工手段或其他方式将这些邮件标记为垃圾邮件或正常邮件后，就可以从邮件头或邮件体中提取关键字得到特征，将垃圾邮件与某一批关键词关联起来，再将正常邮件与另一批关键词关联起来，从而得到一个分类器。当下一次收到一封新邮件时，就可以将新邮件中的词汇与学习得到的关键词进行匹配，如果与垃圾邮件的关键词匹配度更高，那么就预测这封新邮件属于垃圾邮件，反之则为正常邮件。

众所周知，著名的奥卡姆剃刀原则同样适用于机器学习领域。在现实中，一般需要在拟合性能与泛化能力之间达成某种平衡。读者应该注意，如果拟合时使用的模型过于复杂，即使得到了完美的拟合结果，但是这种模型往往不能反映出数据本质的规律，因此并没有足够的泛化能力。由于较复杂的模型通常带有更多的可调参数，在拟合过程中会出现过拟合的现象，为此，需要在目标中引入模型结构风险的目标或者加上正则化约束条件，以增强模型的泛化能力。假定得到了解决同一问题的若干种不同的机器学习算法，在它们性能接近的时候，依照奥卡姆剃刀原则，就应该只选取那个最简单、最容易解释的算法。

在典型的机器学习应用中，包含了这样几个主要步骤：定义问题、准备数据、评价算法、改进结果，以及最后的结果展示。在这些步骤中，我们已学习到的 R 语言知识都能发挥重要的作用。例如，可以使用前面章节中介绍的各种函数来探索数据的维度、结构和各个变量的统计特征，并用图形化的方法将其直观地显示出来。

在本章，我们会介绍几种基础的统计机器学习算法，包括基本聚类算法和分类算法的 R 语言实现，以及集成学习算法，具体包括以下内容。

（1）距离与相似度，KNN 算法；

（2）聚类算法：k-均值聚类、层次聚类、密度聚类；

（3）分类算法：决策树、朴素贝叶斯算法、支持向量机（SVM）；

（4）集成学习方法：随机森林。

本章所用到的数据集有的来自 R 语言内置数据集，有的是通过网络下载获取的。读者可以使用类似的数据集自行验证相关算法。

8.1　特征空间与距离

数据集中的样本一般通过若干特征属性来描述，这些特征既可能含有定量数据，也可能含有定性数据。如果在特征空间中定义了距离，距离远近就可以用于表示样本之间的相似程度。本节主要介绍基本的距离度量定义，应用距离实现分类的简单的 KNN 算法，以及评价分类效果的混淆矩阵。

8.1.1　距离的定义

本小节先以前面提到的 R 内置数据集为例进行分析，然后介绍距离的定义。

R 内置的鸢尾花 iris 数据集（请参见 5.7.3 节的介绍。鸢尾花的品种很多，其中一个国内常见品种的外观如图 5-1 所示），其特征向量为 x =（花萼长度，花萼宽度，花瓣长度，花瓣宽度），即四个特征。其类别标签为花的品种，分别是 setosa、versicolor 和 virginica 三种。读者可以使用 str ()函数查看其数据的结构：

```
> data(iris)
> str(iris)
'data.frame':    150 obs. of  5 variables:
 $ Sepal.Length: num  5.1 4.9 4.7 4.6 5 5.4 4.6 5 4.4 4.9 ...
 $ Sepal.Width : num  3.5 3 3.2 3.1 3.6 3.9 3.4 3.4 2.9 3.1 ...
 $ Petal.Length: num  1.4 1.4 1.3 1.5 1.4 1.7 1.4 1.5 1.4 1.5 ...
 $ Petal.Width : num  0.2 0.2 0.2 0.2 0.2 0.4 0.3 0.2 0.2 0.1 ...
 $ Species     : Factor w/ 3 levels "setosa","versicolor",..: 1 1 1 1 1 1 1
 1 1 1 ...
```

可以看到，iris 作为一个数据框包含了五个属性（列），前四个数值型的属性表示花的几何特征（即花萼长度，花萼宽度，花瓣长度，花瓣宽度），最后一个因子则表征花的品种属性。

```
> table(iris$Species)
setosa     versicolor    virginica
50         50            50
```

在 iris 数据集中，三个品种的鸢尾花各占了三分之一的样本数。为了更加直观地了解鸢尾花样本的分布特点，下面先以花瓣长宽（Petal.Length、Petal.Width）的几何特征来绘制散点分布图（见图 8-1）。这里使用的是 ggplot2 包中的 ggplot ()函数，读者可以与在第 4 章中介绍的 plot ()方法做简单的比较。

```
> library (ggplot2)                          #加载包含 ggplot ()的包
> ggplot (data = iris) + geom_point(aes(x = Petal.Length, y = Petal.Width,
          color = Species , shape = Species ), position = "jitter")
```

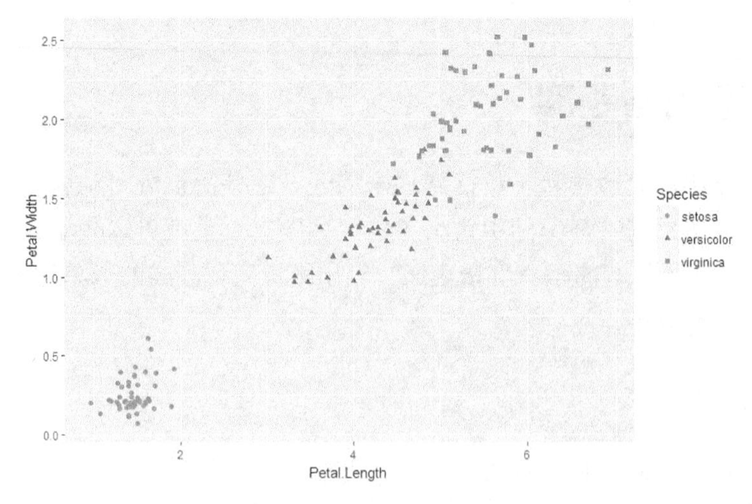

图 8-1　iris 数据集花瓣尺寸散点图

ggplot2 是一个功能强大的绘图工具包，在使用之前必须先用 install.packages ("ggplot2") 安装包，然后调用 library ()函数将其载入。在绘图函数中有一个参数 position="jitter"，这是因为在数据集 iris 中有些样本点会重合在一起。为了能够在图中清楚地看到点的分布情况，给这些点加上一个随机抖动，以防止重合。从图 8-1 中可以看出，在以花瓣几何尺寸为特征的平面中，setosa 与 versicolor，setosa 与 virginica 有明显的分界线；而另外两个品种 versicolor 与 virginica 虽然没有明显的分界线，但是，大多数表示同一种鸢尾花花瓣尺寸的点之间的距离还是比表示不同种鸢尾花的点要接近一些。

类似地，再以花萼的长度（Sepal.Length）和宽度（Sepal.Width）为特征来绘制散点图，结果如图 8-2 所示。

```
> ggplot (data = iris ) + geom_point (aes(x = Sepal.Length, y = Sepal.Width,
        color = Species , shape = Species ), position = "jitter")
```

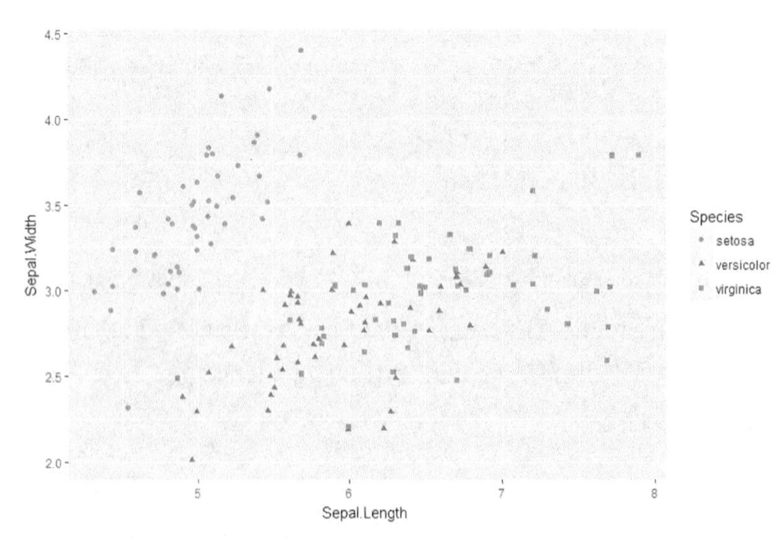

图 8-2　iris 数据集花萼尺寸散点图

从图 8-2 中可以清晰地看出，在 setosa 与另外两个品种之间依然存在有明显的分界。与图 8-1 中的情况相比，versicolor 与 virginica 之间不仅没有明显的分界线，而且混杂在一起更加难以分辨。

还是在二维特征空间的样本图形图 8-1 中，可以看到同属 setosa 种类的鸢尾花在花瓣几何尺寸上比较接近，与其他两种花存在较大的差异。如果特征选择合理，特征空间中点与点之间的距离显然可以表示两者之间的相似程度：距离越近的点越相似。如果以前没有给样本指定标签，就无法得知一个具体的样本属于哪一个品种。但是，如果通过特征的筛选，则有可能使得特征空间中同一类样本之间彼此的接近程度大于不同类别的样本，用户可以根据数据集里面的样本之间的相似程度来将数据集划分为几个互不相交的子集。这就是聚类要解决的问题。

判断两个样本是否相似需要使用两者间的距离来衡量。距离的定义要满足下列三个条件：非负、对称和三角不等式。在数学中存在多种形式的距离定义可供选择，如欧几里得距离、相关性距离、二进制距离等。以闵可夫斯基距离的定义为例：给定数据集 $D=\{x_1,x_2,\cdots,x_n\}$，如果每个样本 $x_i\in R^n$ 都是一个 n 维特征空间中的向量，可以用下面的方式来定义样本之间的距离：

$$d_p(x_i,x_j)=\left(\sum_{k=1}^{n}|x_{ik}-x_{jk}|^p\right)^{\frac{1}{p}}$$

对几维向量 x_i 、 $x_j\in R^n$，$|x_{jk}-y_{jk}|$ 是向量在第 k 维中分量之差的绝对值。特别地，当 $p=1$ 时，$d_1(x_i,x_j)$ 又称为曼哈顿距离；当 $p=2$ 时，$d_2(x_i,x_j)$ 则称为欧几里得距离。

在闵科夫斯基距离的计算中，用到了样本间每一个维度的坐标差值。从 iris 数据集可以看出，花瓣和花萼在尺寸上存在着比较大的差别。用 summary ()查看数据集的统计，就知道在不同属性中的尺度并不一致，如同样是以厘米为单位，花瓣的宽度就远远小于花萼的长度。而且不同特征在分布上的分散程度也存在较大差异，甚至在花萼宽度上还存在一些离群点。我们用箱形图（见图 8-3）来显示不同维度上的这些差别。

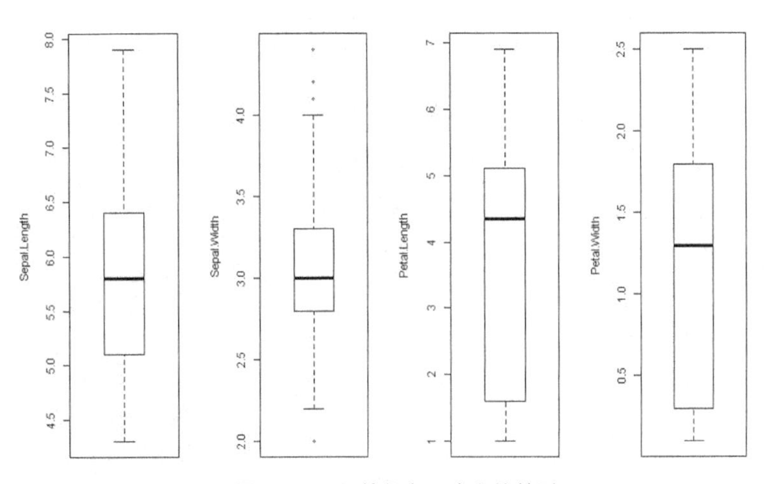

图 8-3　不同特征在尺度上的差别

为了使不同维度的特征在距离计算时起到相称的作用，且不会造成大尺度的特征掩盖住小尺度的特征的差异，用户可以先对数据做一个标准化处理：使变量具有 0 均值和标准差为 1 的特性。通过中心化和缩放解决在不同维度上的尺度和分布差异问题，也就是通过标准化对数据进行变换：

$$\frac{x_i - \text{center}\,(x)}{\text{scale}\,(x)}$$

其中，center (x)可以是变量的均值或中位值，scale (x)可以是变量的标准差或四分位距。R 语言中的函数 scale () 则可以用来进行数据标准化。

R 语言提供了函数 dist () 帮助用户计算数据集中样本点与点的距离，一般需要用 as.matrix () 把返回的距离向量转化成更易读的距离矩阵。下面以 iris 为例进行说明。

```
> x <- iris[, -5]                                         #只使用数值属性
> x <- scale(x)                                           #标准化
> dist.iris <- dist (x, method = "euclidean")             #计算距离矩阵
> dmat <- as.matrix (dist.iris)                           #调整为矩阵格式
> round (dmat[1:5,1:5], 2)                                #保留两位小数
     1    2    3    4    5
1 0.00 1.17 0.84 1.10 0.26
2 1.17 0.00 0.52 0.43 1.38
3 0.84 0.52 0.00 0.28 0.99
4 1.10 0.43 0.28 0.00 1.25
5 0.26 1.38 0.99 1.25 0.00
```

因为样本的数量比较大，读者可能无法快速地理解距离矩阵的含义，但通过可视化的方法就能以直观的形式来呈现样本点之间的距离。

```
> par (mar = c(1,2,1,2))                      #设置图形边界
> image (t(dmat[nrow(dmat):1,]), axes=FALSE, zlim=c(-2,7),
col=rainbow(21))    #用?image 和?t 可以了解如何画矩阵网格图和完成矩阵共轭转置
```

在样本的组织上，iris 数据集把同一类的鸢尾花连续地排列在一起，读者可以从图 8-4 观察到 3 类花把距离矩阵划分成 9 块：同一类鸢尾花的距离小于不同类鸢尾花之间的距离，但是后两种花彼此之间的距离并不明显。这与我们在图 8-1 和图 8-2 中得到的结论是一致的。

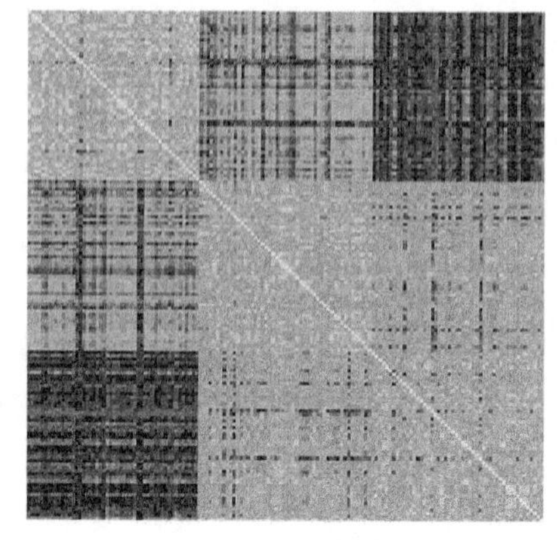

图 8-4 距离矩阵

iris 的特征都是数值型，但是有些数据集需要用因子来表示属性，这就需要用到能够处理非数值型变量的距离定义。前面使用的闵科夫斯基距离定义能够很好地衡量数值型数据，但不适合对定性数据进行处理。即使同属于离散型数据，也有“有序”与“无序”之分，例如，英语字

典里面的单词是有序的，而牧场里面的牛、马、羊等品种属性则是无序的。对有序的离散数据，我们可以将其数值化，再用闵可夫斯基距离去衡量；对无序离散数据，可以用 VDM（Value Difference Metric）来定义，例如，定义属性 u，取值为 a 和 b 之间的距离：

$$\mathrm{VDM}_p(a,b)=\sum_{i,\,j=1}^{k}\left|\frac{n_{u,a,i}}{n_{u,a}}-\frac{n_{u,b,j}}{n_{u,b}}\right|^p$$

其中，$n_{u,a}$ 为属性 u 中取值为 a 的样本数，$n_{u,a,i}$ 为在第 i 个类别里面，属性 u 中取值为 a 的样本数。在完成对无序离散型数据的距离的定义后，就可以计算总距离：

$$\mathrm{dist}_p(x_i,x_j)=\left(\sum(d_p(x_i,x_j))^p+\sum\mathrm{VDM}_p(x_i,x_j)\right)^{\frac{1}{p}}$$

其中，两个求和项分别为对有序型数据求和与对无序型数据求和。

定义好两个样本之间的距离后，用户往往还希望定义类别之间的距离，也就是样本子集之间的距离。存在不同的类别之间的距离定义方法，需要注意的是，对于类别之间距离的不同定义，会产生不同的聚类效果。下面列出了几种最常见的类之间的距离定义。

- 单联动：一个类中的所有样本点与另一个类中的所有样本点的距离的最小值。
- 全联动：一个类中的所有样本点与另一个类中的所有样本点的距离的最大值。
- 平均联动：一个类中的所有样本点与另一个类中的所有样本点的距离的平均值。
- 质心法：一个类中的质心到另一个类的质心的距离。
- Ward 法：两个类之间的离差平方和。

根据上述定义可知，单联动倾向于把样本连成长条状，条状的首端和尾端可能会有较大差异；全联动倾向于把样本连成直径大致相同的紧凑状；平均联动和质心法则是前两者的折中。Ward 法是依据方差分析的原理，该方法认为，归为一个类别的样本之间应该有很小的方差，不同类别之间的类间方差较大，该方法倾向于把样本平均地分为各个类。

距离度量方法的选择会影响到聚类的结果。对于聚类函数，默认的样本间距离度量就是欧氏距离。

8.1.2　KNN 分类

距离表示数据样本在特征空间的接近程度，假设相似的样本具有相似的类别，我们就可以根据距离度量来寻找在空间中与未知样本最为接近的带有类别标签的样本，用它们给新数据分类。R 语言的 class 包提供了 knn ()函数，使用已知数据中的 k 个近邻对测试数据分类，就是为没有标记类别的数据加上类别标签。函数 knn ()的调用形式如下：

```
knn (train, test, cl, k = 1, l = 0, prob = FALSE, use.all = TRUE)
```

KNN 是一种简单的分类算法，使用训练集为测试集分类，其中，训练集的样本都带有类别标签。对每一行测试集中的数据，在特征空间中寻找训练集中 k 个距离最近的向量（使用欧几里得距离定义）。类别采取由 k 个近邻用自己的类别标签投票的方式决定，得票最多的类别胜出，出现平局时，随机选择胜者。knn ()函数的参数及其说明如表 8-1 所示。

表 8-1　knn ()函数的输入参数说明

参　数	说　明
train	训练集案例的矩阵或数据框
test	测试集案例的矩阵或数据框
cl	训练集实际分类的因子型数据
k	考虑的近邻数量
l	确定的决策所需的最少得票
prob	如果设为 TRUE，则会把赢得类别时得到的投票比例返回给属性 prob
use.all	控制如何处理平局（多个近邻距离相等）的方法。如果设为 TRUE，则考虑所有距离等于第 *k* 大的近邻，否则只随机选择一个距离第 *k* 大的近邻以只考虑 *k* 个近邻

现在，以 class 包中的 iris3 数据集（iris 的一种变化形式）为例说明 knn ()的使用方法。首先加载 class 包，并且把数据集 iris3 一分为二，划分成训练集与测试集（iris3 是 iris 数据集的边形形式，用大小为 50×4×3 的三维数组，表示鸢尾花数据）。

```
library (class)
#用 50%样本组成训练集
train <- rbind (iris3[1:25,,1], iris3[1:25,,2], iris3[1:25,,3])
#用剩余的 50%样本组成测试集
test <- rbind (iris3[26:50,,1], iris3[26:50,,2], iris3[26:50,,3])
#cl 用作分类标签
cl <- factor (c (rep("setosa",25), rep("versicolor",25), rep("virginica",25)))
```

调用 knn ()函数完成训练。

```
iris.knn <- knn (train, test, cl, k = 3, prob=TRUE)
```

再用 summary ()可以打印出测试集的分类结果。

```
> summary (iris.knn)
       setosa versicolor  virginica
       25         26         24
```

泛型函数 plot ()也可以用来为 KNN 模型画图，直接把 iris.knn 当作参数调用即可。

```
plot (iris.knn)
```

画出来的是一个简单的柱状图，显示了测试数据的分类结果，即各个类别的预测数量，与 summary ()的打印结果没有差异。为了更清晰地得出具体的分类情况，可以用 table ()把预测值用行的形式，实际值用列的形式在一张表上列出来进行对比。这张表被称为分类结果的混淆矩阵（在 7.4.3 节中已经初步讨论过其含义）。

```
> target <- factor (c (rep("setosa",25), rep("versicolor",25),
rep("virginica",25)))                   #目标分类标签
> #预测分类结果与目标类别比较：行为预测值，列为实际值，对角线上的是分类正确的结果
> table (iris.knn, target)              #混淆矩阵
           target
iris.knn     setosa versicolor virginica
  setosa        25          0         0
  versicolor     0         23         3
  virginica      0          2        22
```

从分类结果中可以看出，setosa 分类正确，而 versicolor 和 virginica 则有少量无法正确区分，这与图 8-4 反映的情况一致。使用混淆矩阵是评价分类效果的一种重要方法。在混淆矩阵中，把对角线上的数值称作真阳性（True Positive，TP），也就是正确分类的样本数；非对角线上的元素，从行的角度来看，是分类结果不正确，即以假为真，又称为假阳性（False Positive，FP）；从列上来看，是对样本分类错误，即以真为假，又称为假阴性（False Negative，FN）；如果一个样本实际不属于某一类，同时也未被分类器分到那一类，就称作真阴性（True Negative，TN）。继而可以从混淆矩阵派生出以下几种不同的分类评价指标：精确率（Precision），$P=\frac{TP}{TP+FP}$，就是对角线上的值除以该行元素之和，表示对分类结果而言，预测属于某一类的样本中实际真阳性样本所占比例；召回率（Recall），$R=\frac{TP}{TP+FN}$，等于对角线元素值除以该列元素之和，代表对样本而言实际某一类样本中被正确分类的样本的比例；准确率（Accuracy），$Accuracy=\frac{TP+TN}{TP+FP+TN+FN}$，一些包可以在计算结果中直接给出准确率;此外,还可以通过精确率和召回率的调和平均来计算 F_1 分布值，$F_1=\frac{P\times R}{2(P+R)}$。

8.2 聚类算法

本节主要介绍几种常用的成熟聚类算法，包括 k 均值聚类、层次聚类和基于密度的聚类。

8.2.1 *k* 均值聚类

利用样本之间的相似度，可以把相似的样本聚集在一起，使同一类样本之间的相似度高于不同类别之间样本的相似度。

k 均值聚类的思想是，聚在一个类里面的样本点应该更相似，这个“相似”可以用离差平方和来刻画。即，给定数据集 $D=\{x_1,x_2,\cdots,x_n\}$，将其分为 k 个类别，每个数据点的类别用 $C_i(i\in\{1,2,\cdots,k\})$ 表示，类别 C_i 的离差平方和表示为

$$H_i = \sum_{x \in C_i} (x - \bar{x}_i)^2$$

其中，$\bar{x}_i$ 为类别 C_i 中所有点的均值向量，即簇心。聚类的目标就是使 k 个类别总的离差平方和最小化：

$$H = \sum_{i=1}^{k} H_i$$

k 均值算法包括下列具体步骤。

（1）在样本数据集中任选 k 个样本点作为初始的簇心；

（2）扫描每个样本点，对样本点 $x_i (i = 1, 2, \cdots, n)$，求该样本点到 k 个簇心之间的距离，选择其中最短距离的簇心，并将样本点 x_i 归为该簇心表示的类。这样，样本点全部扫描完以后，就被划分为了 k 个类；

（3）分别对每个类中的所有样本点求均值，作为新的簇心，用更新后的 k 个簇心替换原来的 k 个簇心；

（4）重复步骤（2）和步骤（3），直到达到最大迭代次数，或者更新后的簇心与原来的簇心几乎吻合（形成不动点）。

由于算法涉及使用求均值的算术运算来确定簇心，这就意味着样本点的所有属性必须为数值型变量。

R 语言提供的 kmeans ()函数可以直接用来完成 k 均值聚类。如果给定了表示所有样本的数据矩阵和一个表示目标类别数量的正整数 k，kmeans ()函数通过一个迭代的优化算法将数据点划分为 k 簇，使每一个点到所属的簇心的距离之和最小。优化的最终结果就是 k 个簇心都等于该簇中所有点的均值。函数调用的形式如下：

```
kmeans(x, centers, iter.max = 10, nstart = 1)
```

表 8-2 给出了函数的主要参数。

表 8-2　kmeans ()函数的主要参数

参　　数	说　　明
x	数据的数值矩阵，或者能被转化成矩阵的对象（例如，数值向量或只包含数值列的数据框）
centers	目标的簇的数量 k 或一组各不相同的初始簇心。如果是 k，会随机选择几组 x 中的行作为初始簇心
iter.max	算法指定的最大迭代次数
nstart	当 centers 是一个数字时，表示需要选择多少组随机簇心

kmeans ()函数返回“kmeans”类中的一个对象，表 8-3 对其中的重要组成部分进行了说明。

表 8-3　kmeans ()函数返回值

参　　数	说　　明
cluster	整数向量取值从 1 ~ k，表明每一点被划分到哪一个簇
centers	簇心矩阵
totss	距离的总平方和

续表

参　数	说　明
withinss	对应每一个簇的簇内距离平方和向量
size	每一个簇包含的点的个数
iter	迭代次数

已知鸢尾花的品种一共有三类，这里使用参数 k=3 就表示要把样本聚为三类。

```
> x <- iris[,-5]                          #用四种几何尺寸作为特征向量
> y <- iris$Species                       #类别为 Species 属性
> kc <- kmeans (x,3)                      #使用特征向量聚成三类
> table (y,kc$cluster)                    #列出混淆矩阵


y              1  2  3
  setosa       0 50  0
  versicolor  48  0  2
  virginica   14  0 36
```

从混淆矩阵可以看出，所有 setosa 的样本的确聚在了一起，而 virginica 中约有三分之一被错误地聚到了以 versicolor 为主的类中。在对象 kc 中，属性 centers 和 size 分别包含了簇心和簇的大小的信息。

```
> kc$centers                              #查看簇心
  Sepal.Length Sepal.Width Petal.Length Petal.Width
1    5.901613    2.748387     4.393548    1.433871
2    5.006000    3.428000     1.462000    0.246000
3    6.850000    3.073684     5.742105    2.071053
> kc$size                                 #查看各簇的大小
[1] 62 50 38
```

kmeans ()可以得出每一个簇的簇心和每一个簇的大小，只有 setosa 正确地包括了 50 个数据点。

8.2.2　层次聚类

层次聚类的原理较为简单，它是一种自底向上的逐步聚类方法。在 k 均值聚类中，用户必须预先知道要把样本聚成多少个簇。但有些时候，用户难以准确地预判到底存在多少类。层次聚类采用自底向上的方式构建了一个聚类层次结构，而无须提前指定聚类的个数。

层次聚类算法的具体步骤如下：

（1）假设样本总数为 N，在初始时，所有样本点都自成一类，一共有 N 类；

（2）选择距离最小的两个类合并，于是减少一类，剩下 $N-1$ 类；

（3）重复步骤（2），直到所有数据点都属于同一类。

R 语言通过函数 hclust ()实现层次聚类。因为，hclust ()需要将数据用距离矩阵表示出来，所以还需用到 dist ()函数。在默认情况下，类之间使用全联动方法度量距离。以 iris 为例，这里选择使用图 8-1 中显示的对 versicolor 和 virginica 区分度更高的 Petal.Length 和 Petal.Width 两种花瓣属性来计算距离。

```
clusters <- hclust(dist(iris[, 3:4]))
plot(clusters)
```

层次聚类结果如图 8-5 所示。

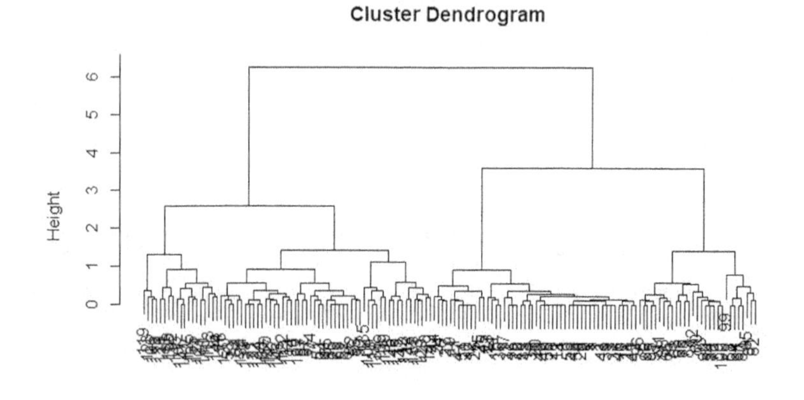

图 8-5　全联动层次聚类结果

可以直接从图 8-5 得出结论，最好把数据划分成三类或四类。如果想把系统树划分成理想数量的类，可以使用函数 cutree ()。在此不妨选择分成三类，以使聚类结果与原始的品种进行比较，代码如下。

```
> clusterCut <- cutree(clusters, 3)
> table(clusterCut, iris$Species)

clusterCut setosa versicolor virginica
         1     50          0         0
         2      0         21        50
         3      0         29         0
```

从聚类结果来看，setosa 和 virginica 两种鸢尾花都被成功地划为所属的类别，但是 versicolor 中有超过 40%被误划成 virginica。现在，再来试一试选择不同的簇间距离计算方式，例如，使用平均联动替代全联动。

```
clusters <- hclust(dist(iris[, 3:4]), method = 'average')
plot(clusters)
```

图 8-6 所示为产生的聚类树状图。

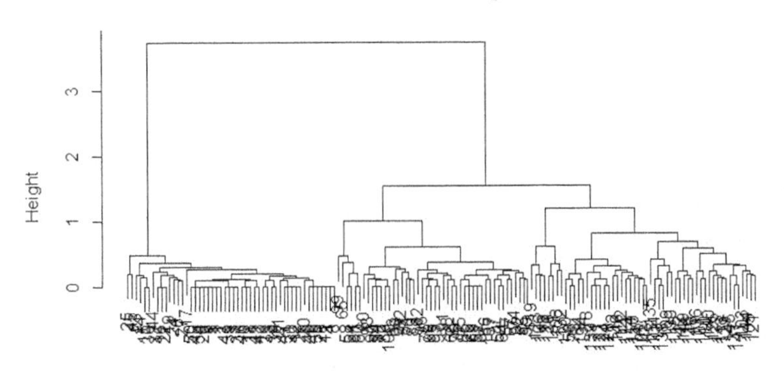

图 8-6　平均联动层次聚类结果

仍然通过 cutree ()把样本聚为 3 类进行分析。代码如下。

```
> clusterCut <- cutree(clusters, 3)
> table(clusterCut, iris$Species)

clusterCut setosa versicolor virginica
         1     50          0         0
         2      0         45         1
         3      0          5        49
```

可以观察到，以平均联动作为距离定义的聚类的结果中只有六个样本被错误地划分到其他类中。可以把这些误划的点在图形中标记出来，如图 8-7 所示，代码如下。

```
ggplot(data = iris, aes(x = Petal.Length, y = Petal.Width,
 color = Species), position = "jitter") +
  geom_point(alpha = 0.4, size = 3.5) + geom_point(col = clusterCut) +
  scale_color_manual(values = c('black', 'red', 'green'))
```

在图 8-7 中，错误分类的数据点内部颜色与外圈颜色不一致。

层次聚类数据点的属性可以扩展到非数值型。例如，可以用 cluster 包里面的 Orange 数据集来实现层次聚类，代码如下。

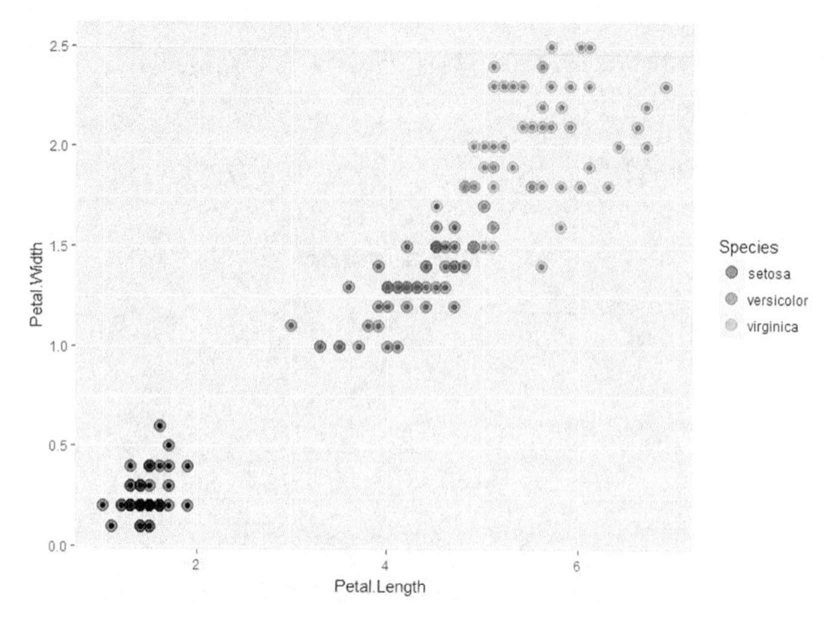

图 8-7　平均联动层次聚类结果与原始品种比较

```
> library(cluster)
> data("Orange")
> str(Orange)
Classes 'nfnGroupedData', 'nfGroupedData', 'groupedData' and 'data.frame':
35 obs. of  3 variables:
 $ Tree: Ord.factor w/ 5 levels "3"<"1"<"5"<"2"<..: 2 2 2 2 2 2 2 4 4 4 ...
 $ age : num  118 484 664 1004 1231 ...
 $ circumference: num  30 58 87 115 120 142 145 33 69 111 ...
 - attr(*, "formula")=Class 'formula'  language circumference ~ age | Tree
  .. ..- attr(*, ".Environment")=<environment: R_EmptyEnv>
 - attr(*, "labels")=List of 2
  ..$ x: chr "Time since December 31, 1968"
  ..$ y: chr "Trunk circumference"
 - attr(*, "units")=List of 2
  ..$ x: chr "(days)"
  ..$ y: chr "(mm)"
```

也就是说，数据集 Orange 有 35 个观测样本，每个样本包含三个属性变量，其中，Tree 是有序因子型变量，age 和 circumference 是数值型变量。接下来，再用 summary ()函数看看这两个数值型变量的分布情况，代码如下。

```
> summary(Orange$age)
   Min. 1st Qu.  Median    Mean 3rd Qu.    Max.
  118.0   484.0  1004.0   922.1  1372.0  1582.0
```

```
> summary(Orange$circumference)
   Min. 1st Qu.  Median    Mean 3rd Qu.    Max.
   30.0    65.5   115.0   115.9   161.5   214.0
```

从分布情况的结果可以发现 age 的取值范围远大于 circumference，如果直接用这样的数据进行聚类，那么 age 对距离的作用将明显大于 circumference 对距离的决定权。因此，需要对 age 和 circumference 数据进行标准化，代码如下。

```
x <- data.frame (Orange)
x[ ,c("age", "circumference")] <- scale(x[ ,c("age",
 "circumference")])
```

完成标准化后，数据的整理工作就完成了。可以再用 str ()函数和 summary ()函数查看数据。

```
> str(x)
'data.frame':   35 obs. of  3 variables:
 $ Tree         : Ord.factor w/ 5 levels "3"<"1"<"5"<"2"<..: 2 2 2 2 2 2 2 4 4 4 ...
 $ age          : num  -1.635 -0.891 -0.525 0.166 0.628 ...
 $ circumference: num  -1.4935 -1.0064 -0.502 -0.0149 0.0721 ...
> summary(x$age)
   Min. 1st Qu.  Median    Mean 3rd Qu.    Max.
-1.6349 -0.8908  0.1664  0.0000  0.9146  1.3415
> summary(x$circumference)
    Min.  1st Qu.   Median     Mean  3rd Qu.     Max.
-1.49347 -0.87596 -0.01491  0.00000  0.79395  1.70718
```

然后再计算距离矩阵，反映出每两个样本点之间的距离。由于数据框中有因子型数据 Tree，不能直接用 R 内置的 dist ()函数去计算距离矩阵，而要用 cluster 包里面的 daisy ()函数，它可以计算任意混合类型样本数据的距离矩阵，代码如下。

```
> dmat <- as.matrix (daisy (x))
> round (dmat[1:5,1:5], 2)
     1    2    3    4    5
1 0.00 0.13 0.23 0.36 0.42
2 0.13 0.00 0.09 0.22 0.28
3 0.23 0.09 0.00 0.13 0.19
4 0.36 0.22 0.13 0.00 0.06
5 0.42 0.28 0.19 0.06 0.00
```

由上可见，样本点自身到自身的距离为 0。最后，就可以用 agnes ()函数进行层次聚类，并用 pltree ()函数画出图形（见图 8-8），代码如下。

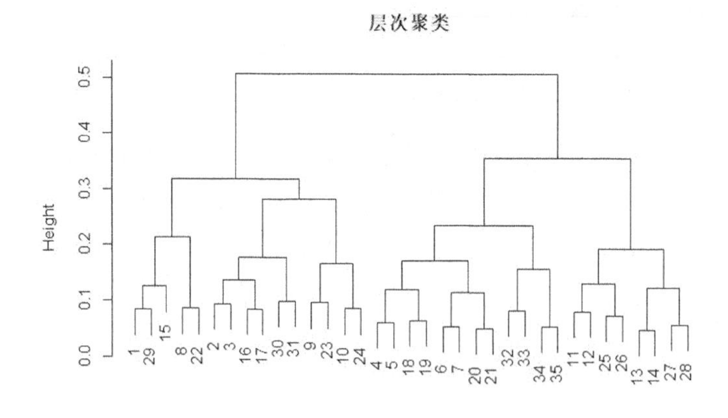

图 8-8 Orange 层次聚类结果

```
> orange.cluster <- agnes(dmat, diss = TRUE, method = "average")
> pltree(orange.cluster, main = "层次聚类")
```

在 agnes ()函数中，diss = TRUE 表示传入的参数 dmat 为距离矩阵，method = "average" 表示要使用平均联动的距离定义方法聚类。在绘制的图形中，横轴表示样本点的编号，纵轴表示距离，展示了这些样本是如何一步一步向上聚成类的。首先，13 号和 14 号以约 0.05 的距离合并为一类；然后，27 号和 28 号合并为一类；最后这两个新聚成的类又以约 0.12 的距离合并为一个更大的新类。这样循序渐进往上生长，最终两个大类以略高于 0.5 的距离合并成一类。

8.2.3 密度聚类

基于密度的聚类（Density-Based Spatial Clustering of Applications with Noise，DBSCAN）也是一种对数据点集进行划分的聚类方式，可以从带噪声和离群点的数据中找到不同形状和大小的簇。DBSCAN 的基本思想来自人们对聚类效果的直观认识：给定位于同一空间的一组数据点，如果一些分布稠密的点紧密地依靠在一起，则应被归为一类，而处在低密度区域的点就应该被看作离群点。也就是说，在点集的不同子集中计算出的密度是决定聚类的依据，因此，近邻多的点与距离其他邻居远的点显然要分别对待。

在 DBSCAN 聚类算法中，定义了几类不同的点。首先对几个关键的概念进行说明：给定数据集 $D=\{x_1,x_2,\cdots,x_n\}$，假设指定了控制参数最小样本点数 *MinPts* 和邻域的半径ε，那么点 x_i 的ε邻域被定义为：

$$N_{\varepsilon}(x_i)=\{x_j \mid d(x_i,x_j)\leqslant \varepsilon, x_j\in D\}$$

现在就能够分别定义核心点、直达点、可达点和离群点了。

（1）核心点：如果点 p 被称为核心点，则至少在其ε邻域中包含了 *MinPts* 个点；

（2）直达点：如果点 p 是一个核心点，点 q 在点 p 的半径为ε的邻域中，则 q 是 p 的直达点；

（3）可达点：如果存在一条路径 $p_1p_2\cdots p_m$，且 $p=p_1$、$q=p_m$，则称 q 为 p 的可达点。注意，除了 q 之外，路径上其他点都必须是核心点；

（4）不能从其他点可达的点都属于离群点。

可达关系并不一定对称，无论距离远近，没有点可以从非核心点可达。另一个重要的概念是密度连通性：如果 p 和 q 同时从一个点 o 可达，p 和 q 就密度连通。由上面的定义可知，密度直达代表分布稠密的两个相邻的点，密度可达意味着由一系列分布稠密的密度点连成一个片状结构，片头和片尾的样本点密度连通。也可以用通俗的语言解释密度聚类：就是把连成一片的分布稠密的样本点聚为一类。如果有少数点与主流点格格不入，我们就把它们归为噪声点。

在 DBSCAN 算法中，一个簇必须满足两个条件：首先，所有同一簇中的点一定是互相密度连通的；其次，如果有一点从簇内一点密度可达，该点一定也属于同一个簇。

DBSCAN 算法可以简化成下列几步：

（1）找到每一个点的邻域，如果邻域中有超过 *MinPts* 个点，该点即被识别为核心点；

（2）找到核心点的连通部分，而忽略掉非核心点；

（3）如果非核心点是附近一个簇的邻居，将其分配给附近的簇，否则划分为噪声点。

我们可以用 mlbench 包来生成仿真数据，再用 R 语言里面的 fpc 包来实现密度聚类算法。首先按照下列代码安装并导入 fpc 包，加载 mlbench 包。

```
install.packages ("fpc")
library (fpc)
library (mlbench)
pts <- mlbench::mlbench.cassini (n = 600, relsize = c(3,2,1))
plot (pts)
```

其中 mlbench.cassini ()函数产生了三个类别的样本点，其中两个边缘的类分布成香蕉形状，中间一类分布为圆形。函数的第一个参数 n 表示总的样本点数，第二个参数为一个向量，反映各个类别样本点的相对比例。在图 8-9 中，三种颜色代表着三种不同的类别。

接下来，使用 fpc 中的 dbscan ()函数来实现密度聚类。

```
> cluster.density <- dbscan (data = pts$x, eps = 0.2, MinPts = 5,
                             method = "hybrid")
> cluster.density
dbscan Pts=600 MinPts=5 eps=0.2
       0  1   2   3
border 1   3  12   5
seed   0 297 187  95
total  1 300 199 100
> plot.dbscan (cluster.density, Pts$x)
```

在代码中，我们取邻域半径为 0.2，最小样本点 *MinPts* 为 5，进行密度聚类，最后一个参数 method = "hybrid"表示提供的数据为原始数据，并计算原始数据的部分距离矩阵。从聚类结果来看，总共被聚为四类，对应图中四种颜色的三角形，编号为 0 的一列为噪声点，对应图 8-10 中的黑色圆圈。border 表示非核心点，seed 为核心点。图 8-10 中用圆圈表示非核心点，用三角形表示核心点。

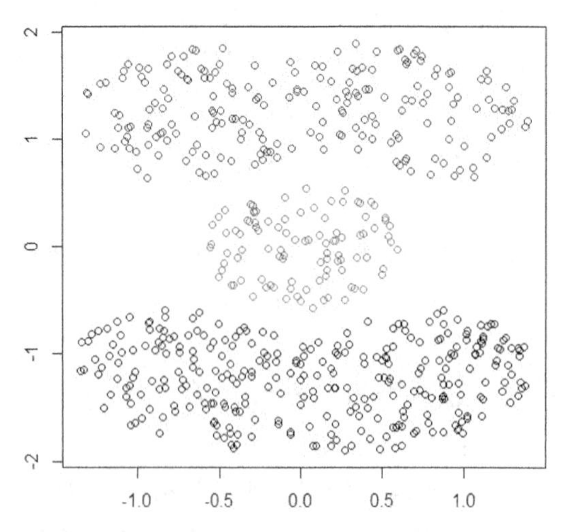

图 8-9　用 mlbench.cassini ()函数生成的样本点

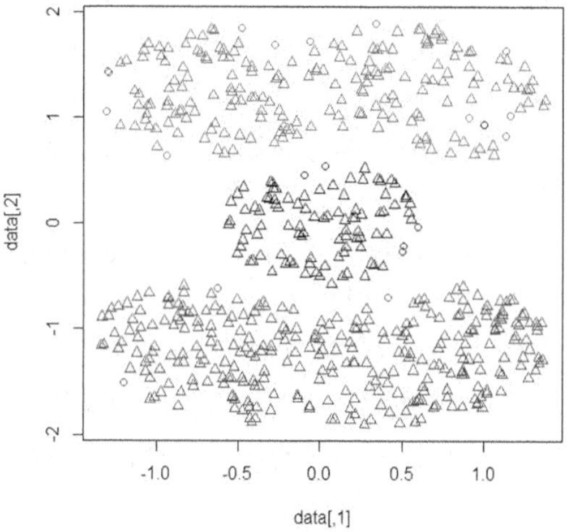

图 8-10　ε = 0.2,*MinPts* = 5 时的密度聚类结果

在上面的密度聚类中，邻域半径和最小样本点数决定了最终的聚类效果，如果改变邻域半径，就能产生不同的聚类结果。执行如下代码。

```
> cluster.density <- dbscan(data = pts$x, eps = 0.22, MinPts = 5,
 method = "hybrid")
> cluster.density
dbscan Pts=600 MinPts=5 eps=0.22
       1   2   3
border   2   7   1
seed   298 193  99
total  300 200 100
```

我们发现，将邻域半径略微扩大一点，核心对象就相应变多了，聚类数也随之减少到了三类。聚类效果如图 8-11 所示。

最后，可以使用 R 语言中的 predict ()函数预测未知数据的类别，代码如下。

```
> data <- c(0,0,0.3,0.2,1.2,0.8, 2.0,2.0)      #设置 4 个测试点（2.4）远离其他点
> pre.points <- matrix(data, nrow = 4, ncol = 2, byrow = TRUE)
> pre.points                                    #转换为矩阵的结果
     [,1] [,2]
[1,]  0.0  0.0
[2,]  0.3  0.2
```

```
[3,]  1.2  0.8
[4,]  2.0  2.0
> predict (cluster.density, pts$x, pre.points)  #预测类别
[1] 3 3 2 0
```

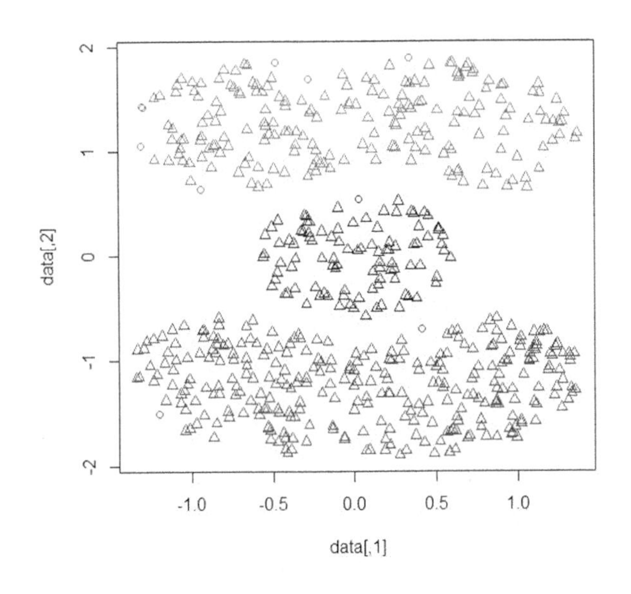

图 8-11　$\varepsilon = 0.22, MinPts = 5$ 时的密度聚类结果

在 pre.points 的四个点中，前两个被分为第三类，第三个点被分为第二类，最后一个点则被视作噪声点。

8.3　分类算法

在为数众多的分类算法中，我们只选择性地介绍几种典型的算法，分别是决策树、朴素贝叶斯方法和支持向量机。分类和回归同属于有监督的学习，因为对样本而言，在学习的时候已经获知它们对应的因变量。分类应用与回归应用的区别在于，它们的因变量类型分别是类别的标签和数值。所以，很多分类模型同样适用于回归问题。

8.3.1　决策树

决策树是一类有监督的学习算法。决策树可以视为同一组 if/then 规则的集合，但是从结构上看决策树又是一种树状模型。如果针对的是分类问题，在一棵决策树中的每一片树叶都代表一个类别的标签，而每一个非树叶节点则表示一个条件测试，每一个分支表明了条件测试执行的结果。训练好决策树后，就可以用它来做分类预测：从树根开始，根据数据样本是否满足当前条件，来选择应该继续访问哪一个子节点，这样就可以一步一步地到达树叶，从而判断样本的类别。从树根到树叶的一条路径就反映出对样本分类的过程。

当给定一组带分类标签的数据后，训练决策树的过程就是要找到一棵分类准确而且复

杂度相对较低（高度越低，节点数量越少越好）的树状结构。与其他机器学习方法相比较，决策树易于理解，也不需要对数据进行复杂的预处理，既不需要标准化，也无须特别关注 NA 数据。但是，得到一棵全局最优的决策树非常困难，人们不得不依赖各种贪婪算法求解决策树的训练问题。经过多年研究，现在已经得到了多种不同的决策树算法，如 C4.5、ID3 和 CART。其中，CART（Classification and Regression Trees）是分类与回归树的简称，该算法生成的决策树既可用于分类，也可用于回归。

构建决策树的基本步骤可以概括成以下几点：

（1）对给定的训练数据子集，寻找预测标签的最佳特征；

（2）划分上述特征以获得最好的分类结果，划分出两个新的数据子集；

（3）重复步骤（1）和步骤（2），直到满足停止条件。

针对用于回归的拟合问题，划分子集的标准是减少所有子集的均方差，或者最大绝对值差。针对分类问题，在使用特征划分子集时，一个可以参考的指标是信息增益，就是划分需要使新的子集中类别标签分布的信息熵最小。不过，这种做法也可能导致新的风险，因为无法得知信息增益的提升是否具有统计显著性，而且单纯以信息增益为目标时通常会造成树的高度增加，这些都可能导致过拟合问题的产生。另一个划分节点的指标是 Gini 不纯度，它是衡量集合混乱程度的一种标准。所以，可以选择性地在划分停止条件中加上显著性检验，以阻止不必要的划分。

现在介绍如何使用 R 语言的 rpart 包来实现可用于分类或回归的决策树。rpart ()函数的使用方法相对简单，其调用形式为：

```
rpart (formula, data, weights, subset, na.action = na.rpart, method, model =
FALSE, x = FALSE, y = TRUE, parms, control, cost, ...)
```

该函数使用的主要参数如表 8-4 所示。

表 8-4　rpart ()函数的主要参数说明

参　数	说　明
formula	表示因变量与自变量关系的响应公式，如 $y\sim x1+x2$ 表示 y 依赖于 $x1$ 和 $x2$
data	可选项，用于解释公式中的变量名，通常是包含 formula 中变量的数据框
weights	可选项，案例权重
subset	可选表达式，表示哪些数据行构成的子集可以用于拟合
na.action	处理缺失项的方法，默认情况下删去没有因变量的样本，但是保留缺少部分自变量的样本
method	可选项包括“anova”“poisson”“class”或“exp”。如果未提供该参数，程序会根据因变量的数据类型自行猜测。如果因变量是因子型，默认 method = "class"；如果是数值型，假定 method = "anova"；如果是生存对象，假定 method = "exp"；如果包含两列，假定 method = "poisson"。建议调用时明确指定所需方法

为了方便进行比较，下面继续用 iris 数据集来说明 rpart 决策树的实现步骤。从前两节的内容可知，聚类算法可以将三个品种的鸢尾花 setosa、versicolor 和 virginica 按花瓣和花萼的长宽尺寸以非常高的准确率把同一品种的花聚为一类，现在选择用同样的特征来完成分类，代码如下。

```
install.packages ("rpart") #安装包
library (rpart)            #载入包
#因变量为 Species，公式中的.表示自变量为其余属性，method="class"表明是分类树
fit <- rpart (Species ~ ., method="class", iris)
```

rpart ()函数产生的 iris 品种分类决策树十分简单，只有两个条件节点和三片树叶，树叶中出现次数最多的品种就是该树叶对应的标签。在进行条件判断时，用到了两个几何特征，分别是花瓣的长度和宽度：如果一个样本的 Petal.Length 小于 2.45，将样本标记为 setosa；否则，继续分析 Petal.Width 是否小于 1.75。如果条件成立，则将其标记成 versicolor；若不满足条件，则标记为 virginica。

```
> fit                         #打印树的内容
n= 150

node), split, n, loss, yval, (yprob)
      * denotes terminal node

1) root 150 100 setosa (0.33333333 0.33333333 0.33333333)
2) Petal.Length< 2.45 50   0 setosa (1.00000000 0.00000000 0.00000000) *
3) Petal.Length>=2.45 100  50 versicolor (0.00000000 0.50000000 0.50000000)

6) Petal.Width< 1.75 54   5 versicolor (0.00000000 0.90740741 0.09259259) *
7) Petal.Width>=1.75 46   1 virginica (0.00000000 0.02173913 0.97826087) *
> plot (fit)                     #画出决策树
> text (fit)                     #在图中添加文字说明
```

使用 plot ()画出来的决策树过于简单，而且非常不美观（见图 8-12）。为了得到更好的可视化效果，我们建议使用 rpart.plot 包中的 rpart.plot ()函数画图。安装好 rpart.plot 包后，执行下列语句：

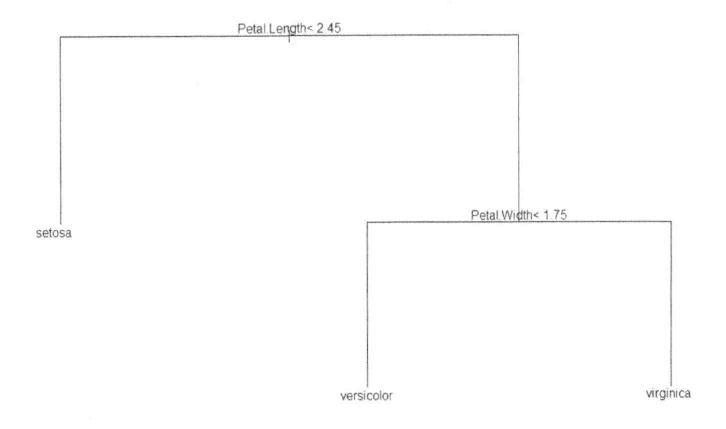

图 8-12　用 plot 画出的 iris 决策树

```
> library (rpart.plot)
> rpart.plot (fit)
```

这样就得到图 8-13 所示的形式，其中包含了比图 8-12 更丰富的信息，条件测试节点的左侧路径表示满足条件，右侧路径表示不满足条件，而且在树叶上直接注明了每种花出现的概率。当然，也可以直接打印出有关复杂度参数（CP 值）的信息，代码如下。

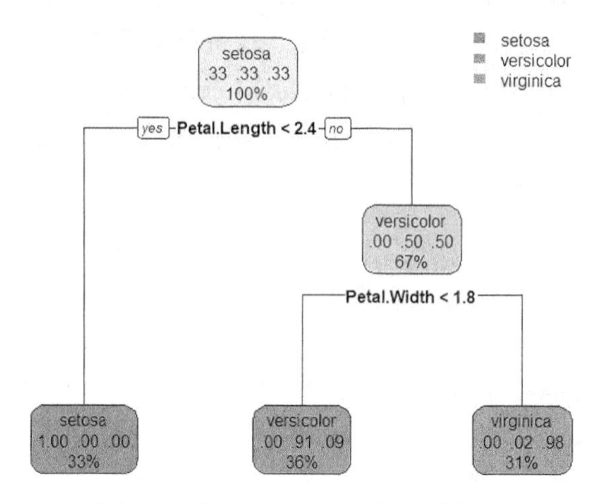

图 8-13　用 rpart.plot 画出的 iris 决策树

```
> printcp (fit)

Classification tree:
rpart(formula = Species ~ Sepal.Length + Sepal.Width + Petal.Length +
   Petal.Width, data = iris, method = "class")

Variables actually used in tree construction:
[1] Petal.Length Petal.Width

Root node error: 100/150 = 0.66667

n= 150

    CP nsplit rel error xerror     xstd
1 0.50      0      1.00   1.23 0.047053
2 0.44      1      0.50   0.73 0.061215
3 0.01      2      0.06   0.09 0.029086
```

在 CP 表中，还能够看到划分序号（nsplit）、相对误差（rel error）、交叉验证误差（xerror）和交叉验证标准差（xstd）等信息。在 CP 表中，计算出了树上的每一个节点的 CP 值和误差。CP 值等于该节点在划分后相对误差的变化值，例如，节点 1 被划分后，相对误差从 1.0

减小到 0.5，所以其 CP=1–0.5。当然，还可以用混淆矩阵来了解预测的分类效果。

```
> testData <-data.frame (iris[-5])
> cdt<-predict (fit, testData, type="class")
> table (cdt, iris$Species)

cdt          setosa versicolor virginica
  setosa         50          0         0
  versicolor      0         49         5
  virginica       0          1        45
```

决策树中的因变量不仅可以是定性数据，也可以是定量数据。这时的树状结构起到了回归树的作用，根据自变量的数据，能够做出对因变量的预测。我们再来看 R 内置的另一个数据集 airquality，它是美国纽约市的 1973 年 5 月—9 月一段时间内的空气质量记录，其中包括了臭氧含量、阳光辐射、风速、温度和日期等指标和数据。

```
> data (airquality)
> air <- airquality
> air <- na.omit(air)                          #排除缺失数据
> head (air)                                   #显示开头几条记录
  Ozone Solar.R Wind Temp Month Day
1    41     190  7.4   67     5   1
2    36     118  8.0   72     5   2
3    12     149 12.6   74     5   3
4    18     313 11.5   62     5   4
7    23     299  8.6   65     5   7
8    19      99 13.8   59     5   8
> #因变量为 Ozone，公式中的.表示自变量 Ozone 之外的属性，method="anova"表明是回归树
> fit <- rpart (Ozone ~ ., method="anova", air)
> rpart.plot (fit)
```

图 8-14 画出了上述代码所得到的树，树叶上显示的是预测的中位值。

此外，可以用 plotcp ()来查看树的 CP 图。例如，在图 8-15 中，用户可以进一步了解 xerror 和 CP 之间的关系，便于用户使用 xerror 参数来决定如何修剪得到的决策树。如果只想找到对应最小 xerror 的 CP 值，则可以用决策树对象中的属性 cptable 来直接查找。

```
> fit$cptable[which.min(fit$cptable[,"xerror"]),"CP"]
[1] 0.01
```

我们可以通过在 prune ()函数中设定 CP 值来完成对一颗决策树的剪枝，得到一颗新的决策树。剪枝的目的是在训练精度和预测准确率之间寻求平衡，避免因为训练样本过拟合

而出现模型泛化能力降低的现象。

```
#给定 CP 值，完成对树的修剪
pfit<- prune (fit, cp=0.018)
```

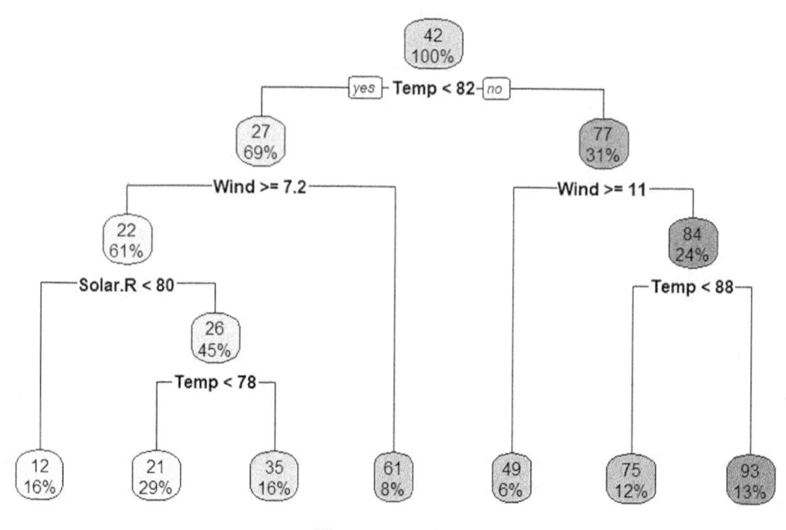

图 8-14　回归树

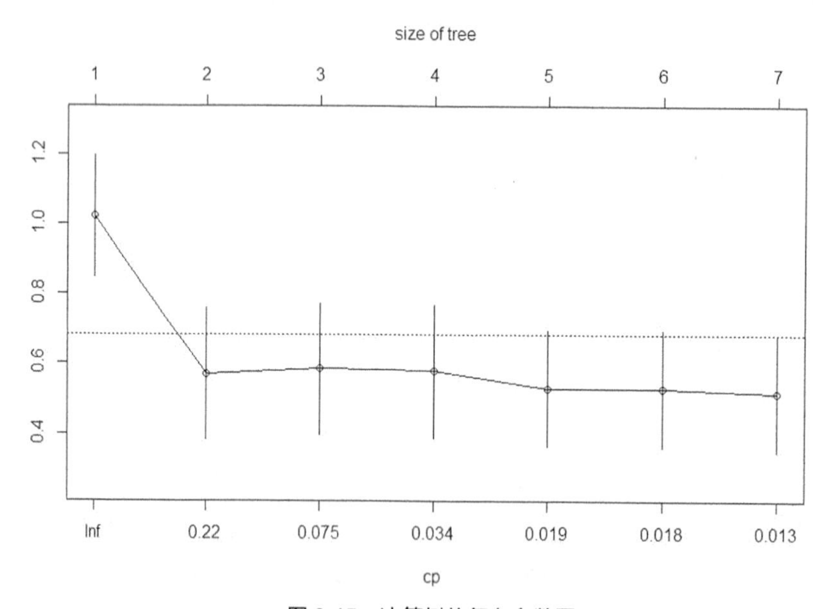

图 8-15　决策树的复杂参数图

修剪之后的回归树如图 8-16 所示。由于指定了 CP=0.018，对应的是六个节点的情况，因此发现新的树对原有的树（图 8-14）做出了改变。在 R 语言中，还有其他的决策树包，例如，在 party 包里面的 ctree ()函数也可以用来建立条件决策树，条件决策树中特征的选择和分类是基于显著性检验实现的，这里不再赘述。

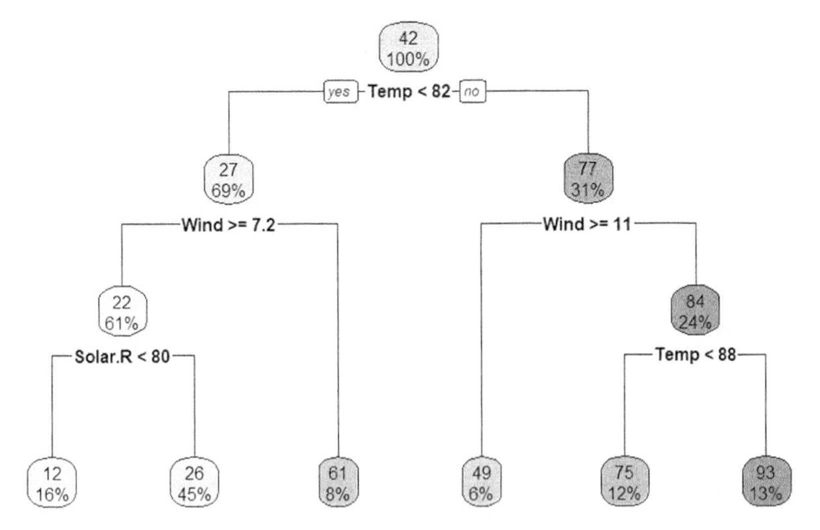

图 8-16　修剪之后的回归树

8.3.2　朴素贝叶斯方法

给定两个随机事件 C（样本的类别）和 X（样本的一组属性或特征的度量值），贝叶斯定理指出了条件概率 $P(C|X)$和 $P(X|C)$之间的关系：

$$P(C \mid X) = \frac{P(C)P(X \mid C)}{P(X)}$$

其中，$P(C)$被称为先验概率，是事件发生前的预判，一般可通过历史数据统计得出；$P(C|X)$称为后验概率，指事件发生后的反向条件概率。贝叶斯定理可以直接用概率的乘法公式推导出来：

$$P(C \wedge X) = P(C)P(X \mid C) \text{（乘法公式）}$$

$$P(C \mid X) = \frac{P(C \wedge X)}{P(X)}$$

$$P(C \mid X) = \frac{P(C)P(X \mid C)}{P(X)} \text{（使用乘法公式）}$$

在分类的应用中，人们通常面对一个由若干假设组成的假设空间，如样本的类别空间。一般而言，分类问题就是需要在给定样本属性度量值的情况下来推知其类别，也就是求解 $C^* = \arg\max_C P(C \mid X)$，即哪一个假设具有最大的后验概率。在做统计推论时，用户可能也会使用极大似然法，极大似然法的目标就是要决定哪一个假设能够最合理地解释样本为什么会具有这些属性，也就是求解 $C^* = \arg\max_C P(X \mid C)$。而贝叶斯公式的思想则是，$P$（假设|证据）= P（假设）*P（证据|假设）/P（证据），还需要在后验概率和似然度之间考虑假设与证据的先验概率的比值，而先验概率分布的变化可能会使极大似然估计与实际情况存在很大的差异。

假设给定先验概率信息和特征值 $X = \{x_1, x_2, \cdots, x_n\}$（样本属性值），此时还需要计算条件概率 $P(X|C)$。如果样本的属性是高维数据，$n >> 1$，$P(x_1, x_2, \cdots, x_n \mid C_i)$ 的计算涉及属性值 x_j

和类别 C_i 的各种组合情况，不仅会使模型变得极为复杂，而且还会因此造成过拟合。正因如此，可以考虑在贝叶斯公式的基础上增加一个新的假设条件，也就是名为“朴素”的独立性假设：只要假定任意两个特征 x_i 和 x_j 彼此是条件独立的（暂时不考虑它们实际上是否存在某种形式的条件依赖），这样就可以在计算联合概率时，只需把每一个单独属性的条件概率简单相乘，即

$$P(x_1, x_2, \cdots, x_n \mid C_i) = \prod\nolimits_{i=1}^{n} P(x_j \mid C_i)$$

增加朴素假设的另外一个原因是，独立性假设的结果在数学上也许不尽严谨，但是在实用性上仍不失为联合概率的一种近似解，并且有大量的实例表明这种做法对分类来说已经足够有效。

朴素贝叶斯分类器是在贝叶斯定理和特征条件独立假设基础之上得到的一种分类方法。其公式如下：

$$P(C = C_i \mid X) = \frac{P(C = C_i)\prod\nolimits_{j=1}^{n} P(x_j \mid C_i)}{\sum\nolimits_{i=1}^{|C|}\prod\nolimits_{j=1}^{n} P(x_j \mid C_i)P(C = C_i)}$$

其中，$P(C = C_i \mid X)$ 就是要学习得到的最终分类器，$P(C = C_i)$ 是各个类别的先验概率，$P(x_j \mid C_i)$ 是从训练数据集中获得的条件概率分布。在实际应用中，人们只需要关心分式中的分子部分，因为边际化之后的分母不再依赖于类别的具体取值而与分类无关，从这个意义上来讲，可以将分母视为常数。

尽管看起来极其简单，但是朴素贝叶斯分类器在很多应用中能够取得与更加复杂的分类算法同等甚至更好的效果。使用朴素贝叶斯方法在分类时可以处理任意数量的自变量，这些变量既可以是定性的也可以是定量的。

简而言之，只要给定一个样本的特征 $F = \{x_1, \cdots, x_n\}$，就可以把分类过程转换为寻找获得最大后验概率的类别标签。

$$\text{classify}(x_1, \cdots, x_n) = \arg\max_c\, p(C = c)\prod_{i=1}^{n} p(x_i = F_i \mid C = c)$$

在本章中，我们一直使用 iris 数据集介绍并且比较各种聚类和分类算法的效果。在继续讨论朴素贝叶斯方法之前，先来研究一下鸢尾花在花瓣和花萼长度与宽度之间的相互关联。可以使用 pairs ()函数把不同的特征两两一组画在一个图中，如图 8-17 所示。

```
pairs (iris[1:4], line.main=1.5, main = "iris 数据集特征对比
(红:setosa,绿:versicolor,蓝:virginica)", pch = 21, bg = c("red", "green3", "blue")
[unclass(iris$Species)])
```

从图 8-17 可以看出，在不同的特征之间实际存在着或强或弱的相关性。特别是以 Petal.Length 和 Petal.Width 为代表，两者存在很明显的线性相关关系。在 e1071 包中包含了创建朴素贝叶斯模型的函数（请使用?e1071::naiveBayes 来了解其具体用法），用户可以直接调用 naiveBayes ()，在函数输入参数中分别给出自变量和因变量：

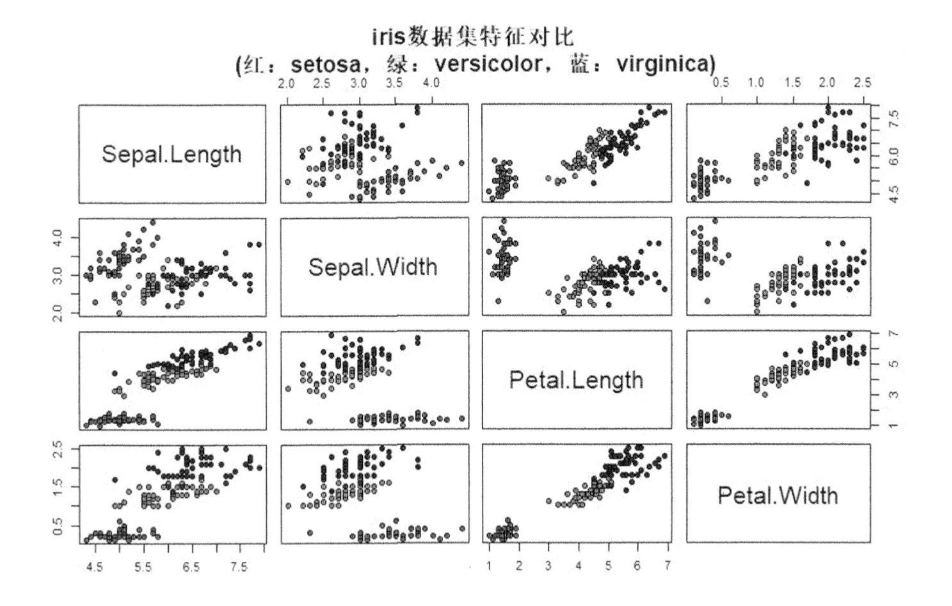

图 8-17　iris 数据集不同特征之间的关系

```
library(e1071)                                                    #加载包 e1071
classifier <- naiveBayes(iris[,1:4], iris[,5])                    #创建分类器
table (predict(classifier, iris[,-5]), iris[,5])                  #生成混淆矩阵
```

得出的混淆矩阵的结果如下：

```
             setosa versicolor virginica
  setosa         50          0         0
  versicolor      0         47         3
  virginica       0          3        47
```

从混淆矩阵来看，virginica 和 versicolor 两个品种仅仅各有三个样本被误分类到对方。朴素贝叶斯方法的独立性假设看起来好像非常强，事实上 iris 的一些特征和独立性假设并不一致，但是当使用朴素贝叶斯分类器来划分鸢尾花品种时，还是可以取得非常好的分类效果。分类器模型 classifier 所属的类是“naiveBayes”，打印其内容，可以看到三个鸢尾花品种分布的先验概率相等，都是 1/3。此外，classifier 中还给出了鸢尾花品种与其他所有特征之间的条件概率。

```
> classifier

Naive Bayes Classifier for Discrete Predictors

Call:
naiveBayes.default(x = iris[, 1:4], y = iris[, 5])
```

```
A-priori probabilities:
iris[, 5]
    setosa versicolor  virginica
 0.3333333  0.3333333  0.3333333

Conditional probabilities:
            Sepal.Length
iris[, 5]      [,1]      [,2]
  setosa     5.006 0.3524897
  versicolor 5.936 0.5161711
  virginica  6.588 0.6358796

             Sepal.Width
iris[, 5]      [,1]      [,2]
  setosa     3.428 0.3790644
  versicolor 2.770 0.3137983
  virginica  2.974 0.3224966

             Petal.Length
iris[, 5]      [,1]      [,2]
  setosa     1.462 0.1736640
  versicolor 4.260 0.4699110
  virginica  5.552 0.5518947

             Petal.Width
iris[, 5]      [,1]      [,2]
  setosa     0.246 0.1053856
  versicolor 1.326 0.1977527
  virginica  2.026 0.2746501
```

条件概率表给出了分类变量目标类别的条件概率；对数值变量，则含有概率分布的两个参数，分别是均值与标准差。这里假设了条件概率分布的正态分布先验。如果希望进一步检验这种先验是否合理，可以把数据集分成两部分，分别用于训练与测试。这里使用了抽样函数 sample()来划分数据集，按参数 prob 中给出的比例随机从 *x* 中生成数量等于 size 的整数。在此设置了 *x*=2，就是要从 1 和 2 中随机抽取一个以产生长度与 iris 数据集的行数相等的索引向量。所以，使用抽样函数时必须设置 replace=TRUE，也就是要把抽中的数字重新放回 *x* 中，才能让抽样继续下去，换句话说，就是使用置换抽样的方法。

```
set.seed (2017)                          #初始化随机种子
```

```
index <- sample (x = 2, size = nrow (iris), replace = TRUE,
prob = c(0.8,0.2))                       #按照 80%与 20%比例划分
iris.Training <- iris[index==1, ]        #训练集
iris.Test <- iris[index==2, ]            #测试集
```

可以通过 dim ()函数来确认每个数据集的大小：

```
> dim (iris.Training)
[1] 120   5
> dim (iris.Test)
 [1] 30   5
```

使用训练集得到分类器后，再使用测试集来验证效果。

```
> classifier <- naiveBayes(iris.Training[,1:4], iris.Training [,5])
> table (predict(classifier, iris.Test[,-5]), iris.Test[,5])

             setosa versicolor virginica
  setosa          8          0         0
  versicolor      0         12          0
  virginica       0          1         9
```

从得到的混淆矩阵可以看出，classifier 在预测测试集时只把一例 versicolor 的样本误分为 virginica。所以，可以得出结论，对 iris 数据集来说，朴素贝叶斯分类器具有较好的泛化能力。

8.3.3　支持向量机

如果在特征空间中存在一个超平面能够将特征空间中的实例分为两类，使超平面的任意一侧的实例全部有同一种标签，则称这些数据实例是线性可分的；若找不到这样的平面，则称为线性不可分。在线性可分的情况下，在超平面两侧所有样本点中，存在某点离该平面最近，我们把这个最近的距离称为间隔。

支持向量机（Support Vector Machine，SVM）是一种有监督的学习方法，可以用于与分类和回归相关的数据分析任务。给定一组训练样本，每一个样本都带有各自的类别标签，支持向量机的训练目标就是构建一个分类模型，将空间中的不同类别的点用尽可能宽的间隔分开。在对新样本做预测时，根据样本落在间隔的哪一侧来判定其类别。支持向量机所构建的就是空间中的一个超平面，或者一组超平面。如果这个超平面距离最近的任意一类样本点都非常远，我们就取得了理想的划分效果。这是因为在一般情况下，划分边界越宽，在泛化时分类器犯错误的概率就越小。也就是说，我们不仅希望找到一个能完全分离不同类别样本点的超平面，还希望找到的平面是最优的，即它离两侧的点都尽可能远一些，使超平面有更好的泛化能力。

支持向量机用到了线性可分的假设。对线性不可分的情形，可以借助核函数把低维空间中的点映射到高维空间，期望在低维空间中线性不可分的点在高维空间变得线性可分。选择核函数是为了完成样本点从低维空间到高维空间的变换。但是，在获得线性可分性时，用户也不希望因此引入过高的计算开销，支持向量机中设计核函数时只要求它的内积形式可以用原空间中点的简单函数来计算。因此，高维空间中的超平面可定义为与空间中某个向量的点积为常数的点的集合。

R 语言的 e1071 包提供了 svm ()函数，它支持向量机建模。由于数据标准化通常有助于显著地提高分类效果，在默认情况下，svm ()会在内部对数据进行这样的处理。在 svm ()中支持几类主要形式的核函数，表 8-5 给出了一些说明。

表 8-5　核函数主要形式

核　函　数	公　　式	参　　数
linear	$u^{\mathrm{T}}v$	无
polynomial	$\gamma(u^{\mathrm{T}}v+c_0)^d$	γ, c_0, d
radial	$e^{-\gamma\|u-v^2}$	γ
sigmoid	$\tanh(\gamma u^{\mathrm{T}}v=c_0)$	γ , c_0

下面使用 svm ()对 iris 进行分类。

```
library ("e1071")
attach (iris)
x <- subset (iris, select=-Species)
y <- Species
svm_model <- svm (Species ~ ., data=iris) #品种是其他属性的因变量
```

调用 subset ()函数从 iris 中取出子集，其中，参数中的第一个表示原集合，select 用于选择属性，即数据框的列。子集是一个逻辑向量，只有元素为 TRUE 的那一行才会被选中。先来检查一下刚得到的 svm_model，在这里默认调用的是常用核函数之一的径向核 radial 的形式：

```
> summary(svm_model)

Call:
svm(formula = Species ~ ., data = iris)


Parameters:
   SVM-Type:  C-classification
 SVM-Kernel:  radial
       cost:  1
      gamma:  0.25
```

```
Number of Support Vectors:  51

 ( 8 22 21 )


Number of Classes:  3

Levels:
 setosa versicolor virginica
```

函数 svm ()返回的是一个 SVM 类中的对象，可以使用 svm_model$labels 查看。下面列出了对象中的部分属性。

（1）SV：发现的支持向量矩阵。

（2）labels：分类模式下对应的标签。

（3）index：输入向量中的支持向量索引。

接下来，看一看分类的效果：

```
> pred <- predict (svm_model, x)
> table (pred, y)
             y
pred          setosa versicolor virginica
  setosa          50          0         0
  versicolor       0         48         2
  virginica        0          2        48
```

从分类效果可以看出，在 versicolor 和 virginica 中，各有两个样本被混淆。目前，支持向量机取得的分类效果已经比决策树更好。可以用泛型函数 plot ()来显示支持向量机的划分方式。

```
plot (svm_model, iris, Petal.Width ~ Petal.Length,
#因为 iris 数据集包括四个属性，在二维图形中需要指定其余二维，才能显示区域边界
slice = list (Sepal.Width = 2, Sepal.Length = 4))
```

通过绘制出的图形，用户可以查看支持向量（就是离分割超平面最近的点，在图 8-18 中用 × 表示），了解划分间隔。从图 8-18 可以观察到支持向量的分布情况，因为把高维数据画在了图 8-18 的二维平面上，而且间隔的选取是针对其他两个没有显示的维度的特定值设置的，所以图中的支持向量并不一定落在边界附近。

支持向量机对参数非常敏感。下面再以 radial 核函数、损失系数 2 以及核函数参数 0.8 训练出一个新的分类器。损失系数表明了分类器对错误分类的容忍度。损失系数越大，表明该分类模型越不能容忍错误分类，对应的误差也越小，但在线性不可分模型中也容易造

成过拟合问题。

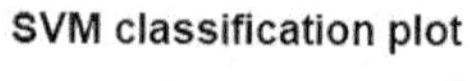

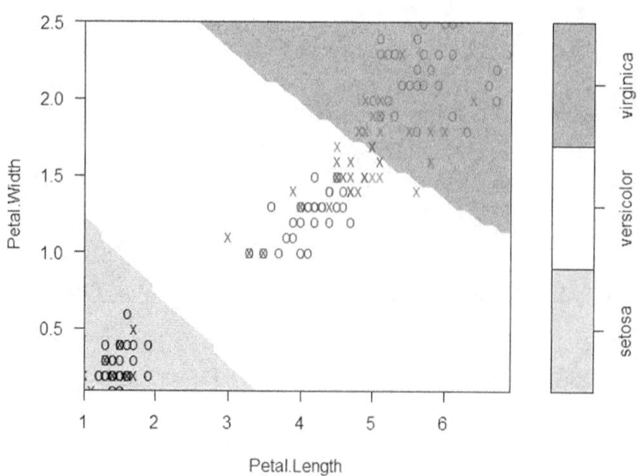

图 8-18　支持向量和划分间隔

```
svm_model_after_tune <- svm (Species ~ ., data=iris, kernel="radial",
                              cost=2, gamma=0.8)
summary (svm_model_after_tune)
pred <- predict (svm_model_after_tune,x)
```

最后，通过混淆矩阵来看一看是否能改进分类效果：

```
> table (pred, y)
            y
pred         setosa versicolor virginica
  setosa         50          0         0
  versicolor      0         49         0
  virginica       0          1        50
```

可以看出，改进后的模型在对原数据的训练中仅仅在 versicolor 中存在一例错误分类的情况。为了进一步说明支持向量机对未知数据的使用效果，把数据集一分为二，按照 80%和 20%的比例分别得到训练集和测试集：用训练集学习模型，用测试集验证效果。

```
set.seed (17)                                   #生成随机种子
#把数据集划分成训练集与测试集
index <- sample (2, nrow(iris), replace=TRUE, prob=c(0.8,0.2))
                 trainData <- iris[index==1,]
testData <- iris[index==2,]
iris.svm <- svm (Species ~ ., data= trainData, kernel="radial",
```

```
                cost=2, gamma=0.8)
pred <- predict (iris.svm, testData)    #用测试数据检验效果
```

现在可以检查混淆矩阵。

```
> table (pred, testData$Species)

pred         setosa versicolor virginica
  setosa         12          0         0
  versicolor      0          7         1
  virginica       0          0         8
```

从结果来看，使用部分数据训练出来的支持向量机对于新数据也可以得到比较合理的分类效果。

8.4　集成学习

本节简单介绍与集成学习有关的方法。集成学习是机器学习领域中发展非常迅速的一个分支，其一般模式是将多个弱学习器组合起来构造一个强学习器。例如，我们可以把一个随机森林、一个支持向量机和一个简单的线性回归模型组合起来，集成在一起构成一个性能更强大的最终预测模型。其中的关键点是借助单个预测模型的多元性来形成一个强大的组合。

8.4.1　基本方法

在应用机器学习方法解决实际复杂问题的时候，用户经常会为找到一个性能最强的学习算法而耗费大量时间。目前，机器学习仍然处于快速发展的初级阶段，因此还需要不断试错才能找到比现有的机器学习算法更好的方案。一般来说，如果有一组算法供我们来挑选，至少可以按照两种策略开展工作：第一种策略是通过比较筛选出结果最精确的某一个算法；第二种策略则是把相似或不同的基础算法组合起来，利用组合的优势得到比单一方法更为健壮甚至更精确的预测，这就是集成学习的思想。

在集成学习时，如果给定了一组基础学习算法，针对一条数据，每一个算法都可以做出自己的预测。在最终决策时，我们会通盘考虑所有的预测，尽管得到的结论有可能会和某一个单一算法的结果正好相反。基本的决策方法包括如下三种。

（1）均值法：在回归时，对所有单一算法的预测值取均值；如果是分类问题，则对所有类别出现的概率求均值。

（2）投票法：处理分类问题时，在众多算法对结果的投票中选取得票最多的作为预测值。

（3）加权平均法：给不同的算法赋予不等的权值，对它们的预测结果做加权平均，把加权平均值作为输出。

近年来，研究者提出了不同的学习模型组合策略。其中有几种得到了广泛的运用，在 R 语言中也获得了相应的支持，各自都有不同的实现，用户可以分别选择一些具体的包来完成集成学习的任务。

（1）Bagging：也称为 Bootstrap 汇聚法。Bootstrap 是一种抽样方法，我们用这种方法在包含 n 条记录的原始数据集中随机选择 n 个观察样本。采用这种方式选择 n 条观察记录时用到的是有放回的随机抽样，也就是在每一次样本选择时，原始数据集中的每一条记录都具有相同的概率被选中。因此，在 n 个样本中，可能会存在很多条重复记录。一旦用户通过这种方式得到了多个样本，就可以用它们来训练模型，再使用均值法或投票法得出最终的预测。

值得特别说明的一点是这样做的目的是减少方差。随机森林就是使用这一抽样策略，再加上在训练时随机地选择特征空间的子空间来划分节点，以进一步减少方差。

（2）Boosting：使用多个模型组成链式结构，每一个模型学习改正前一个模型的错误。

（3）Stacking：构建多个（一般类型不同的）模型和一个超级模型，后者用于学习利用前者的输出得到总体预测值的最佳组合方式。

例如，在图 8-19 中，我们设定了一个两层机器学习模型：底层由 3 个单一的算法 B_1、B_2 和 B_3 组成，它们分别接收数据集中的部分样本作为训练集；上层模型 T 则以 B_1、B_2 和 B_3 的输出为输入，并把自己的输出 y 作为整个组合的预测。需要强调的一个关键点是，底层模型对训练数据做出预测时使用的是 OOB 数据（在 8.4.2 节中会加以说明）。图 8-19 中只使用了两层模型，实际上在 Stacking 模式的集成学习中可以使用任意多的层次，且在每一层可以使用任意多的模型。选择模型时我们建议遵守以下两条依据：

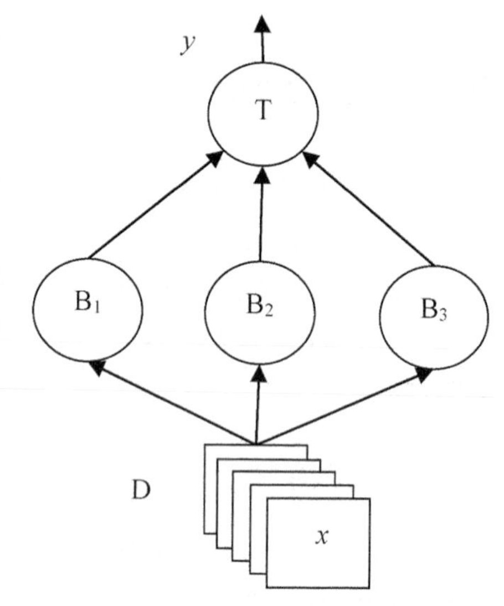

图 8-19　堆叠式集成学习

（1）单个模型需要满足特定的准确率条件；

（2）不同模型的预测之间尽可能不要高度相关。

集成学习本身是一个有监督的学习算法，通过对样本的训练做出相应的预测。但是，集成学习可以被赋予很高的灵活性，即使对训练数据而言，集成学习可能会比其中的每一个单一模型更加过拟合，但是通过诸如 Bagging 等集成技术可以减少实际中因训练数据和过拟合而发生的问题。经验表明，如果集合中的不同模型本质上差异很大，整个集合会产生更好的结果。所以，很多集成方法希望在所集成的模型中增加多样性。但是，也有证据表明，使用一组强学习算法，比盲目地增加模型多样性更加有效。

8.4.2　随机森林

随机森林是一种基于 Bagging 技术的集成学习方法。首先，我们要建立一个由很多棵决策树组成的森林，为了降低这些树之间决策的相关性，我们使用 Bootstrap 采样方法来获得随机样本去训练不同的树；其次，在构建一棵决策树的时候也不会用到数据的全部特征，而只是分别使用它们的一些子集；最后，森林做出总体的预测时，根据每一棵个体决策树独立的预测结果（如用投票法决出多数票，或用均值法计算均值等）生成最终预测。随机森林虽然集成的是类型相同的决策树，但借助随机性减少了决策树之间的相关性，在最终的集体决策时可以克服单一决策树的不足，因此，明显地改进了模型的总体性能。

和决策树一样，随机森林既可以用于数值型因变量，也可以用于分类型的因变量，对不同数据变量分别建立起回归模型和分类模型。

随机森林中的每一棵树都按照以下步骤构建。

（1）随机选择样本：例如，选取全部数据的大约 2/3 用于训练，样本采用有放回的随机抽样方式从原始数据中抽取；

（2）随机选择变量：在用于预测的全部特征变量中随机选取若干个，将其中划分效果最好的特征变量用于树的节点划分。

随机森林中有一个重要的概念是 out-of-bag（OOB）样本。假定数据集中的数据记录包含了 m 个属性，一共有 k 种类别，我们想用这个数据集建立一个由 n 棵树组成的森林。那么，为了建立 n 棵树，首先就需要找到 n 个训练集。但是，目前只有唯一的原始数据集，因而为每一棵树准备的训练集都只能从原始样本中随机抽取。在 Bagging 中使用的是有放回的方式抽取样本，以这种方式产生的子数据集中可能会有多条重复样本，也会缺少原始数据集中的一些样本，这样就使得子数据集与原始的数据集不尽相同。随机森林接下来还会使用抽取随机特征子空间的方式，在原始的 m 个特征中只挑选 mtry 个特征来构建一棵树。对任意一个样本，存在不用它作为训练数据的若干棵树。构造完成一棵树之后，把没有选中用于训练这棵树的原始数据称为 out-of-bag 样本。对一个样本，OOB 估计将汇集森林中不包含该样本训练出来的树的预测结果。

OOB 估计体现了随机森林的泛化能力。我们使用 OOB 样本来计算错分比例，在随机森林中将这个错误率称为 OOB 错误率。对 OOB 样本来说，森林中每一棵不经其训练的树给出各自独立的分类结果，也就是让它们分别投票。在最终分类时，森林选择得票最多的分类结果作为总体输出。如果用随机森林做回归，可以采用对 OOB 样本的输出取均值来给出森林的输出。

举一个分类的例子，假如我们建好了 500 棵树的一个森林，对一个 OOB 样本取出了其中的 200 棵树，如果有 160 棵的结论是第一类，另外 40 棵选择第二类。那么，森林的结论会是第一类，该结论的概率则是 0.8（等于 160/200）。对于回归问题，则可以直接计算平均值作为森林的输出结果。

概括地说，随机森林的随机性综合体现在两个方面：首先，在建立每一棵树时采用随机观察的方式得到样本；其次，在树的节点划分时随机选择变量。但是，在使用时，随机森林也有自己的局限性。随机森林对全新的数据泛化效果一般。线性回归可以方便地外插得出对未知数据的预测结果，而随机森林则无法有效地发现答案。另外，如果因变量是含有很多类别的定性数据，那么随机森林对这种类别数量多的数据更具偏好，这是因为特征选择的依据是基于纯度降低的原则。

在随机森林算法中需要考虑两个重要参数：森林中树的数量 ntree，以及每一棵树中用到的随机变量的个数 mtry。

R 语言中的 randomForest 包提供了随机森林的基本功能。首先，安装并载入这个包：

```
> install.packages("randomForest")
> library(randomForest)
```

然后使用 iris 数据集说明随机森林的应用方法和过程。

```
set.seed (2017)                              #生成随机种子
index <- sample (2, nrow(iris), replace=TRUE, prob=c(0.8,0.2))
trainData <- iris[index==1,]                 #把数据集划分成训练集与测试集
testData <- iris[index==2,]
#调用 randomForest 建模，由 100 棵树组成
iris_rf <- randomForest (Species~., data=trainData, ntree=100, proximity=TRUE)
```

现在，观察对训练集的拟合情况。函数 randomForest ()返回的对象中包括了模型的细节，我们可以直接将其显示在控制台上。由其中显示出来的混淆矩阵可知，versicolor 和 virginica 各有两例错分的情况发生，综合的 OOB 估计错误率是 3.6%。

```
> iris_rf
Call:
 randomForest(formula = Species ~ ., data = trainData, ntree = 100,
proximity = TRUE)
               Type of random forest: classification
                     Number of trees: 100
No. of variables tried at each split: 2

        OOB estimate of  error rate: 3.6%
Confusion matrix:
           setosa versicolor virginica class.error
setosa         37          0         0  0.00000000
versicolor      0         33         2  0.05714286
virginica       0          2        37  0.05128205
```

使用函数 plot ()可以画出森林，如图 8-20 所示，OOB 错误率随着森林规模的增加而趋于稳定。

```
> plot(iris_rf)
```

在森林中，每一棵决策树都使用部分自变量决定如何划分节点，用 importance ()可以了解这些变量的重要性。由于随机森林在节点划分时选择的不是全部特征，而只用到了它的一个子集，我们可以用非常自然的方式对每一个特征在分类或回归时起到的作用进行排序。首先，在训练随机森林的拟合过程中，每一个数据样本的 OOB 错误都被记录下来，并在森林中求平均值。训练完成后，让树重新选择特征，再计算所有树新的 OOB 错误率。一个特征的重要性得分就是所有树在选择这个特征前后的 OOB 错误之差。用这种方法产生的标准差规范化的得分就可以用于衡量特征的重要程度。

```
> importance(iris_rf)
             MeanDecreaseGini
Sepal.Length         7.220021
Sepal.Width          1.124817
Petal.Length        35.757245
Petal.Width         29.132602
```

花瓣尺寸的两个特征具有最高的重要性，这与我们在决策树中看到的结果是一致的。同时，也可以用 varImpPlot ()函数直观地显示每一个特征变量会使平均 Gini 系数下降了多少，如图 8-21 所示。

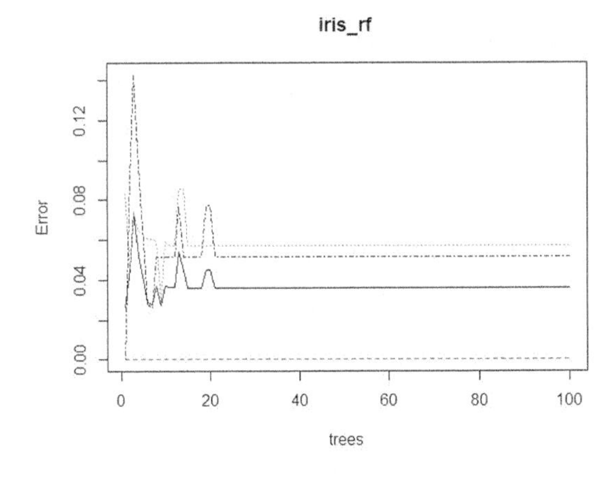

图 8-20　随机森林

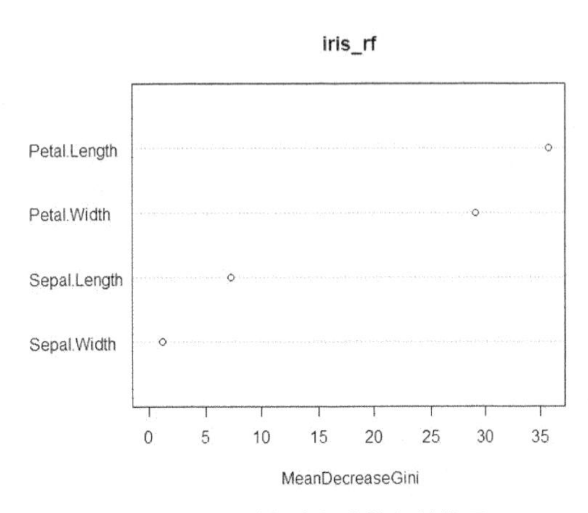

图 8-21　随机森林中特征的作用

```
varImpPlot(iris_rf)
```

再使用训练好的随机森林来预测未知数据，并生成混淆矩阵来检验结果。

```
> irisPred<-predict(iris_rf,newdata=testData)
> table(irisPred, testData$Species)

irisPred     setosa versicolor virginica
  setosa         13          0         0
```

```
  versicolor      0        13         0
  virginica       0         2        11
```

接下来举一个随机森林用于回归的例子。用前面用过的 airquality 数据集来预测臭氧的浓度。

```
> set.seed(131)
> ozone.rf <- randomForest(Ozone ~ ., data=airquality, mtry=3,
+                      importance=TRUE, na.action=na.omit)
> print(ozone.rf)

Call:
 randomForest(formula = Ozone ~ ., data = airquality, mtry = 3,
importance = TRUE, na.action = na.omit)
               Type of random forest: regression
                     Number of trees: 500
No. of variables tried at each split: 3

          Mean of squared residuals: 303.8304
                    % Var explained: 72.31
> ## Show "importance" of variables: higher value mean more important:
> round(importance(ozone.rf), 2)
        %IncMSE IncNodePurity
Solar.R   11.09      10534.24
Wind      23.50      43833.13
Temp      42.03      55218.05
Month      4.07       2032.65
Day        2.63       7173.19
```

8.4.3 堆叠式集成学习

现在，我们来举一个使用两层堆叠式集成学习的例子。在示例中，会体现出如何使用不同类型的模型来改善学习的效果。在使用的底层模型中，为了方便起见，分别选择了本章中介绍的决策树、KNN 和支持向量机作为基础学习算法。然后，我们将再次使用决策树作为上层的模型。在 R 语言中，有很多支持集成学习的包，在这个示例中使用的是比较简单的 caret 包。所以，首先需要使用 install.packages ("caret")来下载并安装好这个包。为了说明集成学习的意义，还需使用机器学习标准数据集之一的 Ionoshpere（在 mlbench 包中）。

```
> library (mlbench)
```

```
> data (Ionosphere)
> str (Ionosphere)
'data.frame':    351 obs. of  35 variables:
 $ V1    : Factor w/ 2 levels "0","1": 2 2 2 2 2 2 2 1 2 2 ...
 $ V2    : Factor w/ 1 level "0": 1 1 1 1 1 1 1 1 1 1 ...
 $ V3    : num  0.995 1 1 1 1 ...
...
$ V34   : num  -0.453 -0.0245 -0.3824 1 -0.657 ...
 $ Class: Factor w/ 2 levels "bad","good": 2 1 2 1 2 1 2 1 2 1 ...
```

Ionosphere 是一个关于电离层的数据集，其中包含了 34 个自变量（V1～V34）和 1 个因变量（Class）。该数据集的目标是二值分类，根据给定电离层中自由电子的雷达回波等数据来预测大气结构。首先，检查数据集中是否含有缺失值。

```
> sum (is.na(Ionosphere))
[1] 0
```

然后，为了检验性能，把数据集分为训练集和测试集。仍然使用 sample ()函数，按照 75%和 25%的比例把两个 Class 分别分配给两个子集。

```
#加载 caret 包
library(caret)
#选择随机种子
set.seed(1)
#随机生成索引向量
index <- createDataPartition(Ionosphere$Class, p=0.75, list=FALSE)
#划分训练集和测试集
trainSet <- Ionosphere[ index,]
testSet <- Ionosphere[-index,]
```

均匀而随机分布的训练集往往有助于模型训练，可以验证一下不同的 Class 值在两个数据集中的比例是否接近 3∶1。

```
> sum (trainSet$Class=='good') / sum (testSet$Class=='good')
[1] 3.017857
```

在进行模型训练时，因为希望得到优化的模型，所以需要决定一些优化时的参数选择的细节。目前，使用的是 5 留 1（即保留 5 份样本中的一份用于测试，其余用作训练）的交叉验证的方法训练模型。

```
#对多个模型定义训练控制方法
fitControl <- trainControl (method = "cv", number = 5,
```

```
                             savePredictions = 'final', classProbs = T)
#分别定义模型中的自变量和因变量
predictors<-c("V1", "V2", "V3", "V4", "V5","V6", "V7", "V8", "V9", "V10",
             "V11", "V12", "V13", "V14", "V15","V16", "V17", "V18",
             "V19", "V20","V21", "V22", "V23", "V24", "V25","V26", "V27",
              "V28", "V29", "V30","V31", "V32", "V33", "V34")
outcomeName <- 'Class'
```

上面得到因变量（outcomeName）与自变量（predictors）依赖关系的过程相当烦琐，因为我们需要逐一输入除 Class 之外所有的变量名作为自变量。下面的代码利用变量名函数 names ()来简化操作。

```
n <- names (trainSet)
predictors <- c (n[!n %in% "Class"])
```

caret 包支持多种模型，有些模型需要其他包的支持才能实现。

为了简化过程，再次使用前面用过的几种分类器：KNN（class 包）和决策树（rpart 包）以及支持向量机（e1071 包）来完成训练。首先，可以尝试使用 KNN 算法。

```
model_knn <- train (trainSet[,predictors],trainSet[,outcomeName],
method='knn', trControl=fitControl, tuneLength=3)
#使用 KNN 模型预测测试集
testSet$pred_knn <- predict (object = model_knn,testSet[,predictors])
```

KNN 使用的是最简单的欧几里得距离，在这里不做任何预处理。为了验证弱学习器的效果，先生成混淆矩阵。

```
> confusionMatrix (testSet$pred_knn, testSet$Class)
Confusion Matrix and Statistics

          Reference
Prediction bad good
      bad    18    1
      good   13   55

               Accuracy : 0.8391
                 95% CI : (0.7448, 0.9091)
    No Information Rate : 0.6437
    P-Value [Acc > NIR] : 4.621e-05

                  Kappa : 0.616
```

```
Mcnemar's Test P-Value : 0.003283

            Sensitivity : 0.5806
            Specificity : 0.9821
         Pos Pred Value : 0.9474
         Neg Pred Value : 0.8088
             Prevalence : 0.3563
         Detection Rate : 0.2069
   Detection Prevalence : 0.2184
      Balanced Accuracy : 0.7814

       'Positive' Class : bad
```

虽然 bad 中的 13 例被预测成了 good，KNN 的预测准确率还是达到了 0.8391。接下来再使用决策树模型完成训练与预测。

```
library(rpart)
model_dt <- train (trainSet[,predictors],trainSet[,outcomeName],
                  method='rpart', trControl=fitControl, tuneLength=3)
#使用决策树模型预测测试集
testSet$pred_dt <- predict (object = model_dt, testSet[,predictors])
```

再来观察混淆矩阵。

```
> confusionMatrix (testSet$pred_dt, testSet$Class)
Confusion Matrix and Statistics

          Reference
Prediction bad good
      bad   27    5
      good   4   51

               Accuracy : 0.8966
                 95% CI : (0.8127, 0.9516)
    No Information Rate : 0.6437
    P-Value [Acc > NIR] : 7.073e-08

                  Kappa : 0.7761
 Mcnemar's Test P-Value : 1

            Sensitivity : 0.8710
```

```
            Specificity : 0.9107
         Pos Pred Value : 0.8438
         Neg Pred Value : 0.9273
             Prevalence : 0.3563
         Detection Rate : 0.3103
   Detection Prevalence : 0.3678
      Balanced Accuracy : 0.8908

       'Positive' Class : bad
```

从结果可以看到预测准确率达到了 0.8966。虽然没有深入探讨上面用到的两种方法在预测相关性上是否独立，但是可以看到决策树混淆矩阵中显示的错分案例中的两个类别数量基本相当，而不像 KNN 预测的那样错误不均衡。

接下来使用支持向量机完成训练与预测。

```
library (e1071)
model_svm <- train (trainSet[,predictors], trainSet[,outcomeName],
               method='svmLinear2', trControl=fitControl, tuneLength=3)
#使用 SVM 模型预测测试集
testSet$pred_svm <- predict (object = model_svm, testSet[,predictors])
```

因为因变量 V2 在训练集中可能出现全是 0 的情况,在模型训练时会提示一些警告信息,可以暂时忽略掉这些警告。继续观察混淆矩阵。

```
> confusionMatrix (testSet$pred_svm, testSet$Class)
Confusion Matrix and Statistics

          Reference
Prediction bad good
      bad   23    2
      good   8   54

               Accuracy : 0.8851
                 95% CI : (0.7988, 0.9435)
    No Information Rate : 0.6437
    P-Value [Acc > NIR] : 3.151e-07

                  Kappa : 0.7381
 Mcnemar's Test P-Value : 0.1138

            Sensitivity : 0.7419
```

```
              Specificity : 0.9643
           Pos Pred Value : 0.9200
           Neg Pred Value : 0.8710
               Prevalence : 0.3563
           Detection Rate : 0.2644
     Detection Prevalence : 0.2874
        Balanced Accuracy : 0.8531

         'Positive' Class : bad
```

使用支持向量机的预测准确率是 0.8851。在设计上层模型之前，我们看一看采取投票法的简单多数方式得出的总体预测，和基础模型的结果相比，会有什么不同。

```
testSet$pred_majority <- as.factor (ifelse(testSet$pred_dt=='good' &
testSet$pred_knn=='good','good',ifelse(testSet$pred_dt=='good' &
  testSet$pred_svm=='good','good',ifelse(testSet$pred_knn=='good' &
  testSet$pred_svm=='good','good','bad'))))
```

因为在示例中只选用了三种基础模型，所以会很容易通过比较得到简单多数。再察看混淆矩阵。

```
> confusionMatrix (testSet$pred_majority, testSet$Class)
Confusion Matrix and Statistics

          Reference
Prediction bad good
      bad   22    1
      good   9   55

               Accuracy : 0.8851
                 95% CI : (0.7988, 0.9435)
    No Information Rate : 0.6437
    P-Value [Acc > NIR] : 3.151e-07

                  Kappa : 0.7341
 Mcnemar's Test P-Value : 0.02686

            Sensitivity : 0.7097
            Specificity : 0.9821
         Pos Pred Value : 0.9565
         Neg Pred Value : 0.8594
```

```
              Prevalence : 0.3563
          Detection Rate : 0.2529
    Detection Prevalence : 0.2644
       Balanced Accuracy : 0.8459

        'Positive' Class : bad
```

由上述结果可知，预测准确率 0.8851，并没有超过决策树。最后，在底层上增加一层新的模型，使用的还是 rpart 包中的决策树。先将底层模型的输出重新整理，转换为上层模型的输入。

```
#训练集输入
trainSet$OOF_pred_dt <- model_dt$pred$good[order
                                   (model_dt$pred$rowIndex)]
trainSet$OOF_pred_knn <- model_knn$pred$good[order
                                   (model_knn$pred$rowIndex)]
trainSet$OOF_pred_svm <- model_svm$pred$good[order
                                 (model_svm$pred$rowIndex)]
#测试集输入
testSet$OOF_pred_dt <- predict (model_dt, testSet[predictors], type='prob')$good
testSet$OOF_pred_knn <- predict (model_knn,testSet[predictors], type='prob')$good
testSet$OOF_pred_svm<-predict (model_svm,testSet[predictors],
type='prob')$good
```

最后设置决策树作为上层模型。

```
#上层模型的预测输入变量
predictors_top <- c ('OOF_pred_dt','OOF_pred_knn','OOF_pred_svm')

#决策树用作上层模型
model_top <- train (trainSet[,predictors_top],trainSet[,outcomeName], method=
'rpart',  trControl=fitControl,tuneLength=3)

#用上层模型预测测试集数据
testSet$top_stacked <- predict (model_top, testSet[,predictors_top])
```

现在可以调用函数检查混淆矩阵。

```
> confusionMatrix (testSet$top_stacked, testSet$Class)
Confusion Matrix and Statistics

          Reference
```

```
Prediction bad good
      bad   26    1
      good   5   55

               Accuracy : 0.931
                 95% CI : (0.8559, 0.9743)
    No Information Rate : 0.6437
    P-Value [Acc > NIR] : 3.77e-10

                  Kappa : 0.8452
 Mcnemar's Test P-Value : 0.2207

            Sensitivity : 0.8387
            Specificity : 0.9821
         Pos Pred Value : 0.9630
         Neg Pred Value : 0.9167
             Prevalence : 0.3563
         Detection Rate : 0.2989
   Detection Prevalence : 0.3103
      Balanced Accuracy : 0.9104

       'Positive' Class : bad
```

最后的准确率达到了 0.931，超过了每一个底层基础模型的性能。

回顾一下刚才完成的工作：首先，任意选择了三种简单的分类器作为底层模型，这些模型经过训练以后，可以独立地得出较为合理的预测，准确率都超过了 0.8；接下来，在底层模型之上增加一个决策树作为上层模型，去完成从底层输出的预测概率到最终输出的分类结果映射。为了简单起见，示例中使用的还是决策树。具体步骤包括：

（1）用训练集训练单一的底层模型；

（2）使用底层模型对训练集和测试集做出预测；

（3）根据底层模型对训练数据的预测来训练上层模型；

（4）使用上层模型接受底层模型对测试集数据的预测做出最终预测。

这样完成的集成学习仅仅是一个简单的示例，从示例可以发现，当多元化的弱学习器组合在一起时，通过上层的超级学习器，就可能得出比单一模型更好的性能。

习　题

8-1　到 Kaggle 网站下载 Titanic 数据集、train.csv 和 test.csv。使用 R 语言函数将数据

文件导入 R 环境，并且查看数据集的结构信息。

8-2　查找数据集中的 NA 项，使用不同的方法处理缺失值。如果需要预测一位乘客能否幸存，哪一种处理方法更好？为什么？

8-3　提取 Titanic 数据中各数值型变量的描述统计特征，并画出相应的图形。

8-4　使用 table ()函数，比较 survived 和 Pclass 两个变量的关系。如果希望预测乘客是否幸存，Pclass 是否有价值？为什么？

8-5　选择你认为最有价值的变量来预测 survived，分别使用 KNN、支持向量机、决策树和随机森林实现分类算法，训练模型，预测结果，并得出对模型的评价。

8-6　使用决策树解决题 7-7 中 diamonds 数据集的 price 预测问题。

8-7　使用随机森林实现题 8-6。比较并分析题 8-6 中的结果和随机森林的应用效果。

9

第 9 章　神经网络与深度学习

I think the brain is essentially a computer and consciousness is like a computer program. It will cease to run when the computer is turned off. Theoretically, it could be re-created on a neural network, but that would be very difficult, as it would require all one's memories.

—— Stephen Hawking

在生命科学中，神经网络是指动物大脑中一系列相互连接的神经元。信号通过神经元的轴突经由突触传递到其他神经元的树突上，这相当于神经元与神经元的接口。通过这些接口，神经元就可以相互影响，共同作用。当外界总的信号输入超过了一定的阈值，神经元就会沿着轴突传递信号。在生物学中神经网络研究成果的启发下，人工神经网络诞生了。

人工神经网络由一组相互连接的人工神经元构成，神经元之间的连接通道用于信号传输。每一个人工神经元的功能都相对简单，但是通过调节神经元之间的连接关系，人工神经网络组成了一个具有学习能力的计算系统。人们可以使用包含输入与预期输出值的数据集对人工神经网络进行训练，让神经网络调整人工神经元之间的连接强度，以逐渐改进对输出结果的预测，也就是说，人工神经网络是一种有监督的学习方法。迄今为止，神经网络在很多问题上得到了成功的应用，例如，图像识别、自动翻译、医学诊断以及人机对弈等。从理论上讲，人工神经元的输出是其所有输入信号加权和的一个非线性函数，人工神经网络就是依靠调节输入信号的权重大小来完成学习过程的。因为生物神经元只有在信号强度超过一个阈值之后才起作用，类似地，人工神经元也可以使用激活函数，当总的信号强度低于阈值时，神经元处于被抑制的状态。一般来说，人工神经网络从输入到输出的关系可以使用一个层次结构来刻画，不同的层可以分别承担不同的任务。例如，在一个典型的多层感知器模型中，可以包含三层神经元：输入层、隐层和输出层。随着计算机性能，特别是并行计算能力的提升，以及对人工神经网络算法研究的不断深入，研究人员现在能够处理带有多个隐层的神经网络，也就是深度学习网络。深度学习在很多应用场景中取得了前所未有的成就，而伴随着深度学习的快速演化，很多开发者为R语言提供了与深度神经网络最新进展同步的包，使R语言顺利进入深度学习的前沿领域。

由于深度学习领域还处在持续快速发展的阶段，这对如何选择本章的内容带来了相当的挑战。在此，我们选择了三个具有不同特点的、具有代表性的R语言包作为本章的介绍对象，即基础的神经网络包——neuralnet、轻量级的深度学习包——MXNet，以及更加综合的深度学习包——keras。尽管如此，编者还是建议读者密切关注本领域的最新动态与发展趋势。可以预见的是，在不远的将来，一定会有越来越多功能更加强大的深度学习工具被引入R语言中来。

本章的主要内容包括：

（1）神经网络的基本原理；

（2）多层感知器模型；

（3）R语言中的neuralnet包；

（4）R语言中的深度学习包MXNet和keras。

9.1　基本原理

人工神经网络（以下简称神经网络）是机器学习中的一个特殊分支。典型的神经网络采用有监督的学习机制。给定一组由输入数据和输出数据组成的样本，神经网络的训练使用反向传播算法或其他改进形式来降低定义在样本和网络结构上的损失函数。与其他有监督的学习模型类似，训练好的神经网络可以用于解决分类和回归问题。

9.1.1　神经元

神经网络是一种模仿生物神经系统的机器学习算法，自其诞生之后经历了不同的发展阶段，在过去几十年中，理论研究与应用有过几次明显的起伏，纵使如此，它依然是目前机器学习领域中引人瞩目的方向之一。究其原因，并不在于那些层出不穷的模型和算法有多么复杂与高深，而在于这种由大脑启发的结构具有充分的复杂性，因而能够应对其他模型无法胜任的挑战。先进的深度学习算法已经在很多实际应用中取得了显著的效果。但是，神经网络并非从始至终都受到研究者的普遍欢迎，其中一个很重要的原因就是神经网络训练过程中带有的计算复杂性，当计算机处理能力没有达到一定要求之前，神经网络难以解决一些特别复杂的问题。以前，除了学习的效率外，在一些实际的应用中，神经网络与其他更简单的方法（如支持向量机）相比，在效果上并没有显示出明显的优势。不过，由于近年来深度学习方法与计算机性能同时得到了发展，神经网络又重新回到人们的视野，并受到越来越多的重视。

神经元是神经网络中的基本组成单位，在结构上得到了神经生物学中动物大脑神经元的启示。个体的神经元只有非常简单的功能，所做的只是把输入信号 $x_1, x_2, \cdots, x_n$ 与偏移量一起加权求和，然后把结果传递给一个激活函数 $f(\cdot)$，激活函数的输出 $y = f(\boldsymbol{W}^{\mathrm{T}}\boldsymbol{X})$ 就是神经元的输出，其中 $\boldsymbol{W} = [w_0, w_1, \cdots, w_n]^{\mathrm{T}}$，$\boldsymbol{X} = [1, x_1, \cdots, x_n]^{\mathrm{T}}$（见图 9-1，激活函数也是在生物学的启发下引入的）。因为人脑中虽然拥有数量庞大的神经元，但是处理特定问题时活跃的神经元数量很少，因此在设计神经网络时，激活函数会选择性地抑制住部分神经元。典型的激活函数通常会包含非线性的处理功能，如在深度学习中经常用到的线性整流函数（Rectified Linear

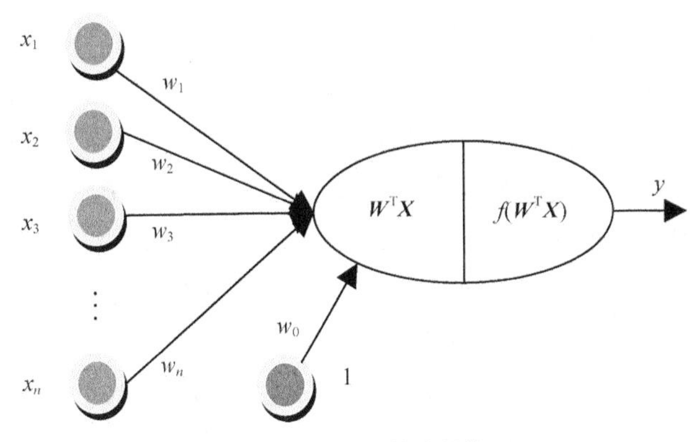

图 9-1　神经元基本结构

Unit，ReLU），其函数形式是 $f(x) = \max(0, x)$，取最大值时就引入了非线性。这种非线性可以用来处理很多线性不可分的问题，使神经网络比简单的线性模型具有更强的建模能力和更广的适用范围。

若干个相互连接的神经元共同组成了一个神经网络。通过选择神经元的数量、结合方式，以及激活函数的形式，用户可以构造不同结构的神经网络。表 9-1 列出了几种常用的激活函数，其中，Sigmoid 函数又被称为 Logistic 函数。

表 9-1　常用的激活函数

名　　称	函 数 形 式	参　　数
线性函数	$f(x)=x$	无
阈值函数	$f(x)=\begin{cases}1, & x \geqslant \alpha \\ 0, & x < \alpha\end{cases}$	α
Sigmoid 函数	$f(x)=\frac{1}{1+e^{-x}}$	无
双曲正切函数	$f(x)=\frac{e^{x}-e^{-x}}{e^{x}+e^{-x}}$	无
高斯函数	$f(x)=\beta e^{-\alpha^2 x^2}$	α, β
ReLU 函数	$f(x)=\max(0, x)$	无

读者可以画出这些激活函数的形状，观察非线性函数的特点。例如，可以用下面的代码画出 ReLU 函数。

```
x <- seq (-1,1,0.1)                                    #设置 x
relu <- function (x) ifelse (x > 0, x, 0)              #定义 ReLU 函数
plot (x, relu(x), type = "l")                          #画出函数
text (0.6, 0.4, "ReLU (x)")                            #添加文字说明
```

9.1.2　多层感知器模型

多层感知器是一类前馈神经网络的统称。在前馈神经网络中，信号从输入到输出单向传递。按照信号传播的顺序，神经元被划分成不同层次：从输入层到输出层，通过神经元处理的信号在层与层之间逐层传递。一个多层感知器一般由至少三层神经元组成，除了输入层与输出层之外，还至少包括一个被称为隐层的中间层。在神经元中，既可以使用线性激活函数，也可以使用非线性激活函数。非线性激活函数为多层感知器带来了非常强大的回归能力。研究结果表明，只要给出足够多的神经元，多层感知器可以拟合一个任意复杂的函数形式。

如果使用最简化的形式，神经网络只包含一个带线性激活函数的神经元（如同图 9-1 中的形式），也就是把输出表示为输入的加权和，得到的就是一个线性回归模型。在感知器模型中如果仅仅使用线性激活函数，无论隐层数量的多少，都可以被转化为一个从输入到输出的线性映射。因此，引入非线性激活函数，才能增加神经网络对复杂映射关系的模拟能力。

多层感知器一般使用全连接模式，也就是相邻层中的神经元节点互相连接。在相邻层的两个神经元 n_i 和 n_j 之间传输信号时，使用权重 w_{ij} 来定量表示这种连接关系。因为权重 w_{ij} 的大小是可以改变的，就使多层感知器可以逼近一些极其复杂的多变量函数，因此适用于很多回归问题。经过适当的变换，例如，使用 softmax 形式，即把输出的数值当作不同类别的概率而取概率最大的类别作为最终输出结果，多层感知器也能够承担分类任务。

使用样本训练多层感知器时，首先需要定义损失函数，再根据损失函数值来调整权重、优化损失函数。在前馈网络中，虽然信号是从输入到输出单向向前传输的，但是损失函数值与权重的关系需要从输出到输入向后传递。实现多层感知器模型学习的基本算法又被称为反向传播算法。

9.1.3　反向传播算法

人工神经网络一般使用有监督的学习。有些特殊形式的神经网络，如自编码器，以输入信号本身作为输出目标，在某种意义上可称为无监督学习。在神经网络中，可以通过学习来调整的参数是每个神经元节点对输入信号与偏移量加权时使用的权值。与其他有监督学习的方法相同，训练神经网络的目标就是通过参数的选择使模型成为一个可以正确地把输入数据转化为预期输出结果的映射。从鸢尾花品种分类的实例来看，我们把样本的花萼和花瓣的长宽数据作为输入，希望经过神经网络的处理后，输出值可以表示正确的分类结果。损失函数是把预测值和期望值的偏差转化为一个实数值的映射。在某些情况下，还会在损失函数上加上一些正则化的要求，一般是权重的某种范数，迫使网络或权重满足其他的条件。损失函数越小，神经网络的预测就越准确。因此，神经网络的学习成为一个优化过程。对单个神经元来说，因为它的激活函数满足可微的要求，所以可以使用梯度下降法根据预测值与实际值的偏差来调整权重，以到达局部最优点。但是对多层神经网络，对不同层上的神经元权重的调整依赖于偏差信号从输出到输入的逐层传递，这就是反向传播算法得名的缘由。

给定 n 个独立的训练样本 x，我们希望损失函数能反映神经网络总体的预测偏差。把每一个样本 x 的预测偏差记为 E_x，则损失函数可表示为 $\varepsilon=\frac{1}{n}\sum_x E_x$，其为从训练集的输入数据到实数值的某种映射。输入信号前向传播直至输出层，才能得到预测的输出值，并且计算它与预期值之间的偏差，汇集成损失函数值。在初始化参数之后，反向传播算法需要使用若干次的迭代来完成对损失函数的优化，使实际输出值尽可能接近预期值。每次迭代又可分为两个阶段的迭代过程：传播阶段和权重调整阶段。

（1）传播阶段，每一次传播由如下三个步骤构成：

① 输入信号前向传播，每个神经元使用当前权重对所有输入进行加权求和，然后经激活函数压缩后传递给后一层的神经元；经过神经网络各层的处理直至得到输出值；

② 使用预期输出计算误差得到损失函数值；

③ 向后传播误差值，生成各隐层神经元节点的预测偏差值。

（2）权重调整阶段，使用预测偏差值按下列步骤调整权重：

① 利用偏微分的链式法则和节点的预测偏差得到权重的梯度；

② 用负的梯度值乘以一个被称为学习因子的预设常数来更新权重。

需要注意，学习因子会影响训练的速度和质量。因子越大，神经元的训练就越快；因子越小，训练就越精确。可以采用梯度下降方法更新权重值，让权重沿着梯度的反方向变化，以达到减小偏差的目标。

（3）重复（1）和（2），直至网络收敛，或迭代达到设定的最大次数。

针对反向传播算法的一些不足也存在很多改进方法，包括随机梯度下降、批量梯度下降，等等。这些改进的算法一般包含在 R 语言包中作为可选参数供用户按需选择。目前，R 语言对神经网络的支持程度正不断提高，特别是近来深度学习在很多应用领域取得了一系列的成果之后，开发者很快就把这些成果纳入了 R 语言相应的包中。表 9-2 列出了几种常用的神经网络包，用户可以使用这些包设计并实现所需的神经网络，用来解决在实际中遇到的各种问题。

表 9-2　R 语言中的部分神经网络包

包　名	说　明
nnet	支持单隐层的前馈神经网络，可用于多项式对数线性模型
neuralnet	使用反向传播算法训练神经网络
h2o	包含支持 H2O 的 R 脚本功能
RSNNS	斯图加特神经网络模拟器的接口
tensorflow	TensorFlow 的接口
deepnet	R 语言深度学习包
darch	支持深度架构和受限玻尔兹曼机的 R 语言包
rnn	实现循环神经网络的包
MXNet	支持灵活高效 GPU 计算和深度学习的 R 语言包
keras	Keras 的 R 语言接口

9.2　感知器模型

本节主要介绍如何使用 R 语言中的包 neuralnet 创建多层感知器神经网络，以及应用神经网络解决非线性回归与分类等问题。

9.2.1　neuralnet 包

R 语言中的 neuralnet 包支持神经网络的基本操作。首先，安装并加载 neuralnet 包。

```
install.packages ("neuralnet")
library (neuralnet)
```

完成 neuralnet 包的载入后就可以使用包中提供的与神经网络训练有关的功能了。函数的调用方法和默认输入参数如下：

```
neuralnet (formula, data, hidden = 1, threshold = 0.01,
      stepmax = 1e+05, rep = 1, startweights = NULL,
      learningrate.limit = NULL,
      learningrate.factor = list(minus = 0.5, plus = 1.2),
      learningrate=NULL, lifesign = "none",
      lifesign.step = 1000, algorithm = "rprop+",
      err.fct = "sse", act.fct = "logistic",
      linear.output = TRUE, exclude = NULL,
      constant.weights = NULL, likelihood = FALSE)
```

在神经网络的训练过程中涉及很多参数，其中的一些参数对神经网络的性能具有重要影响，表 9-3 对部分参数的含义给出了说明。

表 9-3　函数 neuralnet ()的主要参数

名　称	说　明
formula	对需要拟合的模型形式的符号性描述
data	包含 formula 中所指定变量的数据框
hidden	一个整型数向量，表示每一个隐层中神经元的个数
threshold	数值型停止条件，误差函数偏导数的阈值
stepmax	训练神经网络的最大步长，如果到达了这个最大值，则停止训练
rep	神经网络训练的最大迭代次数
startweights	包含权重初始值的向量
algorithm	包含用于神经网络计算的算法名称的字符串，可选：backprop、rprop+、rprop−、sag 或 slr。backprop 指反向传播算法
act.fct	代表可微的激活函数名称的字符串，logistic 和 tanh 分别表示 Logistic 函数和双曲正切函数
err.fct	字符串，表示用于计算误差的可微函数，可选 sse 和 ce，分别代表误差的平方和，以及交叉熵

函数的返回值是一个 nn 类的对象，它的部分属性如表 9-4 所示。

表 9-4　函数 neuralnet ()的返回对象的属性

名　称	说　明
call	与调用函数形式相匹配
err.fct	实际使用的误差函数
act.fct	实际使用的激活函数
data	data 参数
net.result	包含神经网络每一次迭代的结果列表
weights	包含神经网络每一次迭代所拟合权重的向量

如果需要进一步了解更多信息，在控制台输入?neuralnet 可以得到相关的帮助信息。

9.2.2 非线性回归

在第 7 章介绍过线性回归问题，在这里先观察使用神经网络完成一个简单非线性函数拟合的例子。首先，用均匀概率分布生成一些整数，并对它们求对数值；然后，用神经网络做出拟合与预测。

```
#生成 1~100 之间的 50 个均匀分布的随机数作为训练输入
traininginput <-  as.data.frame (runif (50, min=1, max=100))
trainingoutput <- log (traininginput)

#按列绑定输入/输出构成训练集
trainingdata <- cbind (traininginput,trainingoutput)
#设定训练数据的属性名
colnames (trainingdata) <- c ("Input","Output")
```

接下来，设计一个神经网络的结构并且使用训练集来完成该网络的训练。

```
#网络包含输入层+隐层+输出层，隐层带有 10 个神经元
#指定损失函数阈值 threshold=0.01
net.log <- neuralnet (Output~Input, trainingdata,
 hidden=10, threshold=0.01)
print (net.log)
```

打印出来的 net.log 内容非常丰富，包含了训练完成的神经网络各层节点之间的权重，以及拟合效果等信息。在控制台上输入 ls (net.log)，就可以得到神经网络对象包括的属性，并且直接访问所需的内容。

```
> ls (net.log)
[1] "act.fct"              "call"                 "covariate"
[4] "data"                 "err.fct"              "generalized.weights"
[7] "linear.output"        "model.list"           "net.result"
[10] "response"            "result.matrix"        "startweights"
[13] "weights"
> net.log$act.fct                              #打印激活函数属性值
function (x)
{
    1/(1 + exp(-x))
}
<bytecode: 0x0000000052f02e8>
<environment: 0x00000000047c10f8>
attr(,"type")
```

```
[1] "logistic"
```

在创建网络时，由于并未指定激活函数的类型，因此就显示出了网络中激活函数使用了默认的 Sigmoid 的形式（也叫 Logistic 函数）。如果希望更直观地查看神经网络的结构，可以直接使用泛型函数 plot ()画出神经网络，如图 9-2 所示。

```
#画出神经网络
plot (net.log)
```

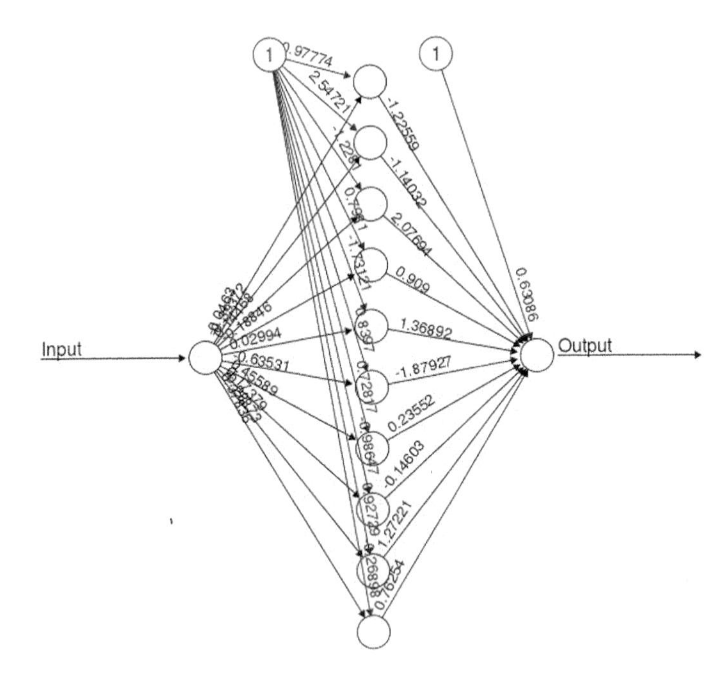

图 9-2　一个简单的计算平方根的多层感知器神经网络

训练好神经网络后，接下来测试一下神经网络模型是否能够准确地求出一个数的对数值。

```
#生成测试数据检验神经网络的预测性能
testdata <- as.data.frame ((1:10)^2)
#输入测试数据，让训练好的神经网络完成运算
net.results <- compute (net.log, testdata)
#显示运算结果
ls (net.results)
```

可以使用更可读的方式把实际值和神经网络的计算结果列在一起进行比较。

```
#用更好的形式显示结果，分别列出测试输入、实际值、预测值
niceoutput <- cbind (testdata, log(testdata),
                     as.data.frame (net.results$net.result))
colnames(niceoutput) <- c ("Input","Expected Output","Neural Net Output")
```

在打印出结果后进行比较，可以发现使用神经网络的非线性回归可以得到对平方根函数的较好的估计（最大误差 0.035）。

```
> print (niceoutput)
   Input Expected Output Neural Net Output
1      1     0.000000000   -0.03467287974
2      4     1.386294361    1.41498800048
3      9     2.197224577    2.20047504953
4     16     2.772588722    2.76417487354
5     25     3.218875825    3.22523686232
6     36     3.583518938    3.58365440600
7     49     3.891820298    3.88703611843
8     64     4.158883083    4.16191801166
9     81     4.394449155    4.39991983478
10   100     4.605170186    4.58608663891
```

此外，还可以计算预测值与实际值的均方差，得到对总体误差大小的认识。

```
e.log <- as.data.frame(net.results$net.result)-log(testdata)
mse.log <- sum((e.log)^2)/nrow(e.log)
```

从结果上可知，使用神经网络进行 log 函数回归预测的均方差约为 0.018。

```
> mse.log
[1] 0.01810650584
```

9.2.3 分类

作为一种有监督的学习模型，神经网络除了能够完成回归，还可以用作分类器。在第 8 章中，我们已经使用过多种不同形式的模型测试了对 iris 数据集的分类效果，再来看多层感知器模型在分类问题中的应用。与刚才解决的非线性回归不同，iris 包括三个不同的类别。在神经元中无论是线性加权运算还是激活函数，使用的都是数值型变量。虽然有些包已经可以支持因子型的输出，但在使用 neuralnet 时，仍需把数值型输出转换成因子型数据来得出最终的分类结果。为此，第一步就需要把分类结果表示成神经元可以生成的数值作为训练集的期望输出值。鉴于其他的包提供了把类别转换成数值的函数，可以模仿或直接照搬，例如，使用 nnet::class.ind ()函数把输入的类别向量转换成一个元素值为 0 或 1 的数值矩阵，如果矩阵元素值为 1，则表示那一行样本对应的类别为元素所在的列：

```
#输入 cl 是一个表示分类结果的向量
class.ind <- function(cl)
{
```

```
    n <- length (cl)
    #把 cl 转换为因子型
    cl <- as.factor (cl)
    #生成一个大小为样本数乘以类别数的值为 0 的矩阵
    x <- matrix (0, n, length(levels(cl)))
    #把对应样本行以及样本类别列的元素置为 1
    x[(1:n) + n*(unclass(cl)-1)] <- 1
    #设置每一列的名称
    dimnames(x) <- list(names(cl), levels(cl))
    #返回处理好的矩阵
     x
}
```

因为不同的变量可能有不同的取值范围，这些取值范围之间还可能存在非常大的差异。在对数据进行预处理时，用户可以使用自行编写的函数 normalize ()完成数据规范化工作，把数据统一为 0～1 之间的实数值。

```
#设计自己的规范化函数 normalize()
normalize <- function(x)
{
   num <- x - min(x)
   denom <- max(x) - min(x)
   return (num/denom)
}

#规范化数据集
iris_norm <- as.data.frame(lapply(iris[1:4], normalize))
```

现在，按照 70%对 30%的比例把数据集分为训练集与测试集两个部分。仍然使用 sample () 函数进行抽样。

```
#划分训练集和测试集
set.seed (1)
index <- sample(nrow(iris), nrow(iris)*0.7)
iristrain <- iris_norm[index,]
iristest <- iris_norm[-index,]
```

最后调用 class.ind ()函数把鸢尾花品种转换成二维矩阵的形式，再与花瓣、花萼的长宽数据一起组成新的测试数据集。这样，就完成了数据预处理的步骤。

```
#把测试集的分类结果用作 class.ind ()的输入
iristrain.label <- iris [index,5]
```

```
iristest.label <- iris [-index,5]
target <- class.ind (iristrain.label)
iris.train <- cbind (iristrain, target)
```

这里使用三层感知器作为模型：输入层就是四个长宽测量值，在隐层中选择使用四个神经元，在输出层则是三个品种所对应的输出值。因为训练集里的目标输出值只有正确的品种分类对应数值 1，而其他品种输出则为 0，例如，（1，0，0）表示 setosa 品种。我们期望经过训练的神经网络可以把品种与最大输出值对应起来，也就是能够用 softmax 方法在三个输出值中选择最大值来表示样本所属的品种。

```
#设计神经网络模型
net.iris <- neuralnet(
setosa + versicolor + virginica ~ Sepal.Length + Sepal.Width + Petal.Length
 + Petal.Width,                      #输入/输出关系公式
data=iris.train,                     #训练集
hidden=4                             #1 个隐层，含有 4 个神经元
)
plot(net.iris)                       #画出神经网络
```

训练完毕的神经网络如图 9-3 所示，可以看到从输入层到隐层包含了 20 个权值，从隐层到输出层包含了 15 个权值（偏移量计算在内），这 35 个参数就是神经网络在训练时需要优化的对象。在没有明确指定损失函数的情况下，使用误差函数 sse，也就是把误差平方和作为优化目标，而默认的激活函数则是 logistic。再使用 softmax 方法把神经网络的输出转换为类别，就可以直接查看神经网络的属性，同时还可以使用混淆矩阵来判断分类效果。

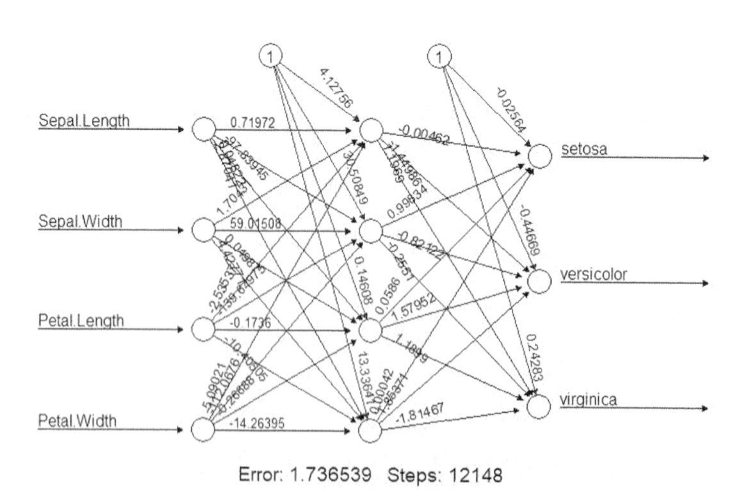

图 9-3 用于 iris 分类的多层感知器

```
#得到网络中训练集的输出
train.outputs <- as.data.frame (net.iris$net.result)
```

```
#得到每行中最大值所在列
cid <- apply (train.outputs, 1, which.max)
#使用品种名称替换最大值
results <- c ('setosa', 'versicolor', 'virginica')[cid]
```

从混淆矩阵中得到的结论是，神经网络在 105 个样本的拟合中，只有三例错分的情况，错误分类都发生在 virginica 与 versicolor 之间。

```
> table (results, iristrain.label)
          iristrain.label
results      setosa versicolor virginica
  setosa        35          0        0
  versicolor     0         35        1
  virginica      0          2       32
```

最后，再使用测试集检验神经网络的泛化能力。

```
#预测测试集分类结果
test.outputs <- compute (net.iris, iristest[-5])
pred.results <- test.outputs$net.result
idx <- apply(pred.results, 1, which.max)
pred <- c('setosa', 'versicolor', 'virginica')[idx]
```

从混淆矩阵可以看出，多层感知器模型取得了相当高的预测准确率，在 45 个样本中没有发生一起误判。

```
> table(pred, iristest.label)
          iristest.label
pred         setosa versicolor virginica
  setosa        15       0          0
  versicolor    0        13         0
  virginica     0        0          17
```

虽然对测试集取得了 100%的预测准确率，但是并不知道这是否是因为发生了巧合，因为数据集的随机性划分对结果可能起了作用。为了更公平地比较测试效果，可以采用交叉验证的方式，也就是多次随机划分训练集和测试集，把多次预测的准确率综合在一起，作为评判分类器性能的依据。在下面的脚本中，首先要设置重复交叉验证的次数，并将每一次预测的错误率保存在向量中，以备分析用。

```
library(caret)
set.seed(500)
cv.error <- NULL                                    #错误率向量
```

```
k <- 10                                        #重复 10 次测试
iris_norm <- as.data.frame(lapply(iris[1:4], normalize))

for (i in 1:k)
{
    index <- sample(1:nrow(iris), round(0.67*nrow(iris)))
    train.cv <- iris_norm[index,]              #三分之二用于训练
    test.cv <- iris_norm[-index,]              #三分之一用于测试
    train.label <- iris[index,5]
    test.label <- iris[-index,5]
    target <- class.ind (train.label)
    train <- cbind (train.cv, target)
    #训练多层感知器，隐层有 4 个神经元，输出层有 3 个神经元
    net.iris <- neuralnet(setosa + versicolor + virginica ~ Sepal.Length
+ Sepal.Width + Petal.Length + Petal.Width, data= train, hidden=4)

    pred.nn <- compute(net.iris,test.cv[,])  #预测测试集结果
    pred.results <- pred.nn$net.result
    idx <- apply(pred.results, 1, which.max) #softmax
    pred <- c('setosa', 'versicolor', 'virginica')[idx]
    #使用 caret 包中的混淆矩阵函数
    result <- confusionMatrix(pred, test.label)
    cv.error[i] <- 1- result$overall[1]       #得到错误率
}
boxplot (cv.error)                             #画出错误率箱形图
```

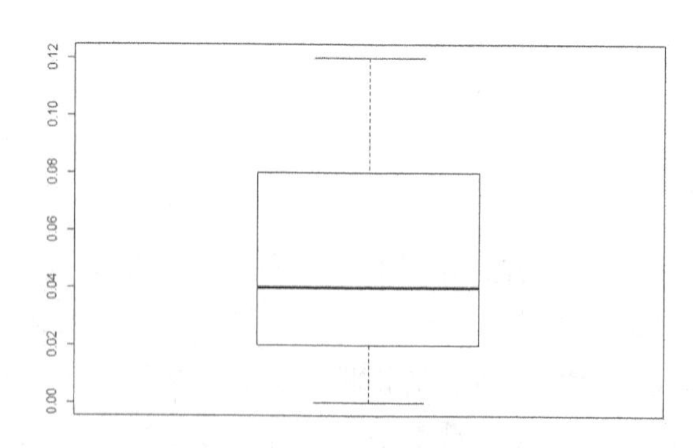

图 9-4　交叉验证错误率箱形图

从图 9-4 可以看出，使用三分之二的数据用于训练，在极端情况下会导致 12%的预测错误率，但是中位值 4%的错误率说明多层感知器分类器对 iris 种类的分类结果是可以接受的。

9.3　深度神经网络

深度学习是近年来受到广泛关注的一个研究领域，也涌现出了为数众多的研究成果。在这个领域，研究者们提出了很多不同的深度学习神经网络结构，包括自编码器、卷积神经网络、循环神经网络、长短时记忆网络、受限玻尔兹曼网络、深度信念网络，等等。这些网络在不同的应用中分别取得了重大的进展。R 语言迅速地跟踪了这些进展，及时引入支持深度学习的各种包。因此，用户现在能够用非常简洁的形式，在 R 语言中实现大多数深度学习神经网络。

9.3.1　深度神经网络的形式

神经网络一般都具有固定的结构，这种结构对神经网络的性能有显著的影响。与一般的前馈神经网络相比，深度神经网络（Deep Neural Network，DNN）最明显的结构特点就是在输入层与输出层之间具有多于一层的隐层。深度神经网络指的是一组按照对人脑的理解而专门设计的模型和算法，对模式识别任务来说，更具有针对性，因为它们的结构有助于提高模式识别的准确率。这里的模式是无论什么形式的数据（图像、声音、文本或时间序列所代表的数值表示）。但是结构的复杂性也带来了一些问题。首先是对计算能力的要求提高了，因此很多应用都依赖于高性能的图形处理单元（Graphics Processing Unit，GPU）；其次，在训练与提高泛化能力时，对算法本身有很高的要求。因此，需要采用不同手段来提高训练效率并克服过拟合的问题。例如，引入不同的正则化形式，采取逐层训练的模式，使用随机批量反向传播算法，设定丢弃率减少神经元数量，对输入数据做批量规范化等。针对不同的应用，近年来出现了一批广为使用的深度神经网络结构。在这里只选择一些可以使用现有 R 语言包快速实现的深度神经网络形式进行简要介绍。表 9-5 中列出了几种常见的深度神经网络及其特点。

表 9-5　几种常见的深度神经网络及其特点

名称及缩写	类型	学习方式	输入变量	特　点
自编码器（AE）	生成式	无监督	多种	适用于特征提取与降维 输入层与输出层神经元数量相等 用输出重建输入信号 无标签数据
卷积神经网络（CNN）	判别式	有监督	二维数据	卷积层占用计算时间最多 与一般深度神经网络相比连接数量较少 对于视觉应用需要大量训练数据
循环神经网络（RNN）	判别式	有监督	顺序，时间序列	通过内存处理数据序列 适用于在物联网等有时间依赖关系数据的情况
长短时记忆（LSTM）网络	判别式	有监督	顺序、时间序列、长时间依赖数据	对有较大时间延迟的数据性能优越 通过逻辑门保护对内存的访问

续表

名称及缩写	类型	学习方式	输入变量	特　点
受限玻尔兹曼机(RBM)	生成式	有监督 无监督	多种	适用于特征提取、降维和分类 训练过程开销大
深度信念网络(DBN)	生成式	无监督 有监督	多种	适用于层次式的特征发现 逐层贪婪地训练网络
变分自编码器(VAE)	生成式	半监督	多种	一种特殊的自编码器 适用于稀疏性的标签数据
对抗神经网络(GAN)	混合式	半监督	多种	适用于有噪声的数据 由两个网络构成：一个为生成式，另一个为判别式

1. **自编码器**（Autoencoder，AE）

AE 的输入层和输出层由一个或多个隐层连接，其输入和输出神经元数量相同（见图 9-5）。该网络的目标是通过用最简单的方式将输入变换到输出，以重建输入信息。AE 具有对称结构，从输入到中心是译码部分，从中心到输出是解码部分，一般译码器和解码器可以共享权重。由于隐层的神经元数量可以少于输入，因此迫使在编码过程中去学习输入所包含的模式，从而达到去噪降维的目的。

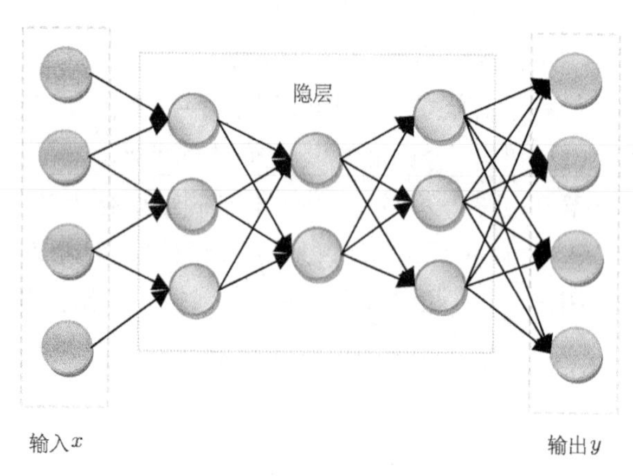

图 9-5　自编码器神经网络结构

2. **卷积神经网络**（Convolutional Neural Networks，CNN）

CNN 的结构特点之一是卷积层由一组参数可以训练的滤波器组成。在训练过程中，滤波器在图像上按照卷积顺序进行滑动，计算输入和滤波器的乘积，得到该滤波器的特征图。CNN 的另一个特殊结构是池化层，它将输入划分成不重叠的区域，然后用池化函数（如求最大值函数）计算每个区域的值作为输出。CNN 的最后一个结构通常是全连接层，完成对前面部分连接网络输出数据的进一步处理，一般使用 ReLU 激活函数层，可以缩短训练时间，同时能够避免影响网络的泛化能力。

CNN 和一般的深度神经网络的主要区别在于 CNN 具有局部连接、权值共享等特点，因此在视觉任务中具有独特的优越性，同时降低了网络的复杂性。

3. 循环神经网络（Recurrent Neural Networks，RNN）

RNN 主要适用于输入为序列（如语音和文本）或时间序列的数据（传感器数据）。RNN 的输入既包括当前样本，也包括之前观察的样本。也就是说，时间为 $t-1$ 时 RNN 的输出会影响时间为 t 的输出。RNN 的每个神经元都有一个反馈环，将当前的输出作为下一步的输入（见图 9-6）。该结构可以解释为 RNN 的每个神经元都有一个内部存储，保留了用之前输入进行计算所得到的信息。

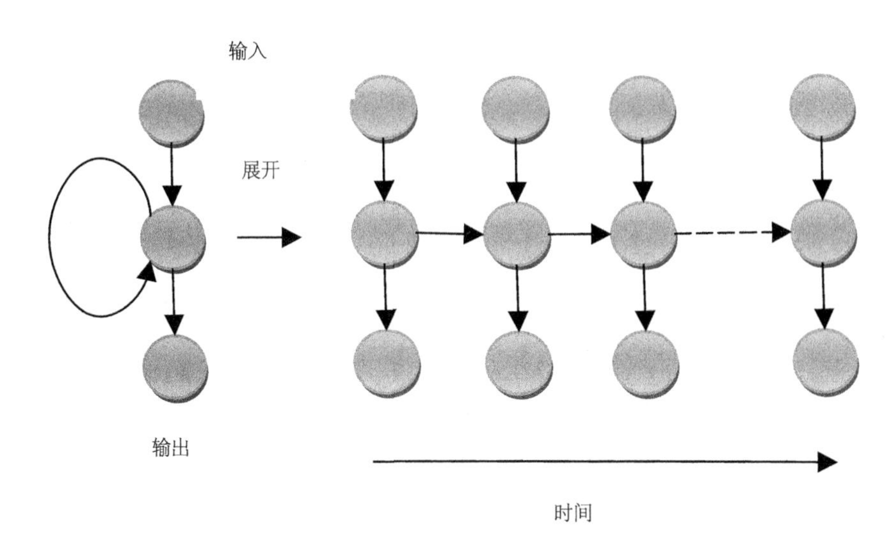

图 9-6　循环神经网络结构图

4. 长短时记忆（LSTM）网络

LSTM 网络是对 RNN 的一种扩展。LSTM 网络中的每个神经元除了有反馈环这一存储信息的机制外，还有用于控制神经元信息通过的“遗忘门”“输入层门”及“输出层门”，防止不相关的信息造成的扰动。

5. 受限玻尔兹曼机(Restricted Boltzmann Machine，RBM)

RBM 是一种随机神经网络，由两层组成，一层是包含输入的可见层，另一层是含有隐变量的隐层。RBM 中的受限指的是同一层中的两个神经元节点没有连接。增加隐层数量就可以得到深度玻尔兹曼机模型（见图 9-7）。

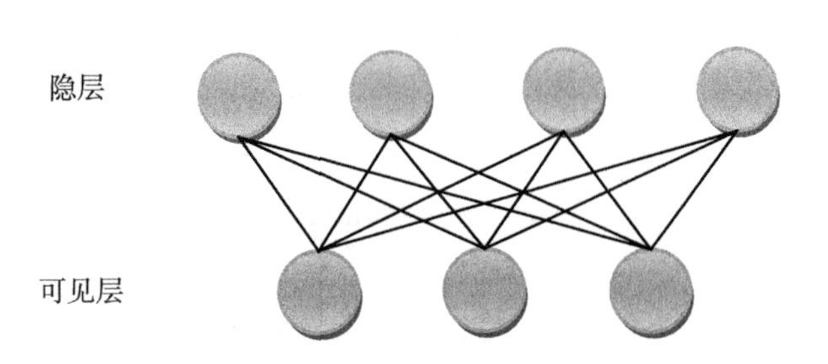

图 9-7　受限玻尔兹曼机结构

9.3.2 MXNet 包

MXNet 包支持前馈神经网络和卷积神经网络，允许用户自定义模型。

1. 安装 MXNet 包

前面用到的各种包在安装的时候一般都非常迅速，而深度学习使用的包与之相比，一般会包含更多的内容和更复杂的依赖关系，所以需要较长的安装时间。由于计算量大，一般来说，深度学习包都会带有支持 GPU 多线程运算的版本。下面以 Windows 操作系统下的二进制包为例，介绍 MXNet 的安装过程。如果仅安装在 CPU 上使用的包，可以在 R 控制台上输入下列语句：

```
cran <- getOption ("repos")
cran["dmlc"] <- "https://s3-us-west-2.amazonaws.com/apache-mxnet/R/CRAN/"
options (repos = cran)
install.packages ("mxnet")
```

正如上面所做的一样，MXNet 的 CPU 版本可以直接在 R 中安装，而 GPU 版本则要依赖第三方库如 cuDNN，并且要求用源代码来构建这个库。

2. 设计深度神经网络

如果使用前馈神经网络，可以使用下面的函数调用形式参数和默认参数。

```
mx.mlp (data, label, hidden_node=1, dropout=NULL, activation="tanh", out_
        activation="softmax", device=mx.ctx.default(),…)
```

函数的参数说明见表 9-6。

表 9-6　MXNet 包中 mx.mlp ()函数的主要参数

参 数 名	说　明
data	输入矩阵
label	训练标签
hidden_node	包含每个隐层中神经元个数的向量
dropout	[0,1)区间上的数值，表示从最后一个隐层到输出层的丢弃概率
activation	包含激活函数名的字符串或向量。合法值包括 relu、sigmoid、softrelu、tanh
out_activation	包含输出激活函数名的字符串，合法值包括 rmse、softmax、logistic
device	在 mx.cpu（默认值）还是 mx.gpu 上训练

在 mx.mpl ()函数内部实际调用的是 mx.model.FeedForward.create ()函数，后者的参数如表 9-7 所示。显然，与前面介绍的 neuralnet 相比，在 MXNet 包中，用户对神经网络的结构和训练方式拥有更多的控制。mx.model.FeedForward.create ()函数的调用形式和默认参数值如下：

```
mx.model.FeedForward.create(symbol, x, y = NULL, ctx = NULL,
  begin.round = 1, num.round = 10, optimizer = "sgd",
  initializer = mx.init.uniform(0.01), eval.data = NULL,
  eval.metric = NULL, epoch.end.callback = NULL,
  batch.end.callback = NULL, array.batch.size = 128,
  array.layout = "auto", kvstore = "local", verbose = TRUE,
  arg.params = NULL, aux.params = NULL, input.names = NULL,
  output.names = NULL, fixed.param = NULL, allow.extra.params = FALSE,
  ...)
```

表 9-7　MXNet 包中 mx.model.FeedForward.create ()函数的主要参数

参 数 名	说　明
symbol	神经网络的符号式配置
y	标签数组
x	训练数据
num.round	训练模型使用的迭代次数
optimizer	表示优化算法的字符串，默认值为 sgd，即随机梯度下降
initializer	参数初始化方案
epoch.end.callback	迭代结束时的回调函数
batch.end.callback	小批量迭代结束时的回调函数
array.layout	批量布局，可选项 auto、colmajor、rowmajor
eval.metric	可选的函数，用于结果的评价

简单调用 mx.mlp ()的形式如下所示，函数的参数分别指定了训练集、训练集标签、两个隐层的各自的节点个数、输出节点个数、激活函数形式、输出激活函数、迭代次数、数组批量规模、学习因子、动量和设备类型。

```
model <- mx.mlp (train.x, train.y, hidden_node=c(128,64), out_node=2,
 activation="relu", out_activation="softmax", num.round=100, array.batch.size=15,
learning.rate=0.07, momentum=0.9, device=mx.cpu())
```

一旦完成了模型的训练，就可以使用模型进行预测。调用函数 predict () 时要指定两个输入参数——模型 model 和测试数据集 testset，形式如下：

```
preds = predict (model, testset)
```

除了简单的多层感知器，MXNet 包还可以用来构建更复杂的自定义网络，例如，卷积神经网络的 LeNet。下面的代码就是一个设置 LeNet 的示例，以定义符号的形式（如 data、conv1 和 tanh1 等）连接神经网络的各层。

```
#输入数据
```

```
data <- mx.symbol.Variable('data')
#卷积层 1，使用双曲正切激活函数，池化层使用最大值形式
conv1 <- mx.symbol.Convolution(data=data, kernel=c(5,5), num_filter=20)
tanh1 <- mx.symbol.Activation(data=conv1, act_type="tanh")
pool1 <- mx.symbol.Pooling(data=tanh1, pool_type="max", kernel=c(2,2), stri
de=c(2,2))
#卷积层 2，使用双曲正切激活函数，池化层使用最大值形式
conv2 <- mx.symbol.Convolution(data=pool1, kernel=c(5,5), num_filter=50)
tanh2 <- mx.symbol.Activation(data=conv2, act_type="tanh")
pool2 <- mx.symbol.Pooling (data=tanh2, pool_type="max", kernel=c(2,2),
                            stride=c(2,2))
flatten <- mx.symbol.Flatten (data=pool2)
#全连接层 1，使用双曲正切激活函数
fc1 <- mx.symbol.FullyConnected (data=flatten, num_hidden=500)
tanh3 <- mx.symbol.Activation (data=fc1, act_type="tanh")
#全连接层 2，使用 softmax 函数输出
fc2 <- mx.symbol.FullyConnected (data=tanh3, num_hidden=10)
lenet <- mx.symbol.SoftmaxOutput (data=fc2)
#创建网络
model <- mx.model.FeedForward.create (lenet, X=train.array, y=train.y,
               ctx=device.cpu, num.round=5, array.batch.size=100,
               learning.rate=0.05, momentum=0.9)
```

3. **回归应用实例**

在此，介绍使用深度神经网络完成回归任务的方法，以波士顿房价数据集为例来说明如何准备数据集、设置、训练和使用 MXNet 中的深度神经网络。

```
library (mlbench)
library (mxnet)

data (BostonHousing, package="mlbench")      #使用波士顿房价数据集

train.ind <- seq (1, 506, 3)                 #划分训练集，使用三分之一的数据
train.x <- data.matrix (BostonHousing[train.ind, -14])
train.y <- BostonHousing[train.ind, 14]      #训练集预期输出
test.x <- data.matrix(BostonHousing[-train.ind, -14])
test.y <- BostonHousing[-train.ind, 14]      #测试集预期输出值
```

符号在 MXNet 中扮演重要角色。这样的回归问题虽然用 mx.mlp ()函数实现起来非常容易，但是我们可以以此为例来解释如何灵活地使用符号体系建立起一个由不同层组成的更

为复杂的前馈神经网络。在符号设置时需要同时考虑层与层之间节点的连接、激活函数的形式、丢弃比例等种种因素。可以按照下面的示例配置多层感知器：

```
#定义输入数据
data <- mx.symbol.Variable("data")
#定义一个全连接隐层
#data：输入数据来源
#num_hidden：本隐层的神经元个数
fc1 <- mx.symbol.FullyConnected (data, num_hidden=1)

#使用线性回归函数定义输出
lro <- mx.symbol.LinearRegressionOutput (fc1)
```

对回归任务而言，最后定义的线性回归函数发挥了作用。这样就让网络以误差的平方为优化目标。现在可以用波士顿房价这个简单数据集来观察神经网络的训练过程。在上面的配置中，没有使用隐层，输入层直接连接到了输出层。接下来，使用函数 mx.model.FeedForward.create ()和其他参数把网络构造出来。

```
mx.set.seed(0)                          #使用 MXNet 专用的随机种子生成方式
model <- mx.model.FeedForward.create (lro, X=train.x, y=train.y,
ctx=mx.cpu(),                          #在 CPU 上训练
num.round=50,                          #允许迭代次数为 50 次
array.batch.size=20,                   #批量大小为 20
learning.rate=2e-6,                    #学习因子
momentum=0.9,                          #动量
eval.metric=mx.metric.rmse)            #用均方差根作为度量目标
```

在训练过程中可以看到损失函数值的变化。

```
Start training with 1 devices
[1] Train-rmse=16.0632823901032
[2] Train-rmse=12.2792377803317
[3] Train-rmse=11.1984632830013
…
[48] Train-rmse=8.2689089443254
[49] Train-rmse=8.25728106339643
[50] Train-rmse=8.24580498034616
Warning message:
In mx.model.select.layout.train(X, y) :
  Auto detect layout of input matrix, use rowmajor..
```

再来看一下预测的效果，误差均方根与训练的结果基本相同。

```
> preds = predict(model, test.x)        #可以忽略警告信息
Warning message:
In mx.model.select.layout.predict(X, model) :
  Auto detect layout of input matrix, use rowmajor..
> sqrt(mean((preds-test.y)^2))          #计算预测误差的均方根
[1] 7.800502
```

如果要防止出现警告，则可添加参数 array.layout = "rowmajor"。

4. 分类应用实例

接下来研究 MXNet 包在手写体识别上的应用。MNIST 是由深度学习领域关键人物之一的 Yann LeCun 创建的一个手写体数字图像数据集，目前已经成为验证简单图像输入分类的标准数据集，Kaggle 现在长期维护这个数据集，用于各种机器学习算法在图像识别中的竞赛。在数据集里，每一个数字用一个 28×28 像素的图像表示。毫无疑问，神经网络对图像分类有很强的适应性。现在可以检测 MXNet 应对小规模图像分类挑战的能力。

首先，需要从 Kaggle 的网站上下载数据集。在网站上可以看到有名为 train.csv 和 test.csv 的两个文件。下载文件之前，先要申请注册成为 Kaggle 的用户。经过邮件确认，就可以单击下载文件了。把文件保存在当前工作目录下，为了方便起见，单独为它们创建一个名为 data 的子目录。

然后，从文件中把数据读入系统，此外还需要将数据的类型转换成矩阵。

```
require(mxnet)                                  #加载所需的包
train <- read.csv('data/train.csv', header=TRUE)
test <- read.csv('data/test.csv', header=TRUE)
train <- data.matrix(train)                     #转换成矩阵
test <- data.matrix(test)

train.x <- train[,-1]                           #训练集的输入与输出
train.y <- train[,1]
```

每一张手写数字的图片现在都表示成数据集中的一行。因为图像使用灰度值，取值范围在 0～255 之间，可以很容易地把数据归一化，只需将所有的数值除以 255 就能做到这一点。

```
train.x <- t(train.x/255)
test <- t(test/255)
```

随后可以对矩阵进行转置操作，使其成为一个像素数乘以样本数的矩阵，这也是 MXNet 可接受的以列为主的格式。MXNet 会根据训练集的标签列的维度自动调整训练集样本矩阵的形状，但是如前面回归应用的示例那样会显示警告信息。至于标签部分，则可以用 table ()函数进行简单的统计，从结果可知数字的分布相当均匀。

```
> table(train.y)                          #统计需识别数字的频数
train.y
0    1    2    3    4    5    6    7    8    9
4132 4684 4177 4351 4072 3795 4137 4401 4063 4188
```

到目前为止，所需的数据已经就绪，下一步就可以开始设置网络的结构了：这里设计的是一个由输入层、两个隐层和输出层组成的深度前馈神经网络。在定义网络结构时，用户使用符号方式来定义网络中的相关因素，包括输入数据、连接形式、激活函数和神经元数量，等等。

```
#输入层数据 data
data <- mx.symbol.Variable("data")
#第一层隐层：全连接，输入数据 data，激活函数 ReLU
fc1 <- mx.symbol.FullyConnected(data, name="fc1", num_hidden=128)
act1 <- mx.symbol.Activation(fc1, name="relu1", act_type="relu")
#第二层隐层：全连接，输入数据 act1，激活函数 ReLU
fc2 <- mx.symbol.FullyConnected(act1, name="fc2", num_hidden=64)
act2 <- mx.symbol.Activation(fc2, name="relu2", act_type="relu")
#输出层：全连接，输入数据 act2，输出函数 softmax
fc3 <- mx.symbol.FullyConnected(act2, name="fc3", num_hidden=10)
softmax <- mx.symbol.SoftmaxOutput(fc3, name="sm")
```

下面对网络中的一些具体设置进行说明：

（1）在 MXNet 中，可以使用其自带的数据类型 symbol 来设置网络。例如，data <- mx.symbol.Variable ("data")，使用 data 表示输入数据，也就是第一层；

（2）在第一层隐层的设置中，fc1<-mx.symbol.FullyConnected(data, name="fc1", num_hidden=128)表示用 data 作为该层输入，同时设置了隐层的名字和隐层神经元数量；

（3）通过语句 act1 <- mx.symbol.Activation(fc1, name="relu1", act_ type="relu")设置激活函数，激活函数直接取隐层 fc1 的输出作为输入；

（4）第二层隐层使用来自激活函数 act1 的结果为输入，命名为 fc2，隐层神经元数量设为 64；

（5）第二个激活函数与第一个几乎完全相同，不同之处是输入来源和名称；

（6）对输出层来说，识别 10 个数字需要 10 个输出神经元；

（7）使用 softmax 作为激活函数形式，以此得到预测概率。

调用函数 graph.viz(softmax)可以画出图 9-8，以符号依赖关系的形式表示出神经网络的结构。在开始计算之前，还需要明确指定使用哪一个设备来实现训练过程，这里使用的是 CPU。

```
devices <- mx.cpu()
```

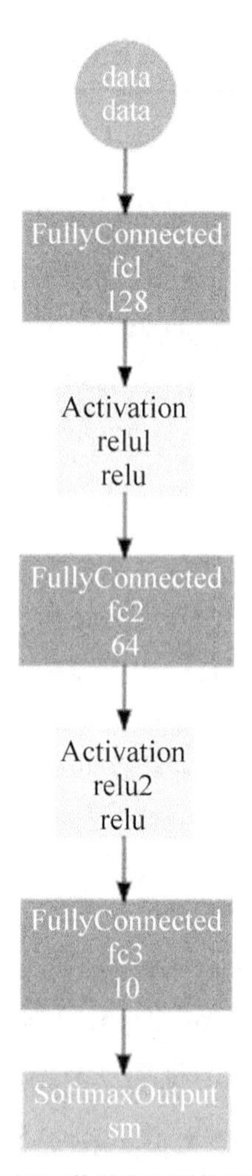

图 9-8　用于手写体数字识别的深度神经网络

简单的模型用 CPU 完成计算不会有太大的负担，一些复杂模型在 GPU 上运行会有更高的效率。在 MXNet 中，使用特殊的随机种子生成函数 mx.set.seed ()来控制训练中的随机过程。

```
mx.set.seed(1000)
model <- mx.model.FeedForward.create(softmax, X=train.x, y=train.y,
ctx=devices, num.round=10, array.batch.size=100,
learning.rate=0.07, momentum=0.9,  eval.metric=mx.metric.accuracy,
initializer=mx.init.uniform(0.07),
epoch.end.callback=mx.callback.log.train.metric(100))
```

实际运行后会发现，虽然是在 CPU 上训练深度网络，但耗时并不算太长。训练完成后，控制台上会显示出训练过程，因为设置了结束时的回调函数为显示训练度量值日志，而且把评价度量方式设置为准确率，所以可以查看每一轮训练后的准确率。

```
Start training with 1 devices
[1] Train-accuracy=0.864582338902147
```

```
[2] Train-accuracy=0.959785714285716
[3] Train-accuracy=0.973071428571432
[4] Train-accuracy=0.978619047619051
[5] Train-accuracy=0.984000000000004
[6] Train-accuracy=0.986976190476195
[7] Train-accuracy=0.988857142857147
[8] Train-accuracy=0.989309523809527
[9] Train-accuracy=0.989904761904765
[10] Train-accuracy=0.992785714285717
Warning message:
In mx.model.select.layout.train(X, y) :
  Auto detect layout input matrix, use colmajor..
```

从训练过程中可以看出，训练完成时达到的精度超过了 99%。如果要在开始时就使用测试集来做预测，与其他模型类似，直接调用函数 predict ()即可。

```
> preds <- predict (model, test)
Warning message:
In mx.model.select.layout.predict(X, model) :
  Auto detect layout input matrix, use colmajor..


> dim (preds)
[1]    10 28000
```

输出的预测值是一个 28000 行 10 列的矩阵，元素值表示相应数字的分类概率。可以使用 R 语言函数 max.col ()来找到取值最大的那一列，正好对应手写体的数字值。

```
> pred.label <- max.col(t(preds)) - 1
> table(pred.label)
pred.label
  0    1    2    3    4    5    6    7    8    9
2826 3162 2802 2825 2713 2488 2736 2801 2807 2840
```

因为刚才使用的测试集是为 Kaggle 比赛准备的，所以没有提供对数据集的分类标注。如果需要把预测结果提交给竞赛组织者，可以调用 write.csv ()将结果保存到文件中。例如，执行下面的语句，结果就存入了 Excel 文件 myresult.csv。

```
myresults <- data.frame (ImageId=1:ncol(test), Label=pred.label)
write.csv (myresults, file='myresults.csv', row.names=FALSE,
           quote=FALSE)
```

总结一下，在上面的例子中，不管针对的是回归应用还是分类应用，在运用 MXNet 解决问题时都执行了如下步骤。

（1）数据预处理：设置训练集和测试集，对数据集进行预处理。

（2）结构设计：使用符号体系建立每一层的结构并设置层与层之间的数据依赖关系。

（3）硬件分配：指定训练时所使用的设备。

（4）训练：使用输出符号、训练集、训练设备和其他训练选项作为参数创建神经网络，按照选择的控制参数完成训练。

（5）测试：使用测试集预测，并评价网络性能。

9.3.3 keras 包

与其他支持深度学习的包相比，keras 包进入 CRAN 的时间较晚。现在，用户可以使用 keras 包来执行一些前沿的深度学习任务。事实上，keras 包给 R 语言提供的是一个访问 Python 的 Keras 接口（注意 keras 和 Keras 的不同），Keras 是一个以快速实现深度学习任务为重点而开发的先进的神经网络 API 包。一般认为 Keras 具有以下几个方面的关键优势：

（1）允许在 CPU 或 GPU 上以无缝切换的方式运行同样的代码；

（2）提供用户友好的 API，易于快速开发深度学习原型；

（3）支持卷积神经网络（针对计算机视觉应用）、循环网络（针对时间序列处理应用）以及两者的组合；

（4）支持任意形式的网络架构，包括多输入/多输出模型、层与层共享、模型共享等，这实际意味着 Keras 适合于构建几乎任何深度学习模型，无论是存储网络还是神经图灵机；

（5）能够在很多后端技术上运行，包括 TensorFlow、CNTK 或 Theano。

在过去的几年里，因为越来越多的用户看好深度学习的前景，对开发深度学习工具的兴趣持续增长，同一时期内出现了一批受到广泛欢迎的深度学习框架。与其他框架相比，Keras 因为效率高、灵活易用、功能出色，显示出自身在深度学习领域的优势。与此同时，TensorFlow 也因为特别灵活且适于产品部署而成为下一代机器学习的主流平台。用户现在无须在 Keras 和 TensorFlow 之间犹豫不决，Keras 默认的后台就是 TensorFlow，而且 Keras 可以无缝集成到 TensorFlow 工作流之中。因为 Keras 和 TensorFlow 是当今深度学习领域最为先进的工具，在 R 中引入 keras 包之后，用户也可以轻松而流畅地使用 R 语言中的有关功能。

1. 安装 keras 包

首先，需要从 CRAN 下载并安装 keras 包。

```
install.packages ("keras")
```

如果因为版本等因素在安装时遇到困难，用户还可以进行如下尝试：

```
install.packages ("keras", type = "source")
```

安装好 keras 包之后，还需要完成很多相互依赖的其他设置，例如，在默认情况下，Keras

的 R 接口会用到 TensorFlow 后台引擎。安装完成 Keras 核心库和 TensorFlow 后台之后，则要使用函数 install_keras ()将其加载：

```
library (keras)
install_keras ()
```

这里提供的是默认的基于 CPU 的 Keras 及 TensorFlow 安装。可以查阅 install_keras () 的文档来获取更多关于安装方法的信息。

2. 深度神经网络分类应用

这里仍然使用 MNIST 的数据来介绍 keras 包的基本使用方法。与在上一节介绍 MXNet 包的情况不同，现在可以方便地使用 keras 包自带的函数来完成数据集的加载。MNIST 数据集使用的是大小为 28 × 28 像素的手写体数字的灰度图像，数据集中还包括了对图像的标注，表明图像代表的数字是多少。Keras 包中用于访问 MINIST 数据集的函数是 dataset_mnist ()，可以直接调用函数来加载数据，并且分配训练集与测试集数据。

```
library (keras)                    #加载 keras 包
mnist <- dataset_mnist ()          #加载 MNIST 数据集
x_train <- mnist$train$x           #训练集输入
y_train <- mnist$train$y           #训练集输出
x_test <- mnist$test$x             #测试集输入
y_test <- mnist$test$y             #测试集输出
```

数据 x 的类型是一个灰度值的三维数组（像素灰度值、宽度和高度）。为了准备好神经网络可以直接使用的训练数据，首先需要把这个三维数组转化为一个矩阵，按照图像的宽度和高度把图像转变为一维向量（28×28 像素的图像被拉平成长度为 784 的向量）。然后，用归一化方法把 0～255 的灰度值转换成 0～1 之间的浮点数。

```
#调整形状
dim(x_train) <- c(nrow(x_train), 784)
dim(x_test) <- c(nrow(x_test), 784)
#归一化
x_train <- x_train / 255
x_test <- x_test / 255
```

数据 y 是一个整数型的向量，由整数 0～9 组成，代表了每一张图像的正确分类结果。加载了 keras 包后，就不必像以前那样把类别数据转换成二值的分类矩阵，直接调用 to_categorical ()函数就可以完成任务。

```
y_train <- to_categorical (y_train, 10)
y_test <- to_categorical (y_test, 10)
```

数据预处理结束后，现在开始 keras 中的核心工作：通过设置各层以及安排它们之间的关系完成神经网络的结构建模。顺序模型是 keras 中的一个简单模型类型，允许用户一层一层地顺序定义神经网络各层的结构，然后把各层叠加在一起。

创建顺序模型使用的是 keras_model_sequential ()函数，建立模型之后，可以使用管道操作（%>%，向右管道操作，把左侧数据或表达式传递给右侧的函数使用）来添加层次。

不同文献中的术语略有差异，本节中提到的稠密层与一般前馈神经网络中的全连接层一样，每一个神经元都接收前一层的每一个神经元的输出。先看一个多层感知器的例子，在下面脚本中定义的神经网络中包括输入层、两个稠密层和输出层。

```
model <- keras_model_sequential()                    #初始化顺序模型
model %>%
#稠密层 1，神经元数 256 个，激活函数 ReLU，输入一维向量，随机舍弃 40%神经元节点
  layer_dense(units = 256, activation = "relu", input_shape = c(784)) %>%
  layer_dropout(rate = 0.4) %>%
#稠密层 2，神经元数 128 个，激活函数 ReLU，随机舍弃 30%神经元节点
  layer_dense(units = 128, activation = "relu") %>%
  layer_dropout(rate = 0.3) %>%
#输出层，输出值 10 个，激活函数 softmax
  layer_dense(units = 10, activation = "softmax")
```

第一层中的参数 input_shape 指定输入数据的形状（代表灰度值图像的长度为 784 的数值型向量）。最后一层输出长度为 10 的数值向量，这里还使用了 softmax ()函数作为激活函数，用这种方法可以得到分类结果。定义好模型之后，使用 summary ()函数能够打印出模型的一些细节信息。

```
> summary(model)
________________________________________________________________________
Layer (type)                    Output Shape                  Param #
========================================================================
dense_1 (Dense)                 (None, 256)                   200960
________________________________________________________________________
dropout_1 (Dropout)             (None, 256)                   0
________________________________________________________________________
dense_2 (Dense)                 (None, 128)                   32896
________________________________________________________________________
dropout_2 (Dropout)             (None, 128)                   0
________________________________________________________________________
dense_3 (Dense)                 (None, 10)                    1290
========================================================================
Total params: 235,146
```

```
Trainable params: 235,146
Non-trainable params: 0
________________________________________________________________________________
```

可以看出，虽然模型中只使用了两个隐层，但是可调参数的数量却超过 23 万。为了防止过拟合，减少神经元之间的依赖，专门设定了 dropout 值：两个隐层的丢弃率分别为 40% 和 30%，也就是训练中随机舍弃一定比例的神经元（在随机森林中做过类似的处理）。接下来，就要使用合适的损失函数、优化算法和度量值来编译模型。

```
model %>% compile (
  loss = "categorical_crossentropy",          #损失函数：分类交叉熵
  optimizer = optimizer_rmsprop(),            #优化算法：RMSProp
  metrics = c("accuracy")                     #度量值：准确率
)
```

在训练模型时，调用 fit ()函数训练 30 个时期，使用 128 个图像作为一个批次。

```
history <- model %>% fit (
  x_train, y_train,                           #训练集输入/输出
  epochs = 30, batch_size = 128,              #30 个时期，批量大小 128
  validation_split = 0.2                      #交叉验证比例 20%
)
```

训练的历史被存储在变量 history 中，可以查看训练的每一个时期分别得到什么样的结果。

```
Train on 48000 samples, validate on 12000 samples
Epoch 1/30
48000/48000 [==============================] - 3s 67us/step - loss: 0.4295
- acc: 0.8702 - val_loss: 0.1617 - val_acc: 0.9535
Epoch 2/30
48000/48000 [==============================] - 3s 63us/step - loss: 0.2030
- acc: 0.9399 - val_loss: 0.1337 - val_acc: 0.9608
…
Epoch 29/30
48000/48000 [==============================] - 3s 60us/step - loss: 0.0543
- acc: 0.9859 - val_loss: 0.1036 - val_acc: 0.9807
Epoch 30/30
48000/48000 [==============================] - 3s 60us/step - loss: 0.0510
- acc: 0.9860 - val_loss: 0.1139 - val_acc: 0.9786
>
```

每一时期的损失函数值和精度都显示出来了。另外，使用 plot ()函数可以画出训练与验

证所对应的损失值和精度值随时期而变化的过程（见图 9-9）。

```
plot (history)
```

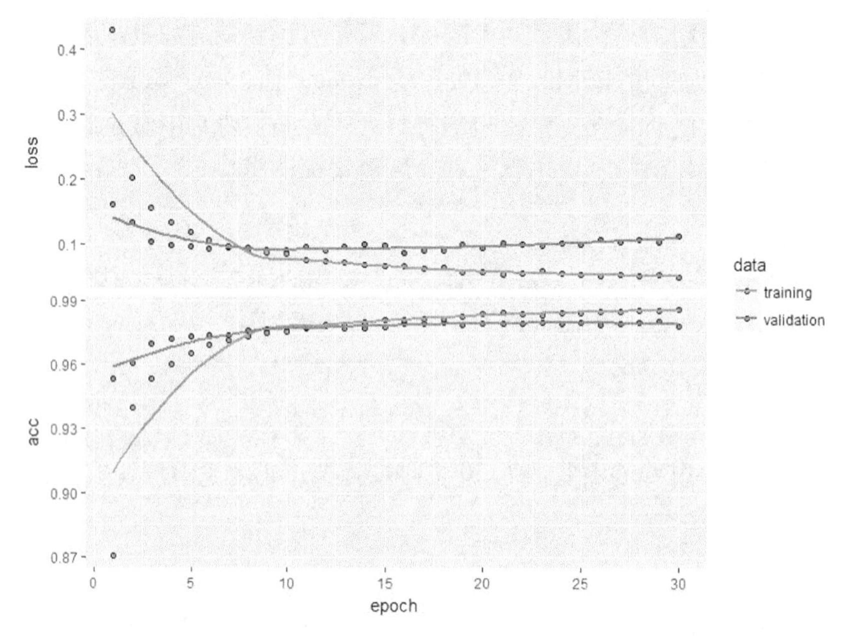

图 9-9　模型的训练历史

函数 evaluate ()可以用来检验测试集的预测效果，用于对模型性能进行评价。

```
> model %>% evaluate(x_test, y_test,verbose = 0)
$loss
[1] 0.1083855

$acc
[1] 0.9804
```

可以看到测试集的损失函数值约为 0.1，而预测准确率则超过了 98%。如果想和以前一样得到每一个测试样本的预测输出，则可以使用预测函数 predict_classes ()生成预测值。

```
> model %>% predict_classes(x_test)
    [1] 7 2 1 0 4 1 4 9 5 9 0 6 9 0 1 5 9 7 3 4 9 6 6 5 4 0 7 4 0 1 3 1 3 4 7
   [36] 2 7 1 2 1 1 7 4 2 3 5 1 2 4 4 6 3 5 5 6 0 4 1 9 5 7 8 9 3 7 4 6 4 3 0
…
[9941] 6 5 3 3 3 9 1 4 0 6 1 0 0 6 2 1 1 7 7 8 4 6 0 7 0 3 6 8 7 1 5 2 4 9 4
 [9976] 3 6 4 1 7 2 6 6 0 1 2 3 4 5 6 7 8 9 0 1 2 3 4 5 6
>
```

如果把预测值保存下来并和实际值进行比较，在混淆矩阵中就可以清楚地了解深度学习网络的分类错误类型。

```
> predict <- model %>% predict_classes(x_test)
> table (predict, mnist$test$y)

predict    0    1    2    3    4    5    6    7    8    9
      0  969    0    0    0    1    2    4    1    2    3
      1    1 1125    3    0    0    0    2    7    0    2
      2    1    3 1016    4    2    0    0    9    4    0
      3    2    2    4  998    0   10    0    5    9    8
      4    0    0    1    0  958    0    4    0    3    5
      5    1    2    0    3    0  869    5    0    7    1
      6    3    2    2    0    6    5  943    0    1    1
      7    1    0    5    3    1    2    0 1001    2    5
      8    2    1    1    2    3    3    0    2  942    1
      9    0    0    0    0   11    1    0    3    4  983
```

keras 提供了用户所需的构建深度学习模型的简便、优美和直观的方法。可以用和示例中类似的步骤，直截了当地实现自动应答系统、图像分类模型、神经图灵机或任何其他模型。

在 keras 有关文档中提供了超过 20 个具体的例子来说明其使用方法。这些例子涵盖了图像分类、使用堆叠式 LSTM 实现文本生成、使用存储网络实现问答系统、迁移学习、变分编码以及更多其他应用。通过这些例子，读者可以进一步了解 keras 的具体应用，以掌握相关深度学习的方法。

3. 卷积神经网络分类应用

最后，我们选择使用卷积神经网络来重复 MNIST 数据集的识别。在下面的脚本中，首先定义一个 CNN 模型。相应地，我们分别为 CNN 增加了两个卷积层和一个最大池化层（layer_max_pooling_2d），而不再仅仅使用代表全连接的稠密层。在二维卷积层（layer_conv_2d）的定义中，使用了卷积核与输入进行卷积运算来产生输出的张量。在 kernel_size 参数里设定了核的长度与宽度。在稠密层之前，使用了 layer_flatten ()把前一层的输出拉平为一个大向量。在池化层后和输出层前，还调用了 layer_dropout ()来设置丢弃率。

```
#设置参数
batch_size <- 128
num_classes <- 10
epochs <- 12
#输入图像维度
img_rows <- 28
img_cols <- 28
#读入数据，划分训练集与测试集
mnist <- dataset_mnist()
x_train <- mnist$train$x
```

```
y_train <- mnist$train$y
x_test <- mnist$test$x
y_test <- mnist$test$y
#重新定义 train/test 输入数据的维度
x_train <- array_reshape (x_train, c (nrow(x_train), img_rows, img_cols, 1))
x_test <- array_reshape (x_test, c(nrow(x_test), img_rows, img_cols, 1))
input_shape <- c (img_rows, img_cols, 1)
#把灰度值映射到[0,1]区间
x_train <- x_train / 255
x_test <- x_test / 255
cat ('x_train_shape:', dim(x_train), '\n')
cat (nrow(x_train), 'train samples\n')
cat (nrow(x_test), 'test samples\n')
#把分类变量转换成二值分类矩阵
y_train <- to_categorical (y_train, num_classes)
y_test <- to_categorical (y_test, num_classes)

#定义模型
model <- keras_model_sequential () %>%
#卷积层 1，滤波器 32 个，核大小 3×3，激活函数 ReLU，输入形状如前面所定义
    layer_conv_2d (filters = 32, kernel_size = c(3,3), activation = 'relu',
                  input_shape = input_shape) %>%
    #卷积层 2，滤波器 64 个，核大小 3×3，激活函数 ReLU
        layer_conv_2d (filters = 64, kernel_size = c(3,3),
                      activation = 'relu') %>%
    #最大池化层，池大小 2×2，丢弃率 20%
        layer_max_pooling_2d (pool_size = c(2, 2)) %>%
        layer_dropout (rate = 0.25) %>%
        layer_flatten () %>%
    #稠密层，神经元个数 128，激活函数 ReLU
        layer_dense (units = 128, activation = 'relu') %>%
        layer_dropout (rate = 0.5) %>%
    #输出层，神经元个数等于类别数，激活函数 softmax
        layer_dense (units = num_classes, activation = 'softmax')
    #编译模型
    model %>% compile (loss = loss_categorical_crossentropy,
                optimizer = optimizer_adadelta(), metrics = c('accuracy'))
    #训练模型
    model %>% fit ( x_train, y_train, batch_size = batch_size, epochs = epochs,
             validation_split = 0.2)
scores <- model %>% evaluate (x_test, y_test, verbose = 0)
#输出度量结果
cat ('Test loss:', scores[[1]], '\n')
cat ('Test accuracy:', scores[[2]], '\n')
```

使用卷积神经网络识别手写体数字，在训练时比简单的堆叠式全连接顺序模型要更加耗时。

```
> model %>% fit (x_train, y_train, batch_size = batch_size, epochs = epochs,
                 validation_split = 0.2)
Train on 48000 samples, validate on 12000 samples
Epoch 1/12
48000/48000 [==============================] - 158s 3ms/step - loss: 0.2922
 - acc: 0.9106 - val_loss: 0.0714 - val_acc: 0.9798
Epoch 2/12
48000/48000 [==============================] - 163s 3ms/step - loss: 0.0961
 - acc: 0.9709 - val_loss: 0.0490 - val_acc: 0.9857
Epoch 3/12
48000/48000 [==============================] - 149s 3ms/step - loss: 0.0679
 - acc: 0.9798 - val_loss: 0.0422 - val_acc: 0.9880
Epoch 4/12
48000/48000 [==============================] - 148s 3ms/step - loss: 0.0586
 - acc: 0.9825 - val_loss: 0.0414 - val_acc: 0.9877
Epoch 5/12
48000/48000 [==============================] - 148s 3ms/step - loss: 0.0488
 - acc: 0.9853 - val_loss: 0.0425 - val_acc: 0.9877
Epoch 6/12
48000/48000 [==============================] - 148s 3ms/step - loss: 0.0442
 - acc: 0.9863 - val_loss: 0.0377 - val_acc: 0.9887
Epoch 7/12
48000/48000 [==============================] - 149s 3ms/step - loss: 0.0379
 - acc: 0.9887 - val_loss: 0.0385 - val_acc: 0.9893
Epoch 8/12
48000/48000 [==============================] - 160s 3ms/step - loss: 0.0355
 - acc: 0.9891 - val_loss: 0.0408 - val_acc: 0.9884
Epoch 9/12
48000/48000 [==============================] - 148s 3ms/step - loss: 0.0328
 - acc: 0.9898 - val_loss: 0.0379 - val_acc: 0.9894
Epoch 10/12
48000/48000 [==============================] - 145s 3ms/step - loss: 0.0300
 - acc: 0.9910 - val_loss: 0.0365 - val_acc: 0.9897
Epoch 11/12
48000/48000 [==============================] - 150s 3ms/step - loss: 0.0284
 - acc: 0.9911 - val_loss: 0.0364 - val_acc: 0.9897
Epoch 12/12
48000/48000 [==============================] - 148s 3ms/step - loss: 0.0263
 - acc: 0.9921 - val_loss: 0.0358 - val_acc: 0.9901
> scores <- model %>% evaluate ( x_test, y_test, verbose = 0 )
> # Output metrics
```

```
> cat ('Test loss:', scores[[1]], '\n')
Test loss: 0.02866799
> cat ('Test accuracy:', scores[[2]], '\n')
Test accuracy: 0.9913
```

经过训练，CNN 在测试集数据的预测中，准确率超过了 99%，比以前使用的全连接模型更加出色。再用 summary ()察看模型的结构：

```
> summary(model)
_____________________________________________________________________________
Layer (type)                     Output Shape                  Param #
=============================================================================
conv2d_1 (Conv2D)                  (None, 26, 26, 32)            320
_____________________________________________________________________________
conv2d_2 (Conv2D)                  (None, 24, 24, 64)            18496
_____________________________________________________________________________
max_pooling2d_1 (MaxPooling2D)        (None, 12, 12, 64)            0
_____________________________________________________________________________
dropout_1 (Dropout)                (None, 12, 12, 64)            0
_____________________________________________________________________________
flatten_1 (Flatten)                (None, 9216)                  0
_____________________________________________________________________________
dense_1 (Dense)                    (None, 128)                   1179776
_____________________________________________________________________________
dropout_2 (Dropout)                (None, 128)                   0
_____________________________________________________________________________
dense_2 (Dense)                    (None, 10)                    1290
=============================================================================
Total params: 1,199,882
Trainable params: 1,199,882
Non-trainable params: 0
_____________________________________________________________________________
```

从上面显示的模型概要可以得知，有共计 100 万以上的参数需要在训练中学习，这也是 CNN 训练比前面用到的全连接神经网络耗时更长的原因所在。

习 题

9-1 加载 neuralnet 包，实现在区间[0，π]内的对 sin (*x*)逼近的多层感知器模型。比较不同激活函数的效果。

9-2 使用多层感知器模型实现对题 8-1 中 Titanic 数据集的 survived 分类。

9-3 加载 MXNet 包，使用多隐层的深度神经网络实现对题 8-1 中 Titanic 数据集的 survived 分类。

附录 1　常用函数速查表

附表 1-1　数值计算函数

函　数	功　能	示　例
abs(x)	取 *x* 的绝对值	> abs(-2.718) [1] 2.718
sqrt(x)	计算 *x* 的平方根	> x <- sqrt(5);x [1] 2.236067977
ceiling(x)	对 *x* 向上取整	> ceiling(2.236) [1] 3
floor(x)	对 *x* 向下取整	> floor(2.236) [1] 2
trunc(x)	截取 *x* 的整数部分	> trunc(-2.236) [1] -2
round(x, digits)	对 *x* 按指定位数四舍五入	> round(2.236,2) [1] 2.24
cos(x)、sin(x)、tan(x)	三角函数，对应的反三角函数分别为 acos(x)、cosh(x)、acosh(x)	> cos(pi);sin(pi/6);tan(pi/4) [1] -1 [1] 0.5 [1] 1
log(x)	对 *x* 取自然对数	> log(10) [1] 2.302585093
log10(x)	对 *x* 取常用对数	> log10(2) [1] 0.3010299957
exp(x)	计算 *x* 的指数值	> exp(1) [1] 2.718281828

附表 1-2　字符处理函数

函　数	功　能	示　例
substr(x, start, stop)	抽取或替换字符型向量中的子字符串	> x <- "abcdef" > substr(x, 2, 4) [1] "bcd" > substr(x, 2, 4) <- "22222";x [1] "a222ef"
grep(pattern, x , ignore.case=, value =, fixed=)	在 *x* 中查找 pattern。如果 fixed=FALSE，则 pattern 为正则表达式；如果 fixed = TRUE，则 pattern 为文本字符串。value=FALSE 返回所有向量；否则，返回字符向量	> grep("[a-z]", letters[1:10]) [1] 1 2 3 4 5 6 7 8 9 10 > grep("[a-z]", letters[1:10], value=TRUE) [1] "a" "b" "c" "d" "e" "f" "g" "h" "i" "j"
sub(pattern, replacement, x, ignore.case =, fixed=)	在 *x* 中寻找 pattern 并用 replacement 替换其文本。如果 fixed=FALSE，则 pattern 为正则表达式；如果 fixed = TRUE，则 pattern 为文本字符串	> str <- "Now is the time " > sub(" +$", "", str) [1] "Now is the time"
strsplit(x, split)	在 split 处把字符向量 *x* 分开	> strsplit("abcdef", "") [[1]] [1] "a" "b" "c" "d" "e" "f"
paste(…, sep="")	使用 sep 分隔字符串，然后把它们粘贴在一起	> paste("Year",2012:2015,"") [1] "Year 2012 " "Year 2013 " "Year 2014 " "Year 2015 " > paste("Year",2012:2015,sep=" ") [1] "Year 2012" "Year 2013" "Year 2014" "Year 2015"
nchar(x)	统计 *x* 中字符个数	> nchar("123abcde56") [1] 10
toupper(x)	把 *x* 转换成大写字母	> toupper("There are 1000 books") [1] "THERE ARE 1000 BOOKS"
tolower(x)	把 *x* 转换成小写字母	> tolower("There are 1000 books") [1] "there are 1000 books"

附表 1-3　创建数据结构函数

函　　数	功　　能	示　　例
c(…)	把参数组合为一个向量的泛型函数	> c(1:5, 10.5, "next") [1] "1" "2" "3" "4" "5" "10.5" "next"
from:to	生成一个序列，操作符 “:” 拥有优先级	> 1:4+1 [1] 2 3 4 5
seq.int(from, to, by=, length.out=, along.with=, …)	生成一个序列，由 by 指定序列的增量，由 length.out 指定长度，也可以取 along.with 的长度为序列长度生成 1，2，…	> seq(1, 9, by = 2) [1] 1 3 5 7 9 > seq(1, 9, length.out = 3) [1] 1 5 9 > x<-10:12 > seq(along.with=x) [1] 1 2 3
rep(x,times,each=)	重复 times 次 *x*，使用参数 each 来重复 *x* 指定次数	> rep(c(1,2,3),2) [1] 1 2 3 1 2 3 > rep(c(1,2,3),each=2) [1] 1 1 2 2 3 3
data.frame(…)	用带标签或不带标签参数创建数据框。较短的向量循环补齐最长的向量	> data.frame(v=1:4, ch=c("a","B","c","d"),n=10); v ch n 1 1 a 10 2 2 B 10 3 3 c 10 4 4 d 10
list(…)	用带标签或不带标签的参数创建一个列表	> list(a=c(1,2),b="hi",c=3i) $a [1] 1 2 $b [1] "hi" $c [1] 0+3i
array(x,dim)	用数据 *x* 创建由 dim 指定维度的数组，*x* 中数据不足则循环补齐	> array(1:3, c(2,4)) [,1] [,2] [,3] [,4] [1,] 1 3 2 1 [2,] 2 1 3 2
matrix(x, nrow = , ncol = , byrow = FALSE)	用 *x* 中的数据按 nrow 和 ncol 指定的方式创建矩阵，*x* 数据不足则循环补齐	> matrix(c(1,2,3, 11,12,13), nrow = 2, ncol = 3, byrow = TRUE) [,1] [,2] [,3] [1,] 1 2 3 [2,] 11 12 13
factor(x,levels=)	把向量 *x* 编码为因子	> factor(letters[1:3], labels="a") [1] a1 a2 a3 Levels: a1 a2 a3
rbind(…)	按行把参数组合为矩阵、数据框及其他对象，较短的参数循环补齐	> rbind(I = 0, X = cbind(a = 1:2, b = 1)) a b I 0 0 1 1 2 1
cbind(…)	按列把参数组合为矩阵、数据框及其他对象，较短的参数循环补齐	> cbind(1, 1:3) [,1] [,2] [1,] 1 1 [2,] 1 2 [3,] 1 3

附表 1-4　描述统计函数

函　数	功　能	示　例
mean(x, trim, na.rm)	计算对象 x 的均值，若 na.rm=TRUE，则清除缺失值；若 trim 不为 0，则清除 trim 指定的最高/最低部分的值	> x <– c(0:10, 50) > xm <– mean(x) > c(xm, mean(x, trim = 0.10)) [1] 8.75 5.50
sd(x) var(x)	计算对象 x 的标准差/方差	> sd(1:2)^2 [1] 0.5 > var(1:10) [1] 9.166666667
cor(x,y)	计算向量 x 和 y 的协方差。 若 x、y 为矩阵，则按列计算协方差	> cor(1:10, 2:11) [1] 1
median(x)	计算对象 x 的中位值	> median(c(1:3, 100, 1000)) [1] 3
quantile(x, probs)	按照在取值[0,1]之间的向量 probs 返回数值向量 x 的相应百分位数；无 probs 参数则默认返回四分位数	> options(digits=2) > quantile(x <– rnorm(1001)) 0%　25%　50%　75%　100% –3.113 –0.613　0.047　0.754　3.046 y <– quantile(x, c(.05,.88)) > y 5%　88% –1.7　1.3
range(x)	计算对象 x 的取值范围	> range(1:10) [1]　1 10
sum(x)	计算对象 x 的和	> sum(1:100) [1] 5050
diff(x, lag)	计算滞后差，lag 为滞后值	> diff(1:10, 2) [1] 2 2 2 2 2 2 2 2
min(x)	求对象 x 中的最小值	> x<–runif(20,min=1,max=10) > min(x) [1] 1.263104
max(x)	求对象 x 中的最大值	> x<–runif(20,min=1,max=10) > max(x) [1] 8.867018
scale(x, center=, scale=)	若 scale=FALSE，则计算矩阵每列的中心； 若 scale=TRUE，则计算标准化的矩阵。 center 决定如何实现列中心化	> x <– matrix(1:10, ncol = 2) > (centered.x <– scale(x, scale = FALSE)) [,1] [,2] [1,]　–2　–2 [2,]　–1　–1 [3,]　0　0 [4,]　1　1 [5,]　2　2 attr(,"scaled:center") [1] 3 8 > scale(x, scale = TRUE) [,1]　[,2] [1,] –1.2649111 –1.2649111 [2,] –0.6324555 –0.6324555 [3,] 0.0000000　0.0000000 [4,] 0.6324555　0.6324555 [5,] 1.2649111　1.2649111 attr(,"scaled:center") [1] 3 8 attr(,"scaled:scale") [1] 1.581139 1.581139
rank(x)	返回 x 元素的序数	> (r1 <– rank(x1 <– c(3, 1, 4, 15, 92))) [1] 2 1 3 4 5

附表 1-5　数据切片和抽取方法

函　　数	功　　能	示　　例
x[n]	向量 *x* 的第 *n* 个元素	> x<-1:10;x[5] [1] 5
x[-n]	向量 *n* 除了第 *n* 个元素以外的元素	> x<-1:6;x[-5] [1] 1 2 3 4 6
x[m:n]	向量 *x* 的第 *m* 个到第 *n* 个之间的元素	> x<-1:10;x[2:5] [1] 2 3 4 5
x[-(m:n)]	除去索引在第 *m* 个与第 *n* 个之间的向量元素	> x<-1:10;x[-(2:6)] [1]　1　7　8　9 10
x[c(m,n)]	指定索引的向量元素	> x<-2:8;x[c(2,5,8)] [1]　3　6 NA
x["name"]	标签为“name”的元素	> x<-c(a=1,b=3,d=5);x["a"] a 1
x[x > m & x < n]	值在 *m* 和 *n* 之间的向量元素	> x<-2:11;x[x>3 & x<9] [1] 4 5 6 7 8
x[x %in% c(m,n)]	给定集合中的向量元素	> x<-1:10;x[x %in% c(2,4,8)] [1] 2 4 8
x[[n]]	列表的第 *n* 组元素	x<-list(1,c(2:4),8) > x[[2]] [1] 2 3 4
x[i,j]	矩阵 *x* 的第 *i* 行，第 *j* 列的元素	> x<-matrix(1:12,c(3,4));x[2,3] [1] 8
x[i,]	矩阵的第 *i* 行	> x<-matrix(1:12,c(3,4));x[2,] [1]　2　5　8 11
x[,j]	矩阵的第 *j* 列	> x<-matrix(1:12,c(3,4));x[,3] [1] 7 8 9
x[,c(m,n)]	矩阵的第 *m*、第 *n* 列	> x<-matrix(1:12,c(3,4));x[,c(1,3)] 　[,1] [,2] [1,]　1　7 [2,]　2　8 [3,]　3　9
x["name",]	矩阵标签为“name”的行	> x<-matrix(1:12,c(3,4), dimnames=list(c("R1","R2","R3"), c("C1","C2","C3","C4"))) > x["R1",] C1 C2 C3 C4 1　4　7 10
x[["name"]]	使用列标签“name”访问数据框、列表的列	> iris[["Species"]][25] [1] setosa Levels: setosa versicolor virginica > x<-list(a=c(1,3,5),b=c("1","2","3")) > x[["b"]] [1] "1" "2" "3"
x$name	使用列标签访问数据框、列表的列	> iris$Petal.Width[75] [1] 1.3 > x<-list(a=c(1,3,5),b=c("1","2","3")) > x$a [1] 1 3 5

附录 2 《R 语言基础与数据科学应用》配套实验课程方案简介

大数据技术强调理论与实践相结合，为帮助读者更好掌握本书相关知识要点，并提升应用能力，华为技术有限公司组织资深专家，针对本书内容开发了独立的配套实验课程，具体内容如附表 2-1 所示。详情请联系华为公司或发送邮件至 haina@huawei.com 咨询。

附表 2-1 《R 语言基础与数据科学应用》配套实验项目

实验项目	实验内容	课时
R 语言实验环境准备	安装 R、安装 RStudio、package 的安装与使用、workspace 管理、帮助系统的使用	4
R 语言基础	数据类型、数据结构、数据管理	2
R 语言语法	顺序、分支、循环	2
数据存取	数据的导入、导出、存储、格式转换	2
绘图与数据可视化	基本图形与组合、绘图函数、数据分析与可视化（图形参数：属性、图例、标注、添加文本）	2
函数编程 1	编写简单函数与函数调用	2
函数编程 2	函数的调试与优化	2
概率分布	分布函数的演示	2
假设检验	单侧检验、双侧检验、均值与方差	2
回归分析	OLS 回归	2
无监督学习	聚类算法实现	2
决策树算法	决策树算法实现	2
人工神经网络	神经网络实现	2
数据预处理	数据合并；数据清洗；数据降维；数据异常值、缺失值处理	2
并行计算	R 语言并行计算处理	2

参考文献

1. Robert I. Kabacoff. R 语言实战［M］. 高涛，等译. 北京：人民邮电出版社，2013.

2. Peter Dalgaard. R 语言统计入门［M］. 2 版. 郝智恒，等译. 北京：人民邮电出版社，2014.

3. Ian Goodfellow, Yoshua Bengio, Aaron Courville. 深度学习［M］. 赵申剑，等译. 北京：人民邮电出版社，2017.

4. 朝乐门. 数据科学［M］. 北京：清华大学出版社，2016.

5. 李丽娟. C 语言程序设计教程［M］. 4 版. 北京：人民邮电出版社，2013.

6. 刘浪. Python 基础教程［M］. 北京：人民邮电出版社，2015.

7. Norman Matloff. R 语言编程艺术［M］. 陈堰平，等译. 北京：机械工业出版社，2013.

8. 张丹. R 的极客理想——工具篇［M］. 北京：机械工业出版社，2014.

9. Gergely Darocz. R 语言数据分析［M］. 潘怡，译. 北京：机械工业出版社，2016.

10. Hadley Wickham. ggplot2：数据分析与图形艺术［M］. 统计之都，译. 西安：西安交通大学出版社，2013.

11. Luis Torgo. 数据挖掘与 R 语言［M］. 李洪成，等译. 北京：机械工业出版社，2013.

12. Brett Lantz. 机器学习与 R 语言［M］. 李洪成，等译. 北京：机械工业出版社，2015.

13. Bruce Eckel. Java 编程思想［M］. 陈昊鹏，译. 北京：机械工业出版社，2007.